机械基础与液压传动

主 编 沈 卓 殷立君
副主编 谈建平 章爱萍 万宏钢 徐鸿滨
主 审 余茂武

内 容 简 介

本书是为了适应高等职业教育的改革与发展，从培养实用型、技能型人才应具有的基本技能出发而编写的，具有较强的实用性。力求着重培养学生的自主学习能力和创新精神，提高学生的实践操作能力。

本书是以工作过程为导向，按照项目式教学法这一职业教育的全新理念编写的。其内容包括认知机器、常用零部件、常用连接、常用传动、常用机构、液压传动等。每个任务配有一定数量的自测题，供学生学习时选用。

本书主要作为高等职业技术学院和中等职业学校机械制造、模具、数控等机械类专业的教学用书，也可供有关工程技术人员参考。

版权专有　侵权必究

图书在版编目（CIP）数据

机械基础与液压传动/沈卓，殷立君主编.-- 北京：北京理工大学出版社，2010.11(2023.9重印)

ISBN 978-7-5640-3964-6

Ⅰ.①机… Ⅱ.沈… ②殷… Ⅲ.①机械学-高等学校-教材②液压传动-高等学校-教材　Ⅳ.①TH11②TH137

中国国家版本馆 CIP 数据核字(2010)第 222716 号

责任编辑：陈莉华	**文案编辑**：陈莉华
责任校对：张沁萍	**责任印制**：边心超

出版发行	/ 北京理工大学出版社有限责任公司
社　　址	/ 北京市丰台区四合庄路6号
邮　　编	/ 100070
电　　话	/ (010) 68914026（教材售后服务热线）
	(010) 68944437（课件资源服务热线）
网　　址	/ http://www.bitpress.com.cn

版印次	/ 2023年9月第1版第10次印刷
印　刷	/ 廊坊市印艺阁数字科技有限公司
开　本	/ 710mm×1000mm　1/16
印　张	/ 18.25
字　数	/ 341千字
定　价	/ 53.00元

图书出现印装质量问题，请拨打售后服务热线，负责调换

前　　言

本书是适应高等教育的改革与发展，从培养实用型、技能型人才应具有的基本技能出发，本着"必需与够用"的原则，在内容取舍上，充分考虑目前高等院校的生源状况，力求实用、够用，并适当考虑了知识的连续性和学生今后继续学习的需要而编写的。

本书以先进的高等教育方法——项目式教学法为导向，内容紧贴生产与实践，符合高校学生的学习特点和企业的实际需求，将知识与技能有机地结合起来。本书编排体现以项目为纲，任务为目，在操作与观察中进行知识和技能的探索与学习。内容坚持理论服务于实践，没有空泛的理论推导。在每个项目的任务安排上，尽可能做到简洁、有理、有序。在具体任务设计时，尽可能结合日常生活中的实例，由浅入深，以适应不同层次的学生。考虑到当前部分高校教学课时数的减少，而液压技术在机器中的应用越来越广泛，所以把《机械设计基础》与《液压技术》两门课程整合在一起，在具体内容设计时，没有按照传统教材先机械原理后机械零件再液压传动的顺序安排，而是从机器的外观、使用、维护开始，再介绍机器上的零部件、常用连接、常用传动，把比较枯燥的常用机构安排在后面，最后是液压传动，这样有利于提高学生学习的积极性。

建议本课程教学课时数为110学时。

本书由沈卓、殷立君担任主编，谈建平、章爱萍、万宏钢、徐鸿滨担任副主编。具体编写分工为：沈卓编写项目一（任务1、任务2、任务3）、项目四（任务1、任务2、任务5），殷立君编写项目三，谈建平编写项目四（任务3、任务4、任务6），章爱萍编写项目一（任务4）、项目二，万宏钢编写项目五，徐鸿滨编写项目六，本书最后由余茂武教授主审。

本书在编写过程中，参考和引用了有关教材的内容和插图，在此对这些教材的作者表示衷心的感谢。

由于编者的水平和实践知识有限，加上时间仓促，书中难免有错误，恳请使用本书的广大教师和读者批评指正。

编　者

目　　录

项目一　认知机器 1
　任务1　机器的特征 2
　任务2　平面机构运动简图及自由度 6
　任务3　摩擦与磨损 14
　任务4　润滑与密封 18

项目二　常用零部件 28
　任务1　轴 28
　任务2　滑动轴承 44
　任务3　滚动轴承 50

项目三　常用连接 71
　任务1　螺纹连接 71
　任务2　键、销连接 82
　任务3　联轴器、离合器和制动器 90
　任务4　弹性连接 100

项目四　常用传动 107
　任务1　带传动 108
　任务2　链传动 125
　任务3　齿轮传动 132
　任务4　蜗杆传动 163
　任务5　螺旋传动 173
　任务6　轮系 176

项目五　常用机构 189
　任务1　平面连杆机构 189
　任务2　凸轮机构 201
　任务3　间歇运动机构 211

项目六　液压传动 217
　任务1　液压传动的基本知识 218
　任务2　常用液压元件 228
　任务3　液压基本回路及典型液压传动系统 268

参考文献 284

项目一　认知机器

【项目描述】

　　人类在长期的生产实践中为了适应自身的生产和生活需要,创造了各种各样的机器,如自行车、汽车、火车、飞机、各种机床、起重机、挖土机、机器人等。机器能减轻或代替人类的劳动,极大地提高劳动生产率,它所创造的财富丰富了人类的物质文明和精神文明。机器的使用水平已经成为一个国家科技水平和现代化程度的重要标志之一。下面将使读者详细地认识和了解机器与机械。

【学习目标】

　　(1) 掌握机器的组成,区别机器与机构、构件与零件的不同。
　　(2) 理解运动副的概念及类型,掌握平面机构自由度的计算及机构具有确定运动的条件。
　　(3) 了解摩擦的种类和磨损的阶段理论。
　　(4) 掌握常见的润滑剂种类、润滑方式、润滑装置、密封装置。

【能力目标】

　　(1) 能辨别各种机器及其主要功能。
　　(2) 能看懂机构运动简图。
　　(3) 能初步维护和保养机器。

【情感目标】

　　(1) 培养学生仔细观察事物和归纳总结事物特征的能力。
　　(2) 培养学生整体和谐意识。

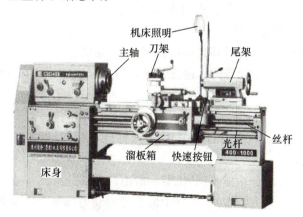

任务1 机器的特征

活动情景

进入实习车间,观察各种机床的工作过程。

任务要求

(1) 结合日常生活中常见的机器(如摩托车、缝纫机、汽车等),总结机器的特征。

(2) 观察车床或铣床各运动部位的运动特点。

任务引领

通过观察与讨论回答以下问题:

(1) 缝纫机、铣床、车床等机器,哪些部位之间有相对运动?它们是怎样运动的(摆动、转动、直动)?

(2) 相对运动的各部位之间是以什么方式(点、线、面)接触的?

归纳总结

1. 机器的特征

通过观察发现,摩托车、汽车、缝纫机、各种切削机床都是人们根据使用要求,有目的地设计、制造出各种零件后组装成一个整体,而不是任意拼装的。同时还发现各个组成部分之间的运动是有规律的、确定的。

通过观察发现摩托车、汽车等是将汽油燃烧的化学能转化为车轮的机械能,各种切削机床是将电动机的电能转化为车刀运动的机械能,并且大大减轻了人类劳动。

通过分析,所有的机器都具有以下三个特征。

(1) 人为的实物组合体。

(2) 每个运动单元(构件)间具有确定的相对运动。

(3) 能实现能量、信息等的传递或转换,代替或减轻人类的劳动。

2. 机器的组成

机器种类繁多,虽然它们的用途、构造及性能不相同,但是从机器的组成来分析,确有共同之处。

1) 按机器的各部分功能不同,机器一般由四大部分组成

(1) 动力部分(动力装置)。机器中最常见的动力部分为电动机、内燃机等,是

机器动力的来源,它将其他形式的能转变成机械能。

(2) 执行部分(执行装置)。执行部分直接实现机器特定功能,完成工作任务的部分,如汽车的车轮、起重机的卷筒和吊钩、车床的卡盘和车刀等。

(3) 传动部分(传动装置)。传动部分是将动力部分的运动和动力传递、转换或分配给执行部分的中间连接装置。如机床变速箱的齿轮传动,自行车和摩托车的链传动,内燃机中的进、排气控制机构等。

(4) 控制部分(控制装置)。控制部分是控制机器启动、停车和变更运动参数的部分。如开关、变速手柄、离合踏板及相应的电器等。

2) 按机器的构成分析

当我们对机器进行拆分时,发现机器是由一个或几个机构和动力源组成。

(1) 机构。机构具有确定的相对运动,能实现一定运动形式转换或动力传递的实物组合体。它是机器的重要组成部分,机器和机构的根本区别是机构只能传递运动和动力,一般不直接做有用的机械功或进行能量转换,例如图 1-1 万能铣床的升降装置。从构成和运动角度看,两者无本质的区别。故人们常把机器与机构统称为"机械"。

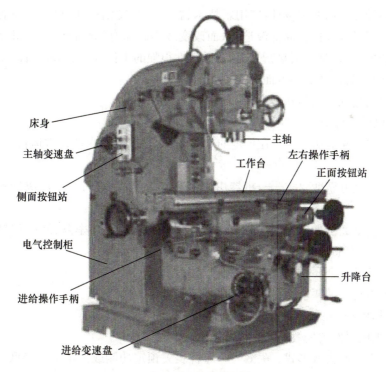

图 1-1 万能铣床

(2) 构件。在机器中作为一个整体而运动的最小单位称为构件,如摩托车的链条、车轮等。

(3) 零件。任何机器都是由一个个零件组成的。零件是组成构件的基本部

分,是组成"机器"的最小单元,是加工制造的起点,是组装、拆装的基础。零件又分为两类:一类是通用零件,即各种机器中普通使用的零件,如螺栓、齿轮、轴等;另一类是专用零件,即只在某一种类型的机器中使用,如曲轴、叶片、吊钩。

另外,将由一组协调工作的零件所组成的独立装配的组合件称为部件。如减速器、联轴器、滚动轴承等。

知识拓展

1. 本课程的内容和任务

本课程的基本内容包括机械原理、机械零件和液压传动三大部分。本课程综合运用各先修课程的基础理论知识和生产知识,是一门重要的技术基础课。通过本课程的学习,可以使学生获得机械的基本知识、基本理论和基本技能,初步具备正确分析、使用及维护机械的能力,初步具备设计机械传动和运用手册设计简单机械的能力。为今后学习有关机械设备和参与应用型技术工作奠定必要的基础。

2. 机械设计概述

机械设计包括两种设计:应用新技术、新方法开发创造新机械;在原有机械的基础上重新设计或进行局部改造,从而改变或提高原有的机械性能。机械设计是一门综合的技术,是一项复杂、细致和科学性很强的工作,涉及许多方面,要设计出合格的产品,必须考虑多方面因素。

下面简述几个与机械设计有关的基本问题。

1)机械设计应满足的基本要求

(1)实现预定功能——在规定的工作条件、工作期限内能正常运行,达到设计要求。

(2)满足可靠性要求——机器由许多零部件组成,其可靠度取决于零部件的可靠性。

(3)满足经济要求——设计及制造成本低、机器生产率高、能源和材料耗费少、维护及管理费用低等。

(4)满足安全要求——操作方便,保证人身安全。

(5)满足外观要求——外型美观、和谐,具有时代特点。

此外,噪声、起重、运输、卫生、防腐蚀等方面不容忽视。

2)机械零件的失效形式和设计准则

(1)零件的失效形式。失效——零件丧失预定功能或预定指标降低到许用值以下的现象称为失效。

常见的零件失效形式如下。

① 断裂。

② 过量变形。

③ 表面失效：疲劳点蚀、磨损、压溃、腐蚀等。

④ 其他：打滑、不自锁、过热、噪声过大等。

(2) 机械零件的计算准则。根据不同的失效原因建立起来的工作能力判定条件称为设计计算准则。

① 强度准则：强度是零件抵抗破坏的能力。强度可分为整体强度和表面强度（接触与挤压强度）两种。

强度准则：$\sigma \leqslant \dfrac{\sigma_{\min}}{s}$

刚度准则：刚度是零件抵抗变形的能力。

刚度准则：$y \leqslant [y]$

② 耐磨性准则：耐磨性是零件抵抗磨损的能力。由于磨损机理较复杂，通常采用条件性的计算准则。

耐磨性准则：$p \leqslant [p]$

③ 耐热性准则：耐热性是零件承受热量的能力。

耐热性准则：$t \leqslant [t]$

④ 可靠性准则：可靠性用可靠度表示，零件的可靠度用在规定的寿命时间内能连续工作的件数占总件数的百分比表示。

(3) 设计步骤。机械设计方法很多，既有传统的设计方法，也有现代的设计方法，这里只简单介绍常见机械零件的设计方法。

① 根据机器的工作情况和简化的计算方案，确定零件的载荷。

② 根据零件的工作情况分析，判定零件失效形式，从而确定计算准则。

③ 选择材料、选择主要参数。

④ 根据计算准则，计算出零件的基本尺寸。

⑤ 选择零件的类型和结构。

⑥ 结构设计。

⑦ 绘制零件工作图，编写说明书及有关技术文件。

在机械设计和制造的过程中，有些零件如螺纹连接件、滚动轴承等，由于应用范围广、用量大，已经高度标准化而成为标准件，由专门生产厂生产。对于同一产品，为了符合不同的使用要求，生产若干同类型不同尺寸或不同规格的产品，作为系列产品以满足不同用户的需求。不同规格的产品使用相同类型的零件，以使零件的互用更为方便。因此在机械零件设计中，还应注意标准化、系列化、通用化。

自 测 题

一、单项选择题

1. 汽车的变速箱是机器的（　　　）。

A. 动力部分 　　　　B. 传动部分 　　　　C. 工作部分

2. 在机械中属于运动单元的是（　　）。

A. 构件 　　　　　　B. 零件 　　　　　　C. 机构

3. 下列各机械中属于机构的是（　　）。

A. 摩托车 　　　　　B. 电动机 　　　　　C. 台虎钳

4. 在机械中属于制造单元的是（　　）。

A. 部件 　　　　　　B. 零件 　　　　　　C. 机构

二、填空题

1. 机器与机构通称为_____。

2. 一般机器是由_____、_____、_____和_____四部分组成。

3. 机构在机器中的作用是改变_____、_____和_____。

4. 零件丧失预定功能或预定指标降低到许用值以下的现象称为_____。

任务2　平面机构运动简图及自由度

活动情景

操作折叠雨伞、缝纫机踏板机构、手动补鞋机或简易冲床。

任务要求

观察各运动部位的连接方式及运动过程。

任务引领

通过观察与操作回答以下问题：

（1）各运动部位是以什么形式相接触的？用什么符号表示？

（2）这些接触对构件的运动产生怎样的影响？

（3）如何判定机构具有确定的相对运动？

归纳总结

1. 运动副及其分类

通过操作各种机构发现，为了使机构中每个构件具有确定的相对运动，构件之间必须要以某种方式连接起来。这种使两构件间直接接触并能产生一定形式的相对运动的连接，称为运动副。例如，摩托车的车轮与轴的连接、链轮与链条的连接等。

所有构件都在同一平面或相互平行的平面内运动称为平面机构，否则称为空间机构。工程中常见的机构大多属于平面机构。

根据运动副中两构件接触形式的不同，可将运动副分为低副和高副两大类。

1)低副

两构件以面接触所组成的运动副称为低副,根据构件间的相对运动形式又分为移动副和转动副。

(1)转动副。两构件间只能产生相对转动的运动副称为转动副,如图1-2所示。

(2)移动副。两构件间只能产生相对移动的运动副称为移动副,如图1-3所示。

图1-2 转动副

图1-3 移动副

2)高副

两构件以点或线接触的运动副称为高副,如图1-4所示。

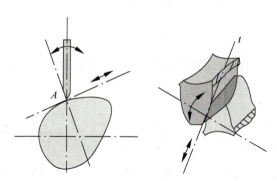

图1-4 高副

2. 机构的组成

机构由主动件、从动件和机架三部分组成。

(1)主动件。机构中输入运动的构件称为主动件。

(2)从动件。除主动件以外的其余的可动构件称为从动件。

(3)机架。固定不动的构件称为机架,一个机构只有一个机架。

3. 平面机构运动简图

实际机构的外形和结构很复杂,为了便于分析通常不考虑构件的外形尺寸和运动副的实际结构,只需用简单的线条和符号表示构件和运动副,并按一定的比例绘出能表达各构件间相对运动关系的图形称为机构运动简图。对于只为了表示机构的组成及运动情况,而不严格按照比例绘制的简图,称为机构示意图。

简图中应包括的主要内容有:构件数目、运动副的数目和类型、与运动变换相关的构件尺寸参数、主动件及运动特性。

1)构件及运动副的表示方法

(1)构件。构件均用线条或小方块等来表示,画有斜线的表示机架。

(2)转动副。两构件组成转动副时,其表示方法如图 1-5 所示,图面垂直于回转轴线时用图 1-5(a)表示;图面不垂直于回转轴线时用图 1-5(b)表示。表示转动副的圆圈,其圆心必须与回转轴线重合。一个构件具有多个转动副时,则应在两条线交接处涂黑,或在其内画斜线,如图 1-5(c)所示。

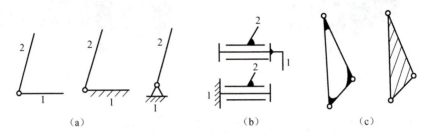

图 1-5 转动副的表示方法

(a) 图面垂直于回转轴线时;(b) 图面不垂直于回转轴线时;(c) 一个构件有多个转动副时

(3)移动副。两构件组成移动副时,其表示方法如图 1-6 所示,其导路必须与相对移动方向一致。

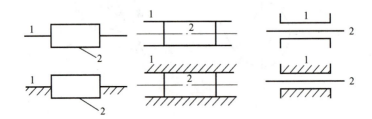

图 1-6 移动副的表示方法

(4)平面高副。两构件组成平面高副时,其运动简图中应画出两构件接触的曲线轮廓。对于凸轮、滚子习惯上画出其全部轮廓;对于齿轮,常用点划线画出其节圆,如图 1-7 所示。

图 1-7 平面高副的表示方法

2）平面机构运动简图的绘制

绘制平面机构运动简图按以下步骤进行。

（1）分析机构的组成和运动，确定机架、主动件和从动件。

（2）从主动件开始，沿运动传递路线，搞清各构件间相对运动的性质，确定运动副的类型和数目。

（3）选择合适的视图平面及机构运动瞬时位置。

（4）测量出运动副间的相对位置。

（5）选择适当比例，用规定的符号和线条绘制出机构运动简图。

根据图纸的幅面及构件的实际长度，选择适当的比例尺：

$$\mu_1 = \frac{\text{构件实际长度(mm)}}{\text{构件图示长度(mm)}}$$

例 1-1 试绘制图 1-8(a)所示内燃机部分结构的机构运动简图。

解：从图 1-8(a)可知，缸体 3 是机架，缸内活塞 4 是主动件。活塞 4 与连杆 2 相对转动构成转动副，与缸体 3 构成移动副；运动通过连杆 2 传给曲轴 1，且两者构成转动副。

测量各运动副间相对位置，选择合适的比例，按照规定的线条和符号，先绘出机构示意图，后绘出机构的运动简图。如图 1-8(b)所示。

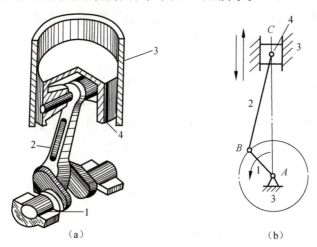

图 1-8 内燃机部分结构与机构运动简图

(a)内燃机部分结构；(b)机构运动简图

1—曲轴；2—连杆；3—缸体；4—活塞

拓展延伸

1. 平面机构的自由度

1）构件的自由度

如图 1-9 所示，在未与其他构件组成运动副之前，一个自由构件在平面中有三个独立的运动,即沿 x 轴和 y 轴的移动以及在 xy 平面内的转动,构件的这三个独立运动称为自由度。

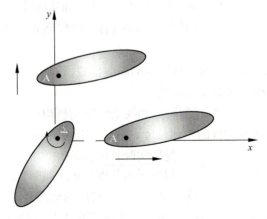

图 1-9　构件的自由度

2) 运动副对构件的约束

构件通过运动副连接后,它们的某些独立运动就会受到限制,因而自由度也随之减少,这种对构件独立运动的限制称为约束。每引入一个约束构件就减少一个自由度,运动副的类型不同,引入的约束数目也不等,每个低副(转动副或移动副)引入两个约束,每个高副则引入一个约束。

3) 平面机构的自由度

设一个平面机构共有 N 个构件,其中必有一个构件是机架(自由度为零),则有 $n=N-1$ 个活动构件。显然,在未用运动副连接之前共有 $3n$ 个自由度,当这些构件用运动副连接起来后,自由度则随之减少。若用 P_L 个低副,P_H 个高副将活动构件连接起来,则这些运动副引入的约束总数为 $2P_L+P_H$。故该机构的自由度 F 为：

$$F=3n-2P_L-P_H \qquad (1-1)$$

2. 计算机构自由度的注意事项

在应用式(1-1)计算机构的自由度时,必须注意以下几个问题。

1) 复合铰链

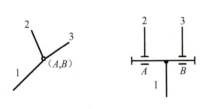

图 1-10　复合铰链

两个以上的构件共用同一转动轴线所构成的转动副称为复合铰链。图 1-10 所示是三个构件在同一处构成复合铰链。构件 1 分别与构件 2、3 构成两个转动副。显然,如有 m 个构件在同一处,以转动副连接,则应有 $m-1$ 个转动副。

2）局部自由度

在机构中某些活动构件所具有的不影响机构输出与输入运动关系的自由度称为局部自由度。如图1-11(a)所示的凸轮机构,滚子绕本身轴线的转动不影响其他构件的运动,该转动的自由度即为局部自由度。计算时先把滚子看成与从动件连成一体,消除局部自由度(如图1-11(b)所示)后,再计算该机构的自由度。

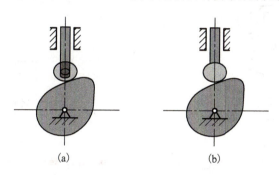

图 1-11　局部自由度

(a) 凸轮机构；(b) 消除局部自由度

局部自由度虽然不影响机构的运动规律,但可以将高副处的滑动摩擦变为滚动摩擦,从而减少磨损。

3）虚约束

机构中某些运动副所引入的约束与其他运动副所起到的限制作用是一致的,这种对运动不起独立限制作用的约束称为虚约束,在计算自由度时应先除去虚约束。

虚约束常在下列情况下发生。

(1) 两构件上两点间的距离始终保持不变,如图1-12(b)所示,平行四边形机构 $EF/\!/AB/\!/CD$ 且 $EF=AB=CD$,杆5上 E 点的轨迹与杆3上 E 点的轨迹重合。因此 EF 杆带进了虚约束,计算时先将其简化成1-12(a)图；如果不满足上述条件,则 EF 杆就成为有效约束,如图1-12(c)所示,此时机构的自由度 $F=0$。

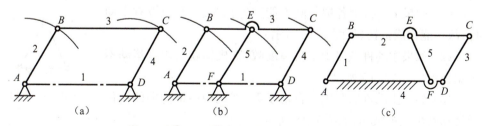

图 1-12　运动轨迹重合引入虚约束

(2) 两构件组成多个导路平行的移动副时,只有一个移动副起作用,其余都是虚约束,如图 1-13 所示。

(3) 两构件组成多个轴线重合的转动副时,只有一个转动副起作用,其余都是虚约束,如图 1-14 所示。

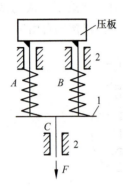

图 1-13 移动方向一致引入的虚约束

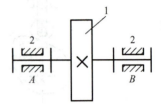

图 1-14 轴线重合引入的虚约束

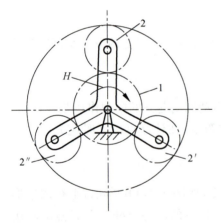

图 1-15 差动轮系

(4) 机构中对运动不起独立作用的对称部分引入的约束,如图 1-15 所示轮系,只需一个齿轮 2 便可传递运动,其余齿轮 $2'$ 和 $2''$ 对传递运动不起独立作用。

虚约束虽不影响机构的运动,但能增加机构的刚性,改善其受力状况,因而广泛采用,但是虚约束对机构的几何条件要求较高,因此对机构的加工和装配精度提出了较高的要求。

3. 机构具有确定的运动条件

机构的自由度就是机构具有独立运动参数的数目,通常机构中每个主动件相对机架只有一个独立运动,而从动件靠主动件带动,本身不具有独立运动。因此机构的自由度必定与主动件数目相等。

(1) 如果 $F \leqslant 0$,则各构件间不能产生相对运动,也没有主动件,故不能构成机构(如图 1-16 所示)。

(2) 如果主动件数目少于自由度数,则机构就会出现运动不确定现象(如图 1-17 所示)。

(3) 如果主动件数目大于自由度数,则机构中最薄弱的构件或运动副可能被破坏(如图 1-18 所示)。

图 1-16 桁架

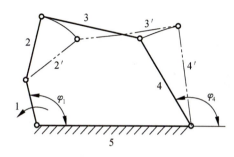

图 1-17 主动件数＜自由度数   图 1-18 主动件数＞自由度数

例 1-2 计算图 1-19 所示大筛机构的自由度,并判断该机构是否具有确定的运动。

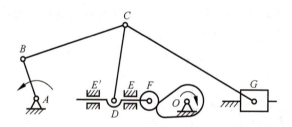

图 1-19 大筛机构

解:图中滚子 F 有一个自由度。E 和 E' 为两构件组成的导路平行移动副,其中之一为虚约束,C 处为复合铰链,在计算自由度时,将滚子 F 与顶杆视为一体,即消除局部自由度,去掉移动副 E 和 E' 中的任意一个虚约束。则 $n=7$,$P_L=9$,$P_H=1$,将其代入式(1-1)中,得

$$F = 3n - 2P_L - P_H = 3 \times 7 - 2 \times 9 - 1 = 2$$

因为主动件数目为 2,与自由度数相等,所以该机构具有确定的运动。

自 测 题

一、填空题

1. 两构件通过面接触所构成的运动副称为_____。
2. 机构具有确定相对运动的条件是_____。
3. 4 个构件在同一处以转动副相联,则此处有_____个转动副。
4. 机构中不起独立限制作用的重复约束称为_____。

二、综合题

1. 试绘制折叠伞的机构运动简图。
2. 试绘制题二-2 图所示的唧筒机构运动简图。

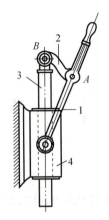

题二-2图 唧筒机构

3. 计算题二-3图所示机构的自由度,并判断机构是否具有确定的相对运动。若有复合铰链、局部自由度、虚约束请明确指出。

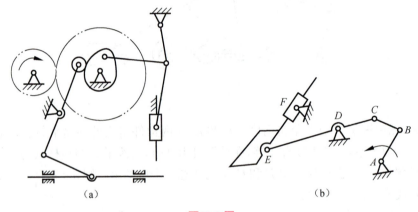

题二-3图

(a) 冲压机床;(b) 推土机构

任务3　摩擦与磨损

活动情景

拆解报废的减速器。

任务要求

总结减速器报废的原因,观察齿面的磨损情况。

任务引领

通过观察与操作回答以下问题:
(1) 是何原因导致减速器报废?

(2) 如果没有摩擦，减速器能否正常工作？
(3) 磨损的结果如何？齿面呈什么状态？轴承游隙是否较大？声音是否正常？
(4) 怎样才能有效地减少磨损？

归纳总结

观察发现，减速器的外壳并无损坏，内部机构却已不能有效地传递动力，其失效的主要原因之一是齿轮的轮齿已严重磨损，不能继续工作。

其实，各类机器在工作时，零件相对运动的接触部位都存在着摩擦，摩擦是机器运转过程中不可避免的物理现象。摩擦不仅造成能量损耗，而且使零件相互作用的表面发热、磨损，甚至导致零件失效。据统计，世界上每年 1/3～1/2 的能量消耗在各种形式的摩擦中，约有 80% 的零件因磨损而报废。为了提高机械的使用寿命以及节省能源和材料，应设法尽量减少摩擦和磨损。应当指出，摩擦也可以加以利用，实现动力传递(如带传动)、制动(如摩擦制动器)及连接(如过盈连接等)。这些应增大摩擦，但应减少磨损。

1. 摩擦

摩擦可分为不同的形式，根据工作零件的运动形式可分为静摩擦和动摩擦；根据位移情况的不同可分为滑动摩擦和滚动摩擦；根据摩擦表面间的润滑状态的不同又分为干摩擦、液体摩擦、边界摩擦和混合摩擦。

(1) 干摩擦。接触表面间无任何润滑剂或保护膜的纯金属接触时的摩擦，称为干摩擦。如图 1-20(a) 所示。干摩擦的摩擦因素大，磨损严重，一般应尽量避免。

(2) 液体摩擦。两摩擦表面不直接接触，中间有一层完整的油膜(油膜厚度一般在 1.5～2 μm 以上)隔开。如图 1-20(b) 所示。

液体摩擦几乎不产生磨损，是一种理想的摩擦状态，但有时需要外界设备供应润滑油，造价高，用于润滑要求较高的场合。

(3) 边界摩擦。接触表面被吸附在表面的极薄边界膜(油膜厚度≤1 μm)隔开，使其处于干摩擦与液体摩擦之间的状态。如图 1-20(c) 所示。

(4) 混合摩擦。干摩擦、液体摩擦和边界摩擦共存的状态。如图 1-20(d) 所示。

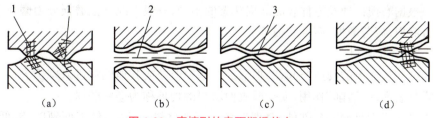

图 1-20 摩擦副的表面润滑状态
(a) 干摩擦；(b) 液体摩擦；(c) 边界摩擦；(d) 混合摩擦
1—塑性变形；2—液体；3—边界膜

2. 磨损

运转部位接触表面间的摩擦将导致零件表面材料的逐渐损失,这种现象称为磨损。磨损降低机器的效率和可靠性,甚至导致机器提前报废。因此,要努力避免或减轻磨损。

在机械正常运转过程中,磨损大致可分为以下三个阶段。

1) 磨合(跑合)磨损阶段

在这一阶段,随着表面逐渐磨平,磨损速度由快逐渐减缓,为零件的正常运转创造条件。磨合结束后应清洗零件,更换润滑油。

2) 稳定磨损阶段

在这一阶段,磨损缓慢,机器进入正常工作阶段,该阶段的长短代表零件使用寿命的长短。

3) 剧烈磨损阶段

在这一阶段,磨损急剧增加,精度丧失,机械效率下降,最终导致完全失效。磨损过程曲线如图 1-21 所示。

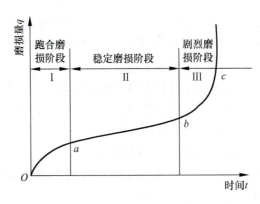

图 1-21　零件的磨损过程

3. 磨损分类

根据磨损机理及零件表面磨损状态的不同,一般工况下把磨损分为磨粒磨损、黏着磨损、疲劳磨损、腐蚀磨损等。

1) 磨粒磨损

摩擦表面上的硬质凸起,磨损形成的坚硬磨粒或其他颗粒进入摩擦表面之间,对零件表面起"磨削"作用,使金属表面磨损的现象称为磨粒磨损。

除注意满足润滑条件外,合理选择摩擦副材料,提高零件表面硬度、降低表面粗糙度等措施是减轻磨粒磨损的途径。

2）黏着磨损

在混合摩擦和边界摩擦状态下,当载荷较大,速度提高时,边界膜破裂,金属接触固相焊合形成的黏结点因相对滑动被剪切断裂,发生材料由一个表面向另一个表面转移的现象,成为黏着磨损。

黏着磨损分为轻微磨损、胶合和咬死。胶合是高速重载时常见的失效形式。

合理选择配对材料,采用表面处理,限制摩擦面的温度和压强,采用含有油性和极压添加剂的润滑剂,都可减轻黏着磨损。

3）疲劳磨损（点蚀）

两个相互滚动或滚动兼移动的摩擦表面,在接触区受循环变化的高接触应力作用下,零件表面出现裂纹,随着应力循环次数的增加,裂纹逐渐扩展以至表面金属剥落,出现凹坑,这种现象称为疲劳磨损,又称为"点蚀"。

合理选择材料及表面硬度,降低表面粗糙度,选择黏度高的润滑油等可以提高抗疲劳磨损的能力。

4）腐蚀磨损

在摩擦过程中,摩擦面与周围介质发生化学或电化学而产生物质损失的现象,称为腐蚀磨损。它是机械作用与腐蚀作用的结果。腐蚀磨损可以在没有摩擦的条件下形成。在潮湿的环境下腐蚀磨损甚至比其他磨损的速度更快,故机器不能长时间闲置。

应该指出的是,实际上大多数磨损是以上述四种磨损形式的复合形式出现的。

自 测 题

一、判断题

1. 干摩擦磨损严重,应尽量避免。　　　　　　　　　　　　　　　（　　）
2. 液体摩擦几乎不产生磨损,一般机器上常见。　　　　　　　　　（　　）
3. 摩擦会产生磨损,所以摩擦不可以利用。　　　　　　　　　　　（　　）
4. 机器在磨合磨损阶段后应清洗零件,更换润滑油。　　　　　　　（　　）

二、选择题

1. 工程实践中见到最多的摩擦状态是（　　　）。
   A. 干摩擦　　　　　　B. 液体摩擦　　　　　　C. 混合摩擦
2. 在潮湿的环境下,机器不能长时间闲置的主要原因是（　　　）。
   A. 磨粒磨损　　　　　B. 黏着磨损　　　　　　C. 腐蚀磨损
3. 如果零件稳定磨损阶段时间越长,则其使用寿命（　　　）。
   A. 越长　　　　　　　B. 越短　　　　　　　　C. 不变
4. 下列可以减小疲劳磨损的措施是（　　　）。
   A. 提高表面粗糙度　　B. 减小零件表面硬度　　C. 选择黏度高的润滑油

任务4 润滑与密封

活动情景

观察汽车或摩托车的变速箱。

任务要求

(1) 了解润滑油的作用及特性,总结各种润滑剂的特点。
(2) 熟悉常用的润滑方式及装置。
(3) 熟悉常用密封方式,掌握各种密封圈的结构特点及作用原理。

任务引领

通过观察与操作回答以下问题:
(1) 变速箱的齿轮选用什么润滑油?轴承是用脂还是用油润滑?
(2) 输入、输出轴与本体间采用什么形式密封?

归纳总结

在摩擦表面间加入润滑剂,以降低摩擦、减轻磨损,这种措施称为润滑。润滑的主要作用是:降低摩擦,减少磨损,防止腐蚀,提高效率,改善机器运转状况,延长机器的使用寿命。此外,润滑还可起到冷却、防尘以及吸振等作用。

1. 润滑剂及其选择

工程上常用的润滑剂主要有润滑油与润滑脂。此外,还有固体润滑剂(如石墨、二硫化钼等)、其他润滑剂(如空气、氢气、水蒸气等)。

1) 润滑油

润滑油是使用最广泛的润滑剂,主要有矿物油、合成油、有机油等,其中应用最广泛的为矿物油。矿物油主要是指石油产品,因来源充足,成本低廉,稳定性好,适用范围广,故多采用矿物油作为润滑油。润滑油最重要的一项物理性能指标是黏度,它是选择润滑油的主要依据。黏度标志着液体流动的内摩擦性能。黏度越大,内摩擦阻力越大,承载能力越大,液体的流动性越差。黏度的大小可用动力黏度(又称绝对黏度)、运动黏度、条件黏度来表示。工业上多用运动黏度标定润滑油的黏度,法定计量单位为 m^2/s。润滑油的黏度并不是固定不变的,而是随着温度和压强而变化的。因此,在标注某种润滑油的黏度时,必须同时标明它的测试温度,国家标准(GB/T3141—1994)规定温度在40℃时按运动黏度分为5、7、10、15、22、32等20个牌号。牌号数值越大,油的黏度越高,即越稠。

选择润滑油主要是确定润滑油的种类与牌号。一般应考虑机器设备的载荷、速度、工作情况以及摩擦表面状况等条件。先确定合适的黏度范围,再选择润滑油品种。对于载荷大或变载、冲击的场合,加工粗糙或未经跑合的表面,宜选用黏度大的润滑油;反之,载荷小、速度高,宜选用黏度小的润滑油,采用压力循环润滑、滴油润滑的场合,宜选用黏度低的润滑油。

常用润滑油的性能和用途见表1-1。

表1-1 常用润滑油的性能和用途

名 称	代 号	运动黏度 m²/s	倾点/℃	闪点/℃	主要用途
全损耗系统用油 (GB 443—1989)	L-AN5	4.14～5.06	-5	80	用于各种高速轻重机械轴承的润滑和冷却(循环式或油箱式),如转速10 000 r/min以上的精密机械、机床的润滑和冷却
	L-AN7	6.12～7.48		110	
	L-AN10	9.00～11.0		130	
	L-AN15	13.5～16.5		150	用于小型机床齿轮箱、传动装置轴承,中小型电机,风动工具等
	L-AN22	19.8～24.2			
	L-AN32	28.8～35.2			用于一般机床齿轮变速箱、中小型机床导轨及100 kW以上电机轴承
	L-AN46	41.4～50.6		160	主要用于大型机床和刨床上
	L-AN68	61.2～74.8		180	主要用在低速重载的纺织机械及重型机床、锻压、铸工设备上
	L-AN100	90.0～110			
	L-AN150	135～165			
工业闭式齿轮油 (GB 5902—1995)	L-CKC68	61.2～74.8	-8	180	适用于煤炭、水泥、冶金工业部门大型封闭式齿轮传动装置的润滑
	L-CKC100	90.0～100			
	L-CKC150	135～165		200	
	L-CKC220	198～242			
	L-CKC320	288～352			
	L-CKC460	414～506			
	L-CKC680	612～748	-5	220	
液压油 (GB 11118.1—1994)	L-HL15	13.5～16.5	-12	140	适用于机床和其他设备的低压齿轮泵,也可以用于使用其他抗氧防锈型润滑油的机械设备(如轴承和齿轮等)
	L-HL22	19.8～24.2	-9		
	L-HL32	28.2～35.2		160	
	L-HL46	41.4～50.6	-6	180	
	L-HL68	61.2～74.8			
	L-HL100	90.0～110			
汽轮油 (GB 11120—1989)	L-TSA32	28.8～35.2	-7	180	适用于电力、工业、船舶及其他工业汽轮机组、水轮机组的润滑和密封
	L-TSA46	41.4～50.6			
	L-TSA68	61.2～74.8		195	
	L-TSA100	90.0～110			
QB汽轮油润滑油 (GB 485—1984)	20号		-20	185	用于汽车、拉力汽化器、发动机汽缸活塞的润滑,以及各种中小型柴油机等动力设备的润滑
	30号		-15	200	
	40号		-5	210	

续表

名 称	代号	运动黏度 m²/s	倾点/℃	闪点/℃	主要用途
L-CPE/P 蜗轮蜗杆油 (SH 0094—1991)	220	198～242	−12		用于钢对钢配对的圆柱形、承受重负载、传动中有振动和冲击的蜗轮蜗杆副
	320	288～352			
	460	414～506			
	680	612～748			
	1 000	900～1 100			
仪表油 (GB 487—1984)		12～14	−60 (凝点)	125	适用于各种仪表(包括低温下操作)的润滑

2) 润滑脂

润滑脂是在润滑油中添加稠化剂(如钙、钠、铝、锂等金属皂基)后形成的胶状润滑剂,俗称黄油或干油。加入稠化剂的主要作用是减少油的流动性,提高润滑油与摩擦面的附着力。有时还加入一些添加剂,以增加抗氧化性和油膜厚度。它的种类较多,根据用途可分为减磨润滑脂、防护润滑脂、密封润滑脂,常用的是减磨润滑脂。因为它稠度大,密封简单,不须经常添加,不易流失,承载能力较高,但它的物理、化学性质不如润滑油稳定,摩擦功耗也大,不能起冷却作用或作循环润滑剂使用。因此常用于低速、受冲击或间歇运动的机器中。

润滑脂的主要物理性能指标如下。

(1) 滴点。滴点是指润滑脂受热后从标准测量杯的孔口滴下第一滴油时的温度。滴点标志着润滑脂的耐高温能力,润滑脂的工作温度应比滴点低 20 ℃～30 ℃。润滑脂的号数越小,表面滴点越低。

(2) 锥入度。锥入度即润滑脂的稠度。将重 1.5 N 的标准锥体在 25 ℃恒温下,由润滑脂表面自由沉下,经 5 s 后该锥体可沉入的深度值(以 0.1 mm 为单位)为润滑脂的锥入度。锥入度表明润滑脂内阻力的大小和流动性的强弱。锥入度越小,表明润滑脂越稠,承载能力越强,密封性越好,但摩擦阻力也越大,流动性越差,因而不易填充较小的摩擦间隙。

目前使用最多的是钙基润滑脂,其耐水性强,但耐热性差,常用于在 60 ℃以下工作的各种轴承的润滑,尤其适用于在露天条件下工作的机械轴承的润滑。钠基润滑脂的耐热性好,可用于 115 ℃～145 ℃以下工作的情况,但其耐水性差。锂基润滑脂的性能优良,耐水耐热性均好,可以在 −20 ℃～150 ℃广泛适用。

常用的润滑脂的主要性能和用途见表 1-2。

表 1-2 常用的润滑脂的主要性能和用途

名 称	代 号	滴点/℃ (不低于)	工作锥入度 (25 ℃,150 g) /(1/10 mm)	主要用途
钙基润滑脂 (GB 491—1987)	L-XAAMHA1	80	310～340	有耐水性能。用于工作温度低于 55 ℃～60 ℃的各种工农业、交通运输设备的轴承润滑,特别是水和潮湿处
	L-XAAMHA2	85	265～295	
	L-XAAMHA3	90	220～250	
	L-XAAMHA4	95	175～205	

续表

名 称	代 号	滴点/℃（不低于）	工作锥入度（25 ℃,150 g）/(1/10 mm)	主要用途
钠基润滑脂（GB 492—1989）	L-XACMHG2	160	265~295	不耐水（或潮湿），用于工作温度在−10 ℃~110 ℃的一般中负荷机械设备轴承润滑
	L-XACMHG3		220~250	
通用锂基润滑脂（GB 7324—1987）	ZL-1	170	310~340	有良好的耐水性和耐热性。适用于温度在−20 ℃~120 ℃范围内各种机械的滚动轴承、滑动轴承及其他摩擦部位的润滑
	ZL-2	175	265~295	
	ZL-3	180	220~250	
钙钠基润滑脂（ZBE 36001—1988）	ZGN-1	120	250~290	用于工作温度在80 ℃~100 ℃、有水分或较潮湿环境中工作的机械润滑，多用于铁路机车、列车、小电动机、发电机滚动轴承（温度较高者）的润滑。不适于低温工作
	ZGN-2	135	200~240	
石墨钙基润滑脂（ZBE 36002—1988）	ZG-S	80	—	人字齿轮、起重机、挖掘机的底盘齿轮、矿山机械、绞车钢丝绳等高负荷、高压力、低速度的粗糙机械润滑及一般开式齿轮润滑，能耐潮湿
滚珠轴承脂（SY 1514—1982）	ZGN69-2	120	250~290（−40 ℃时为30）	用于机车、汽车、电机及其他机械的滚动轴承润滑
7407号齿轮润滑脂（SY 4036—1984）		160	75~90	适用于各种低速、中、重载荷齿轮、链和联轴器等的润滑，使用温度≤120 ℃，可承受冲击载荷
高温润滑脂（GB 11124—1989）	7014-1号	280	62~75	适用于高温下各自各种滚动轴承的润滑，也可用于一般滑动轴承和齿轮润滑。使用温度为−40 ℃~200 ℃
工业用凡士林（GB 671—1986）		54	—	适用于作金属零件、机器防锈，在机械的温度不高和负荷不大时，可用作减摩润滑脂

3）固体润滑剂

用具有润滑作用的固体粉末取代润滑油或润滑脂来实现摩擦表面的润滑，称为固体润滑。最常见的固体润滑剂有石墨、二硫化钼、二硫化钨、高分子材料（如聚四氟乙烯、尼龙等）。固体润滑剂具有很好的化学稳定性，耐高温、高压，润滑简单，维护方便等特点，适用于速度、温度和载荷非正常的条件下，或不允许有油脂污染及无法加润滑油的场合。

2. 常用的润滑方式及装置

为了获得良好的润滑效果，保证设备安全正常运行，除应正确地选择润滑剂外，还应选择适当的润滑方式和相应的润滑装置。

1）油润滑方式及装置

润滑油的润滑方法有间歇供油和连续供油两种。间歇供油有手工油壶注油和

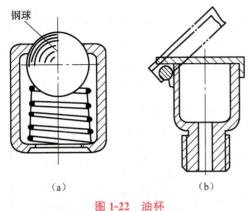

图 1-22 油杯
(a) 压配式油杯；(b) 弹簧盖油杯

油杯注油供油。通常，每隔适当时间由人工用油壶或油枪向油孔或注油杯（见图 1-22）注入润滑油，通过设备上的油沟或油槽使油流至需要润滑的部位。这种操作润滑方式简单易操作，但供油不均匀、不易控制、不连续，故可靠性不高，这种方法只适用于低速不重要的或间歇工作场合。对于比较重要的轴承必须采用连续供油润滑，连续供油方法及装置主要有以下几种。

（1）油杯滴油润滑。图 1-23 所示分别为针阀式油杯和芯捻式油杯。芯捻式油杯利用毛细管作用将油引到润滑区工作表面上，这种方法不易调节供油量；针阀式油杯可调节滴油速度以改变供油量，在设备停止工作时，可通过油杯上部手柄关闭油杯，停止供油，这种润滑方式润滑可靠。

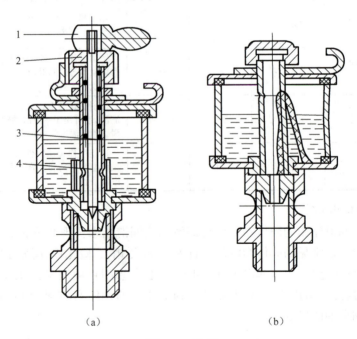

图 1-23 油杯
(a) 针阀式油杯；(b) 芯捻式油杯
1—手柄；2—调节螺母；3—弹簧；4—针阀

（2）油环润滑。图 1-24 所示为轴颈上套一油环，当轴颈旋转时，借摩擦力带动油环转动，从而将润滑油甩到轴颈上，这种润滑方式只能用于连续运转并且水平放置、转速比较高(60～2 000 r/min)的轴的润滑。

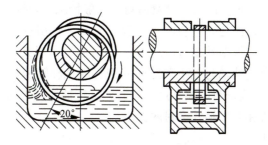

图 1-24　油环润滑

(3) 浸油润滑和飞溅润滑。如图 1-25 所示,将零件的一部分浸入油中,利用零件的转动,把油带到摩擦部位使零件进行润滑的方式称为浸油润滑。同时,油被旋转零件带起飞溅到其他部位,使其他零件得到润滑称为飞溅润滑。这两种润滑方式润滑可靠,连续均匀,但转速较高时功耗大,多用于中速转动的齿轮箱体中齿轮与轴承的润滑。

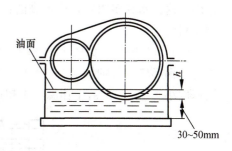

图 1-25　浸油润滑

(4) 压力润滑。用外接设备(液压泵、阀和管路等)将润滑油以一定的压力送到摩擦部位润滑的方式称为压力润滑。这种润滑方式给油量大并控制方便,润滑油可循环使用,润滑可靠,具有较好的冷却作用。适用于重载、高速、精密等要求较高的场合。

2) 脂润滑方式及其装置

润滑脂比润滑油稠,不易流失,但冷却作用差,适于低、中速且载荷不太大的场合。润滑脂常用润滑方式有手工加脂、脂杯加脂、脂枪加脂和集中润滑系统供脂等。对于开式齿轮传动、轴承、链传动装置,多采用手工将脂压入或填入润滑部位。对于旋转部位固定的设备,多在旋转部位的上方采用带阀的压配式注油杯和不带阀的弹簧盖油杯,如图 1-23(a)、(b)所示。对于大型设备,润滑点多,多采用集中润滑系统,即用供脂设备把润滑脂定时定量送至各润滑点。

3. 密封装置

在机械设备中,为了阻止润滑剂泄漏,并防止灰尘、水等其他杂质进入润滑部位,必须采用相应的密封装置,以保证持续、清洁的润滑,使机器正常工作,并减少对环境的污染,提高机器的工作效率,降低生产成本。目前,机器密封性能的优劣已成为衡量设备质量的重要指标之一。

密封装置的类型很多,根据被密封构件的运动形式可分为静密封和动密封。两个相对静止的构件之间结合面的密封称为静密封,如减速器的上下箱之间的密封、轴承端盖与箱体轴承座之间的密封等。实现静密封的方式很多,最简单的是靠结合面加工平整,在一定的压力下贴紧密封。一般情况下,是在结合面之间加垫片或密封圈;还有在结合面之间涂各类密封胶。两个具有相对运动的构件结合面之间的密封称为动密封,根据其相对运动的形式不同,动密封又可分为旋转密封和移动密封,如减速器中外伸轴与轴承盖之间的密封就是旋转密封。旋转密封又分为接触式密封和非接触式密封两类。这里只研究旋转轴外伸端的密封方法。常见的密封装置,有接触式和非接触式密封两类。

1) 接触式密封

在轴承盖内放置软材料(毛毡、橡胶圈或皮碗等),与转动轴直接接触而起密封作用。这种密封多用于转速不高的情况,接触式密封常见有毡圈密封和唇形密封圈密封两种。

(1) 毡圈密封。如图 1-26 所示,在轴承盖上开出梯形槽,将矩形剖面的细毛毡放置在梯形槽中与轴接触。这种密封结构简单,但摩擦较严重,主要用于密封处圆周速度小于 4～5 m/s,工作温度不超过 90 ℃的油脂润滑结构。

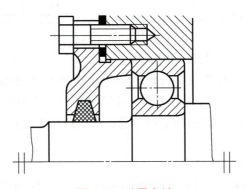

图 1-26　毡圈密封

(2) 唇形密封圈密封。在轴承盖中放置一个密封皮碗(图 1-27(a)),它是用耐油橡胶等材料制成的,并装在一个钢外壳之中(有的没有钢壳)的整体部件,皮碗与轴紧密接触而起密封作用。为增强封油效果,用一个螺旋弹簧压在皮碗的唇部。唇的方向朝向密封部位,主要目的是防止漏油(图 1-27(b));唇朝外,主要目的是防尘(图 1-27(c))。当采用两个皮碗相背时,既可以防尘又可以起密封作用。这种结构安装方便,使用可靠。这种密封方式既可用于油润滑,也可用于脂润滑,一般适用于轴的圆周速度小于 6～7 m/s,工作温度范围为－40 ℃～100 ℃的场合。

2) 非接触式密封

非接触式密封方式密封部位转动零件与固定零件之间不直接接触,留有间隙,因此对轴的转速没有太大的限制,多用于速度较高的场合。

(1) 间隙式密封(也称为油沟式密封)。如图 1-28 所示,在轴与轴承盖的通孔壁之间留有 0.1～0.3 mm 的间隙,并在轴承盖上车出沟槽,槽内填满油脂,以起密

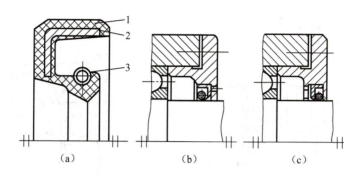

图 1-27　唇形密封圈密封
1—耐油橡胶；2—金属骨架；3—弹簧

封作用。这种形式结构简单，间隙宽度越长，密封效果越好，轴径圆周速度小于 5～6 m/s，适用于环境比较干净的润滑脂。

(2) 迷宫式密封。如图 1-29 所示，将旋转的和固定的密封零件间的间隙制成迷宫形式，可分为轴向迷宫、径向迷宫、组合迷宫等，缝隙间填满润滑脂以加强密封效果。这种方式对润滑脂和润滑油都很有效，迷宫式密封结构简单，使用寿命长，但加工精度要求高，装配较难，一般环境比较脏时可采用这种形式，多用于一般密封不能胜任、要求较高的场合，轴径圆周速度可达 30 m/s。

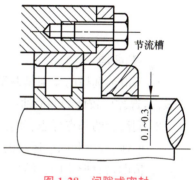

图 1-28　间隙式密封

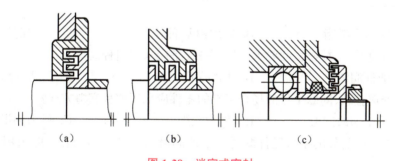

图 1-29　迷宫式密封
(a) 轴向迷宫；(b) 径向迷宫；(c) 组合迷宫

(3) 油环或油环与油沟组合密封。在轴承座孔内的轴承内侧与工作零件之间安装一个挡油环，挡油环随轴一起转动，利用其离心作用，将箱体内下溅的油及杂质甩走，阻止油进入轴承部位，多用于轴承部位使用脂润滑的场合，如图 1-30 所示。在油沟密封区内的轴上安装一个甩油环，当向外流失的润滑油落在甩油环上时，由于离心力的作用而甩落，然后通过导油槽流回油箱。这种组合密封形式在高速时密封效果好，如图 1-31 所示。

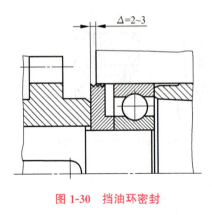

图1-30 挡油环密封

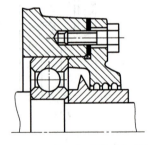

图1-31 油环与油沟组合密封

自 测 题

一、判断题

1. 润滑油选择的原则是载荷较大或变载、冲击的场合、加工粗糙或未经跑合的表面,选黏度较低的润滑油。（ ）
2. 润滑脂的滴点标志着润滑脂本身耐高温的能力。（ ）
3. 低速、轻载和间歇运动的场合应选用浸油润滑方式。（ ）
4. 毡圈密封形式因其结构简单、安装方便,在一般机械中应用较广。（ ）

二、选择题

1. 工作温度为－20 ℃～120 ℃的重型机械设备的齿轮和轴承应采用何种润滑脂润滑?（ ）
    A. 钠基润滑脂　　　　B. 通用锂基润滑脂　　　　C. 钙基润滑脂
2. 高速重载、精密程度要求高的机械设备应采用何种润滑方式?（ ）
    A. 油杯润滑　　　　　B. 飞溅润滑　　　　　　　C. 压力润滑
3. 低速轻载、间歇工作的场合工作的零件应采用何种润滑方式?（ ）
    A. 手工加油润滑　　　B. 飞溅润滑　　　　　　　C. 压力润滑
4. 要求密封处的密封元件既适合于油润滑,也可用于脂润滑,应采用何种密封方式?（ ）
    A. 毡圈密封　　　　　B. 唇形密封圈密封　　　　C. 挡油环密封

项目小结

机器是人类智慧的结晶,能够帮助人类实现预定的功能。机器的各组成部分之间具有确定的相对运动,这种确定的相对运动是由运动副实现的,构件之间既相互接触,又相对运动的连接称为运动副。构件间既相互接触又相对运动的结果必然形成摩擦,进而造成磨损。磨损是机器损坏的主要表现形式,但可以通过有效的润滑加以改善。对于不同的运动副,所选用的润滑剂的种类和所采用的润滑方法是不同的。为了保证润滑的效果,延长润滑的时间,一般都要采用适当的方式密封,密封有动密封和静密封的区别。随着液压气动技术的发展,对密封的要求也越来越高。本项目中,主要讨论与机器有关的一些基本知识。

项目二　常用零部件

【项目描述】

　　机器是由零件组合而成的,将机器拆分成一个个零件以后便会发现,很多零件形状类似,功能接近。若从其形状与功能上进行划分,大体可分为轴类零件、套类零件、支座类零件及一些标准零件如螺栓、螺母、轴承等。

【学习目标】

　　(1) 熟悉轴的结构和功用。
　　(2) 掌握轴上零件的定位和固定方式。
　　(3) 了解机械支承部件的结构和功能。
　　(4) 了解常用轴承的类型、工作原理和使用场合。
　　(5) 掌握滚动轴承的结构与型号。
　　(6) 掌握轴的结构设计要求和设计方法。

【能力目标】

　　(1) 能正确拆装轴系零件。
　　(2) 能正确安装、拆卸滚动轴承。
　　(3) 能进行轴的结构设计和轴系零件组合设计。
　　(4) 能正确调整支座间隙。

【情感目标】

　　"螺丝虽小,作用巨大。"要懂得个体尽管存在高矮、胖瘦等各种差异,但都有其各自的优势和特点,都可在集体中发挥重要的作用,并应为此感到骄傲和自豪。

任务1　轴

活动情景

观察一台车床的主轴箱(见图 2-1)。

图 2-1　车床主轴箱

任务要求

（1）理解轴上零件的固定和定位方式。
（2）掌握轴的结构特点、分类和功用。
（3）掌握轴的结构设计要求和设计方法。
（4）掌握轴的强度计算的两种方法。

任务引领

（1）轴的结构有什么特点？
（2）轴的主要功用是什么？
（3）轴上主要有哪些零件？
（4）轴上零件是怎样固定的？都需要进行哪些方向的固定？
（5）进行轴的结构设计时应考虑哪些问题？

归纳总结

由观察可以发现，轴是机器中的重要零件之一，它的主要功能是传递运动和转矩并支承回转零件。

1. 轴的类型、特点及应用

1）按承载情况不同分类

按轴所受载荷，可分为心轴、传动轴、转轴。

（1）心轴。主要承受弯矩的轴称为心轴，按轴工作时是否旋转可分为转动心轴和固定心轴两种，如铁路车辆的轴（如图 2-2（a）所示）、自行车的前轮轴（如图 2-2（b）所示）。

（2）传动轴。主要承受扭矩的轴称为传动轴，图 2-3 所示为汽车从变速箱到后桥的传动轴。

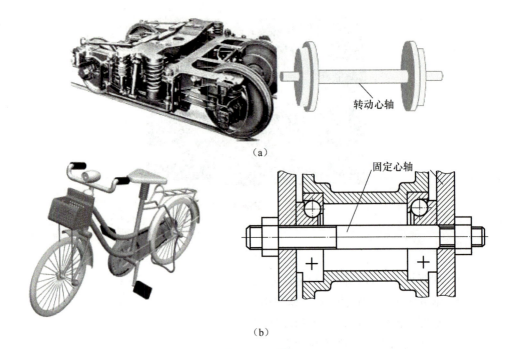

图 2-2 心轴
(a) 铁路车辆的轴；(b) 自行车前轮轴

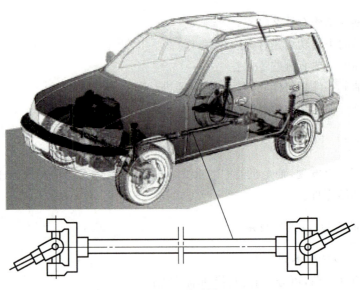

图 2-3 传动轴

（3）转轴。工作时同时承受扭矩和弯矩的轴称为转轴，它承受周向和径向两种力，转轴在各种机器中最常见。图 2-4 所示为一级直齿圆柱齿轮减速器中的轴。

2）按中心线形状不同分类

按中心线形状不同，可分为直轴、曲轴和挠性软轴三类。

 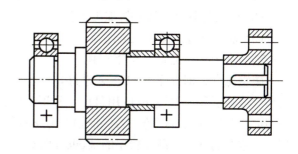

图 2-4　转轴

(1) 直轴。中心线为一直线的轴,在轴的全长上直径都相等的直轴称为光轴,如图 2-5(a)所示;各段直径不等的直轴称为阶梯轴,如图 2-5(b)所示,由于阶梯轴上零件便于拆装和固定,又利于节省材料和减轻重量,因此在机械中应用最普遍。在某些机器中也有采用空心轴的,以减轻轴的重量或利用空心轴孔输送润滑油、冷却液等。

(2) 曲轴。中心线为折线的轴为曲轴,如图 2-6 所示,主要用在需要将回转运动与往复直线运动相互转换的机械中,如曲柄压力机、内燃机。

(3) 挠性软轴。能把旋转运动和转矩灵活地传到任何位置的钢丝软轴称为挠性软轴,如图 2-7 所示,由多组钢丝分层卷绕而成,其特点是具有良好的挠性,常用于医疗器械和小型机器等移动设备上。

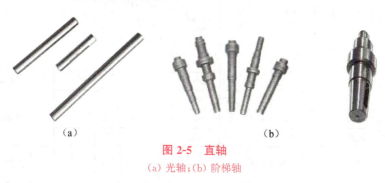

图 2-5　直轴

(a) 光轴;(b) 阶梯轴

图 2-6　曲轴　　　　　　　　图 2-7　软轴

2. 轴的材料

轴的材料是决定承载能力的重要因素。选择时应主要考虑如下因素。

(1) 轴的强度、刚度及耐磨性要求,抗腐蚀性。
(2) 轴的热处理方法及机加工工艺性的要求。
(3) 轴的材料来源和经济性等。

轴的常用材料是碳钢和合金钢。

碳钢比合金钢价廉,加工工艺性好,对应力集中的敏感性小,并可通过热处理提高疲劳强度和耐磨性,故应用最广。常用的碳钢为优质碳素钢,有30、40、45钢等,其中45钢为最常用的。为保证轴的力学性能,一般应对其进行调质或正火处理。不重要的轴或受载荷较小的轴,也可用Q235、Q275结构钢制造。

合金钢比碳素钢机械强度高,热处理性能好。但对应力集中较敏感,价格也较高。主要用于对强度或耐磨性有特殊要求以及处于高温或腐蚀等条件下工作的轴。

高强度铸铁和球墨铸铁有良好的工艺性,并具有价廉、吸振性和耐磨性好以及对应力集中敏感性小等优点,适合于制造结构形状复杂的曲轴、凸轮轴等。

轴的毛坯选择:当轴的直径较小而又不重要时,可采用扎制圆钢;重要的轴应采用锻造坯件;对于大型的低速轴,也可采用铸件。

轴的常用材料及其机械性能见表2-1。

表2-1 轴的常用材料及其主要力学性能

材料牌号	热处理	毛坯直径 d/mm	硬度 HBS	力学性能/MPa				许用弯曲应力 $[\sigma_{-1}]$	应用说明
				抗拉强度 σ_b	屈服强度 σ_s	弯曲疲劳极限 σ_{-1}	剪切疲劳极限 τ_{-1}		
Q235-A	热轧或锻后空冷	≤100		400~420	250	170	105	40	用于不重要或载荷不大的轴
		>100~250		375~390					
45	正火	≤100	170~217	600	295	255	140	55	应用最广泛
	回火	>100~300	162~217	570	285	245	135		
	调质	≤200	217~255	650	355	275	155	60	
40Cr	调质	≤100	241~286	735	540	355	200		用于载荷较大但无很大冲击的重要轴
		>100~300		685	490	335	185		
35SiMn	调质	≤100	229~286	785	510	355	205	70	性能接近40Cr,用于中、小型轴
		>100~300	219~269		440	335	185		
40MnB	调质	≤200	241~286	735	490	345	195		性能接近40Cr,用于重要轴
40CrNi	调质	≤100	270~300	900	735	430	260	75	低温性能好,用于重载荷轴
		>100~300	240~270	785	570	370	210		
38SiMnMo	调质	≤100	229~286	735	590	365		70	性能接近40CrNi,用重载荷轴
		>100~300	217~269	685	540	345	195		
20Cr 20CrMnTi	渗碳淬火回火	≤60 15	渗碳56~62HRC	640 1080	390 835	305 480	160 300	60 100	用于强度和韧性均较大的轴

续表

材料牌号	热处理	毛坯直径 d/mm	硬度 HBS	力学性能/MPa				许用弯曲应力 $[\sigma_{-1}]$	应用说明
				抗拉强度 σ_b	屈服强度 σ_s	弯曲疲劳极限 σ_{-1}	剪切疲劳极限 τ_{-1}		
3Cr13	调质	≤100	≥241	835	635	395	230		用于腐蚀条件下的轴
38CrMo-Al	调质	≤60	293～321	930	785	440	280	75	用于要求高的耐磨性、强度高,且热处理变形较小的轴
		>60～300	277～302	835	685	410	270		
		>100～160	241～277	85	590	370	220		
QT400-15			156～197	400	300	145	125		用于曲轴、凸轮轴等复杂外形的轴
QT-600-3			197～269	600	420	215	185		

3. 轴的结构

轴的结构设计主要是确定轴的结构形状和尺寸。合理的结构应是:有利于提高轴的强度和刚度;轴上零件定位要准确,固定要可靠;便于轴上零件装拆和调整;具有良好的加工工艺性等。

图 2-8 是阶梯轴的典型结构。轴上与轴承配合的部分称为轴颈。与传动零件

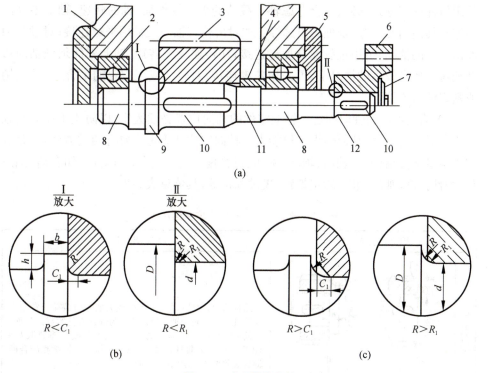

图 2-8 减速器输出轴

1—轴承座;2—滚动轴承;3—齿轮;4—套筒;5—轴承盖;6—联轴器;7—轴端挡圈;
8—轴颈;9—轴环;10—轴头;11—轴身;12—轴肩

(带轮、齿轮、联轴器等)配合的部分称为轴头,连接轴颈与轴头的非配合部分统称为轴身。设计轴的结构时,主要考虑下述几个方面。

1) 轴上零件的装配方案

所谓装配方案就是预定出轴上的装配方向、顺序和相互关系。轴的结构形式取决于装配方案,如图 2-8 所示,为了便于轴上零件的装拆,常将轴做成阶梯轴。将齿轮、套筒、右端轴承、轴承盖和联轴器从轴的右端装配,左端轴承从轴的左端装配。在考虑了轴的加工及轴和轴上零件的定位、装配与调整要求后,确定轴的结构形式。

2) 轴上零件的定位和固定

为了保证正常工作,零件在轴上应该定位准确、固定可靠。

(1) 轴上零件的定位。定位是针对装配而言的,为了保证准确的安装位置,在阶梯轴中,轴上零件一般利用轴肩或轴环等作安装的定位基准,如图 2-8 齿轮、联轴器左侧的定位。齿轮右端靠套筒作轴向定位。

(2) 轴上零件的固定。

① 轴上零件的周向固定。轴向零件必须可靠地周向固定,才能传递运动和转矩,以防止零件与轴产生相对转动。可采用键、销、成形连接等连接或过盈配合。采用何种固定方式,必须综合考虑轴上载荷的大小及性质、轴的转速、轴上零件的类型及其使用要求等,合理做出选择。如对齿轮与轴一般采用平键连接;对过载和冲击较大的情况,可用过盈配合加键连接;在传递较大转矩、轴上零件须做轴向移动或对中要求较高的情况下,可采用花键连接;对轻载或不重要的场合,可采用销或紧定螺钉连接。

② 轴上零件的轴向固定。轴上零件的轴向位置必须固定,以防止工作时与轴发生相对轴向窜动,从而丧失工作能力。轴向定位和固定主要有两类方法:一是利用轴本身部分结构,如轴肩、轴环、锥面、过盈配合等;二是采用附件,如套筒、圆螺母、弹性挡圈、轴端挡圈、紧定螺钉、楔键和销等,具体见表 2-2。

表 2-2 轴上零件的轴向定位和固定方法

固定方法及简图	特点及应用
轴肩与轴环 	结构简单,定位可靠,可承受较大的轴向载荷。常用于齿轮、链轮、带轮和轴承等定位。为保证零件紧靠定位面,应使 $r<R$ 或 $r<C$,轴肩的高度应大于 R 或 C,通常取 $h=(0.07\sim0.1)d$,轴环宽度 $b=1.4h$ 与滚动轴承相配合的轴肩必须低于轴承内圈面的高度

续表

固定方法及简图	特点及应用
套筒	结构简单,可减少轴的阶梯数和避免因螺纹(用螺母时)而削弱轴的强度。一般用于零件间距离较短的场合,与被固定零件配合的轴段长度应小于被固定零件宽度 b,一般 $l=b-(2\sim3)$ mm
圆螺母	固定可靠,轴上须切制螺纹,使轴的疲劳强度降低。常用双螺母与止动垫圈固定轴端零件,可承受较大的轴向力
弹性挡圈	结构简单紧凑,装拆方便,适用于轴向力不大的场合,常用固定滚动轴承
轴端挡圈	用于轴端零件的固定,可承受较大轴向力
锁紧挡圈	结构简单,装拆方便,但不能承受大的轴向力,不宜用于高速,常用于光轴上零件的固定
圆锥面	常用于轴端零件,与轴端挡圈联用实现轴向固定。适用于零件与轴的同轴度要求较高,或受冲击载荷的轴。装拆容易,但加工锥形表面不如圆柱面简便
紧定螺钉	适用于轴向力很小,转速很低的场合。为防止螺钉松动,可加锁圈; 可同时起周向和轴向定位作用

3) 轴各段直径和长度的确定

轴上零件的装配方案和定位方法确定之后,轴的基本形状就确定下来了。轴的直径大小应该根据轴所承受的载荷来确定。但是,初步确定轴的直径时,往往不知道支反力的作用点,不能决定弯矩的大小和分布情况。因而,在实际设计中,通常是按扭转强度条件来初步估算轴的直径,并将这一估算值作为轴段受扭的最小直径(也可以凭经验和参考同类机械用类比的方法确定)。

轴的最小直径确定后,可按轴上零件的装配方案和定位要求,逐步确定各轴段的直径,并根据轴上零件的轴向尺寸、各零件的相互位置关系以及零件装配所需的装配和调整空间,确定轴的各段长度。具体工作时,需要注意以下几个问题。

(1) 轴上与零件相配合的直径应取成标准值,与标准件相配合的轴段应采用相应标准值。如与滚动轴承相配合的直径,必须符合滚动轴承的内径标准和所选公差配合;与密封装置相接触的轴径应按密封装置的标准选取。

(2) 对于非标准轴段,主要按轴肩高度来确定,允许为非标准值,但最好取为整数。

(3) 滚动轴承的定位轴肩高度必须低于轴承内圈端面厚度,以便轴承的拆卸。

(4) 轴上与零件相配合部分的轴段长度,应比轮毂长度短 2~3 mm,以保证零件轴向定位可靠。

(5) 若在轴上装有滑移的零件,应该考虑零件的滑移距离。

4) 轴的结构工艺性

制造工艺性往往是评价设计优劣的一个重要方面,为了便于制造、降低成本,一根轴上的具体结构都必须认真考虑以下问题。

(1) 轴的形状应力求简单,阶梯级数尽可能少,以便于切削加工。

(2) 一根轴上的键槽、圆角半径、倒角、中心孔等尺寸应尽可能相同,以便于加工和检验。

(3) 一根轴上各键槽应开在同一母线上,如图 2-9 所示,以减少换刀次数。

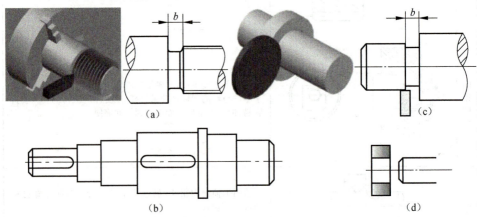

图 2-9 砂轮越程槽、退刀槽、倒角

(a) 螺纹退刀槽;(b) 键槽设置在同一方位母线上;(c) 砂轮越程槽;(d) 轴端加工 45°倒角

（4）需要磨削的轴段，应该留有砂轮越程槽，如图2-9所示，以便磨削时砂轮可以磨削到轴肩的端部。

（5）需要切制螺纹的轴段，应留有退刀槽，以保证螺纹牙均能达到预期的高度，如图2-9所示。

（6）为了便于装配，轴端应加工出倒角（一般为45°），以免装配时把轴上零件的孔壁擦伤，如图2-9所示。

（7）过盈配合零件的装入端应加工出导向锥面，见表2-2，以便装配。

（8）轴上各段的精度和表面粗糙度不同。

5）提高轴强度的措施

轴的基本形状确定之后，需要按照工艺的要求，对轴的结构细节进行合理设计，从而提高轴的加工和装配工艺性，改善轴的疲劳强度。

（1）减小应力集中。轴上的应力集中会严重削弱轴的疲劳强度，因此轴的结构应尽量避免和减小应力集中。为了减小应力集中，应该在轴剖面发生突变的地方制成适当的过渡圆角；由于轴肩定位面要与零件接触，加大圆角半径经常受到限制，这时可以采用凹切圆角或肩环结构等。如图2-10所示。

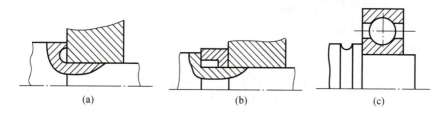

图2-10 减少轴肩处应力集中的结构
(a) 凹切圆角；(b) 中间环；(c) 减载槽

（2）改善轴的表面质量。表面粗糙度对轴的疲劳强度也有显著的影响。实践表明，疲劳裂纹常发生在表面粗糙的部位。降低表面及圆角处的粗糙度，如采用辗压、喷丸、渗碳淬火、氮化、高频淬火等表面强化的方法可以显著提高轴的疲劳强度。

（3）改善轴的受力情况。改进轴上零件的结构，减小轴上载荷或改善其应力特征，也可以提高轴的强度和刚度，如图2-11所示，如果把轴毂配合面分成两段（图2-11(b)），可以显著减小轴的弯矩，从而提高轴的强度和刚度。把转动的心轴（图2-11（a））改成不转的心轴（图2-11(b)），可使轴不承受交变应力的作用。

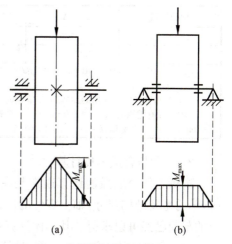

图2-11 减少轴向载荷或改善应力特征

拓展延伸

1. 轴的强度计算

1) 按扭转强度条件计算

这种方法是按轴所受的转矩来计算轴的强度;如果还受不大的弯矩时,则用降低许用扭转切应力的办法予以考虑。在作轴的结构设计时,通常用这种方法初估最小直径。对于不太重要的轴,也可作为最后计算结果。

由工程力学可知,圆轴扭转时的强度条件为

$$\tau = \frac{T}{W_T} = \frac{9.55 \times 10^6 P}{0.2 d^3 n} \leqslant [\tau] \tag{2-1}$$

式中 $\tau,[\tau]$——轴的扭转切应力和许用扭转切应力(MPa);

T——轴所传递的转矩(N·mm);

W_T——轴的抗扭截面系数(mm^3);

P——轴所传递的功率(kW);

d——轴的估算直径(mm);

n——轴的转速(r/min)。

改成设计式:

$$d = \sqrt[3]{\frac{9.55 \times 10^6 P}{0.2 [\tau] n}} \geqslant C \sqrt[3]{\frac{P}{n}} \tag{2-2}$$

式中,$C = \sqrt[3]{\frac{9.55 \times 10^6}{0.2 [\tau]}}$是由轴的材料和承载情况确定的常数,其值见表2-3。

表2-3 轴常用材料的许用扭转切应力[τ]值和C值

轴的材料	Q235-A,20	35	45	40Cr,35SiMn
[τ]/MPa	12~20	20~30	30~40	40~52
C	160~135	135~118	118~103	103~98

注:(1) 当弯矩相对转矩很小或只传递转矩时,[τ]取较大值,C取较小值;反之则[τ]取较小值,C取较大值。
(2) 当轴径较大或用Q235,35SiMn钢时,[τ]取较小值,C取较大值。

当轴上开有键槽时,若$d > 100$ mm时,一个键槽$d = d_0 \times (1+3\%)$,两个键槽$d = d_0 \times (1+7\%)$;若$d \geqslant 100$ mm时,一个键槽$d = d_0 \times [1+(5\%~7\%)]$,两个键槽$d = d_0 \times [1+(10\%~15\%)]$。

2) 按弯扭合成强度计算

进行弯扭合成强度计算通常是在初步完成轴的结构设计后的校核计算。此时,轴的主要结构尺寸,轴上零件的位置和外载荷、支反力作用位置都已确定,故轴上的载荷已经可以求得。其具体计算步骤如下。

(1) 画出轴的空间受力简图,计算出水平面内支反力和铅垂面内支反力。

(2) 根据水平面内受力图画出水平面内弯矩(M_H)图。

(3) 根据垂直面内受力图画出垂直面内弯矩(M_V)图。

(4) 将矢量合成,并计算合成弯矩 $M=\sqrt{M_H^2+M_V^2}$,绘出合成弯矩图。

(5) 画出轴的扭矩(T)图。

(6) 计算危险截面的当量弯矩 $M_e=\sqrt{M^2+(\alpha T)^2}$。式中 α 为循环特征差异系数是因为考虑到弯矩与扭矩所产生的应力的循环特征不同的影响而引入的,其值见表 2-4。

表 2-4 循环特征差异系数

扭转应力特征	静应力	脉动循环变应力	对称循环变应力
α	0.3	0.6	1

(7) 进行危险截面的强度计算(校核轴的强度)。对有键槽的截面,应将计算的直径增大。当校核轴的强度不够时,应重新进行设计。其公式如下:

校核式:
$$\sigma_e = \frac{M_e}{W} = \frac{\sqrt{M^2+(\alpha T)^2}}{0.1d^3} \leqslant [\sigma_{-1}] \quad (2\text{-}3)$$

设计式:
$$d \geqslant \sqrt[3]{\frac{M_e}{0.1[\sigma_{-1}]}} \quad (2\text{-}4)$$

式中　σ_e——危险截面的当量应力(MPa);

　　　M——合成弯矩(N·mm);

　　　M_e——当量弯矩(N·mm);

　　　T——轴所受的扭矩(N·mm);

　　　W——轴的抗弯截面系数(mm^3);

　　　$[\sigma_{-1}]$——对称循环变应力时轴的许用弯曲应力(MPa),见表 2-1;

　　　d——危险截面的轴径。

例 2-1　设计图 2-12 所示一级直齿圆柱齿轮减速器的从动轴。已知从动齿轮传递的功率 $P=12$ kW,转速 $n_2=200$ r/min,大齿轮的齿宽 $b=70$ mm,齿数 $z=40$,$m=5$ mm,轴端装联轴器。

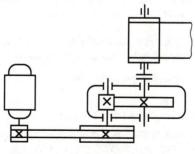

图 2-12 一级直齿圆柱齿轮减速器

设计步骤：

计算项目	计算内容及说明	计算的主要结果
1. 选择轴的材料确定许用应力	由已知条件知减速器传递的功率属中小功率,对材料无特殊要求,故用45钢并经正火处理。由表2-1查得,许用弯曲应力$[\sigma_{-1}]=55$ Mpa。	45钢,正火
2. 确定轴上零件的装配方案	根据轴上零件的安装和固定要求初步确定如图2-13的装配方案,设有6个轴段	
3. 结构设计		
(1) 初步确定各轴端直径		
最小轴径①	$d_1 = C\sqrt[3]{\dfrac{P}{n}} = 105\sqrt[3]{\dfrac{12}{200}}$ mm $=41.11$ mm 考虑该轴端有一个键槽加大3%,则 $d_1=41.11(1+3\%)=42.34$ mm,取 $d_1=42$ mm,C由表2-3查得	$d_1=42$ mm
轴径②	轴端②要考虑联轴器的定位和安装密封圈的需要,取标准直径,$d_2=d_1+2h=d_1+2(0.07\sim0.1)$ mm,取 $d_2=50$ mm	$d_2=50$ mm
轴径③	轴段③安轴承,为了便于装拆应取 $d_3>d_2$,且与轴承内径标准相符,故取 $d_3=55$ mm(轴承型号为6311)	$d_3=55$ mm
轴径④	轴段④安装齿轮,此直径尽可能采用推荐的标准系列值,但轴的尺寸不宜取得过大,故取 $d_4=56$ mm	$d_4=56$ mm
轴径⑤	轴径⑤为轴环,考虑左面轴承的拆卸以及右面齿轮的定位和固定,取轴径 $d_5=65$ mm	$d_5=65$ mm
轴径⑥	一般轴承成对使用,因此轴段⑥与轴段③是同样的直径,$d_6=d_3=55$ mm	$d_6=55$ mm
(2) 确定各轴段长度	见图2-13	
轴段①长度	轴段①装联轴器,本题选用弹性套柱销联轴器,型号为TL7,J型轴孔,经查《机械设计手册》,联轴器孔长 $L_1=84$ mm,取 $L_1=82$ mm	$L_1=82$ mm
轴段②长度	为了保证联轴器不与轴承端盖连接螺钉相碰,并使轴承盖拆卸方便,联轴器左端面与端盖应留适当的间隙,再考虑箱体与轴承盖的尺寸,经查《机械设计手册》取 $L_2=48$ mm	$L_2=48$ mm
轴段③长度	为了保证齿轮端面与箱体内壁不相碰,应留有一定间隙,取两者间隙为15 mm,为保证轴承含在箱体轴承孔内,并考虑轴承的润滑,取轴承端盖距箱体内壁距离为5 mm(图示为油润滑,若为脂润滑则应取得更大些),再根据轴承内圈的宽度 $B=29$ mm,取 $L_3=(2+20+29)=51$ mm	$L_3=51$ mm
轴段④长度	为保证齿轮固定可靠,轴段④的长度应略短于齿轮轮毂的长度(设齿轮轮毂长度与齿宽b相等,为70 mm),取 $L_4=68$ mm	$L_4=68$ mm
轴段⑤长度	因两轴承相对齿轮对称,故取 $L_5=(15+5)=20$ mm	$L_5=20$ mm
轴段⑥长度	取 $L_6=31$ mm	$L_6=31$ mm
轴总长度	$L=(82+48+51+68+20+31)$ mm $=300$ mm	$L=300$ mm
两轴承的跨距l	因深沟球轴承的支反力作用点在轴承宽度的中点,故轴的跨距 $l=(70+20\times2+14.5\times2)$ mm $=139$ mm	$l=139$ mm

续表

计算项目	计算内容及说明	计算的主要结果
4. 按弯扭组合进行强度校核		
(1) 画出轴的空间受力图	如图 2-14 所示,将载荷简化,两端轴承视为一端活动铰链,一端固定铰链,齿轮力的作用点简化为齿宽中点	
(2) 计算轴上的作用力		
从动轮上的转矩	$T = 9.55 \times 10^6 P/n = 9.55 \times 10^6 \times 12/200$ N·mm $= 573\,000$ N·mm	$T = 573\,000$ N·mm
齿轮分度圆直径	$d = zm = 40 \times 5 = 200$ mm	
齿轮的圆周力	$F_t = 2T/d = 2 \times 573\,000/200 = 5\,730$ N	$F_t = 5\,730$ N
齿轮的径向力	$F_r = F_t \tan\alpha = 5\,730 \tan 20° $ N $\approx 2\,086$ N	$F_r = 2\,086$ N
(3) 计算支反力及弯矩		
1) 求水平平面内的支反力及弯矩	① 求支反力:对称布置,只受一个力,故 $F_{AH} = F_{BH} = F_t/2 = 5\,730/2 = 2\,865$ N ② 求水平平面内弯矩 I-I 截面: $M_{IH} = 2\,865 \times 69.5 = 199\,118$ N·mm II-II 截面: $M_{IIH} = 2\,865 \times 36.5 = 104\,573$ N·mm	$F_{AH} = F_{BH} = 2\,865$ N $M_{IH} = 199\,118$ N·mm $M_{IIH} = 104\,573$ N·mm
2) 求垂直平面内的支反力及弯矩	① 求支反力:对称布置,只受一个力,故 $F_{AV} = F_{BV} = F_r/2 = 2\,086/2 = 1\,043$ N ② 求垂直平面内弯矩 I-I 截面: $M_{IV} = 1\,043 \times 69.5 = 72\,489$ N·mm II-II 截面: $M_{IIV} = 1\,043 \times 36.5 = 38\,070$ N·mm	$F_{AV} = F_{BV} = 1\,043$ N $M_{IV} = 72\,489$ N·mm $M_{IIV} = 38\,070$ N·mm
3) 求各剖面的合成弯矩	I-I 截面: $M_I = \sqrt{M_{IH}^2 + M_{IV}^2} = \sqrt{199\,118^2 + 72\,489^2}$ N·mm $= 211\,902$ N·mm II-II 截面: $M_{II} = \sqrt{M_{IIH}^2 + M_{IIV}^2} = \sqrt{104\,573^2 + 38\,070^2}$ N·mm $= 111\,287$ N·mm	$M_I = 211\,902$ N·mm $M_{II} = 111\,287$ N·mm
4) 计算转矩	$T = 573\,000$ N·mm	
5) 确定危险截面以及校核其强度	由图可知,截面 I、II 所受转矩相同,但弯矩 $M_I > M_{II}$,截面 I 可能为危险截面;但由于轴径 $d_I > d_{II}$,故也应对截面 II 进行校核。按弯扭组合计算时,转矩按脉动循环变化考虑,取 $\alpha = 0.6$。 I-I 截面的应力: $\sigma_{Ie} = \sqrt{M_I^2 + (\alpha T)^2}/0.1d^3$ MPa $= \sqrt{211\,902^2 + (0.6 \times 573\,000)^2}/0.1 \times 56^3$ MPa $= 23.0$ MPa II-II 截面的应力: $\sigma_{IIe} = \sqrt{M_{II}^2 + (\alpha T)^2}/0.1d^3$ MPa $= \sqrt{111\,287^2 + (0.6 \times 573\,000)^2}/0.1 \times 55^3$ MPa $= 21.7$ MPa 由于 σ_{Ie}、σ_{IIe} 都小于 $[\sigma_{-1}] = 55$ MPa,故强度满足要求	$\sigma_{Ie} = 23.0$ MPa $\sigma_{IIe} = 21.7$ MPa
5. 轴的工作图绘制(略)		

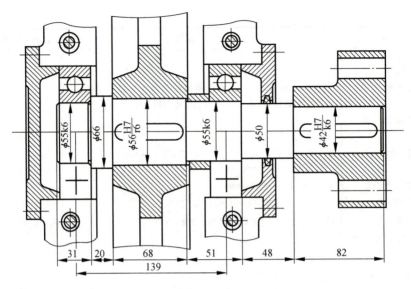

图 2-13 轴系部件结构简图

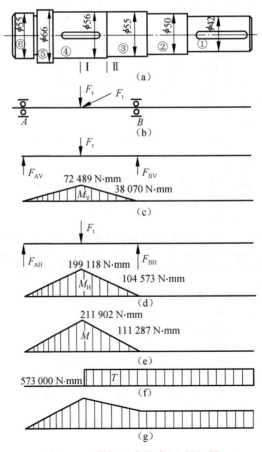

图 2-14 轴系受力及弯矩、扭矩图

自 测 题

一、填空题

1. 铁路车辆的车轮轴是_____。
2. 最常用来制造轴的材料是_____。
3. 轴上安装零件有确定的位置,所以要对轴上的零件进行_____固定和_____固定。
4. 阶梯轴应用最广的主要原因是_____。
5. 轴环的用途是_____。
6. 在轴的初步计算中,轴的直径是按_____来初步确定轴的最小轴径。
7. 工作时既传递扭矩又承受弯矩的轴,称为_____。
8. 一般的转轴,在计算当量弯矩 $M_e = \sqrt{M^2 + (\alpha T)^2}$ 时,α 应根据_____的变化特征而取不同的值。
9. 为了使滚动轴承内圈轴向定位可靠,轴肩高度应_____轴承内圈高度。
10. 设置轴颈处的砂轮越程槽主要是为了_____。

二、选择题

1. 自行车前轮的轴是(　　)。
   A. 转轴　　　B. 心轴　　　C. 传动轴
2. 按承受载荷的性质分类,减速器中的齿轮轴属于(　　)。
   A. 传动轴　　B. 固定心轴　　C. 转轴　　　D. 转动心轴
3. 轴与轴承相配合的部分称为(　　)。
   A. 轴颈　　　B. 轴头　　　C. 轴身
4. 当轴上安装的零件要承受轴向力时,采用(　　)来进行轴向定位时,所能承受的轴向力较大。
   A. 圆螺母　　B. 紧钉螺母　　C. 弹性挡圈
5. 增大轴在剖面过度处的圆角半径,其优点是(　　)。
   A. 使零件的轴向定位比较可靠　　B. 降低应力集中,提高轴的疲劳强度
   C. 使轴的加工方便
6. 利用轴端挡圈,套筒或圆螺母对轮毂作轴向固定时,必须使安装轴上零件的轴段长度 l 与轮毂的长度 b 满足(　　)关系,才能保证轮毂能得到可靠的轴向固定。
   A. $l > b$　　B. $l < b$　　C. $l = b$
7. 轴上零件的周向固定方式有多种形式。对于普通机械,当传递转矩较大时,宜采用(　　)。
   A. 花键连接　　B. 切向键连接　　C. 销连接　　　D. 普通平键连接
8. 对轴进行强度校核时,应选定危险截面,通常危险截面为(　　)。
   A. 受集中载荷最大的截面　　B. 截面积最小的截面

C. 受载大,截面小,应力集中的截面

三、综合题

1. 指出题三-1图示减速器输出轴结构中的错误,并加以改正。

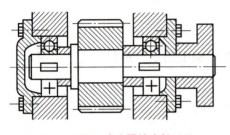

题三-1图　减速器输出轴结构

采用深沟球轴承,单向传动。

2. 已知一传动轴所传递的功率 $P=16$ kW,转速 $n=720$ r/min,材料为 Q235 钢。求该轴所需要的最小直径。

3. 试设计直齿圆柱齿轮减速器的从动轴(图 2-12)。已知轴传动功率 $P=3$ kW,转速 $n=100$ r/min,轴上大齿轮齿数 $z=60$ mm,模数 $m=3$,齿宽 $b=70$ mm,

任务2　滑动轴承

活动情景

观察一个对开式滑动轴承,一个整体式滑动轴承(见图 2-15)。

图 2-15　滑动轴承

任务要求

了解滑动轴承的结构,掌握滑动轴承的组成及特点。

任务引领

(1) 轴承有什么作用?
(2) 滑动轴承一般用于什么场合?
(3) 滑动轴承由哪几部分组成?
(4) 滑动轴承有哪几种类型?
(5) 轴瓦的结构有哪些特点?
(6) 我们日常生活中还见过什么样的轴承? 与滑动轴承有什么区别?

归纳总结

轴承是支承轴并与轴之间形成转动副的重要零件。一般情况下轴承与轴承座都是与机架相连,起固定与支承的作用,轴可以在其上转动,它能保证轴的旋转精度,减小摩擦和磨损。按照摩擦性质,轴承可分为滑动轴承和滚动轴承。这里先介绍滑动轴承。

1. 滑动轴承的类型、特点及应用

工作时轴套和轴颈的支承面形成直接或间接滑动摩擦的轴承称为滑动轴承。滑动轴承工作面间一般有润滑膜且为面接触,它具有结构简单,制造、加工、拆装方便,承载能力大、抗冲击、噪声低、工作平稳、回转精度高和高速性能好,且径向尺寸小等独特的优点。

滑动轴承的不足之处是:润滑的建立和维护要求较高(尤其是液体润滑轴承),润滑不良,使滑动轴承迅速失效,且轴向尺寸较大。

滑动轴承根据润滑状态不同,可分为非液体摩擦滑动轴承和液体摩擦滑动轴承。按承受载荷方向,可分为向心滑动轴承、推力滑动轴承和向心推力滑动轴承三种主要形式。

滑动轴承主要应用于以下场合。

(1) 工作转速极高的轴承。

(2) 要求轴的支承位置特别精确、回转精度要求高的轴承。

(3) 工作转速低、承受巨大冲击和震动载荷的轴承。

(4) 必须采用剖分结构的轴承。

(5) 要求径向尺寸特别小以及特殊工作条件的轴承。

在大型汽轮机、发电机、压缩机、轧钢机、金属切削机床及高速磨床上多采用滑动轴承。此外,在低速而带有冲击载荷的机器中,如水泥搅拌器、滚筒清砂机、破碎机等冲压机械、农业机械中也多采用滑动轴承。

2. 滑动轴承的结构形式

滑动轴承一般由轴承座、轴瓦(或轴套)、润滑装置和密封装置组成。

1) 向心滑动轴承

向心滑动轴承只能承受径向载荷。它有整体式、剖分式和调心式三种形式。

(1) 整体式滑动轴承。图 2-16 所示为典型的整体式滑动轴承,由轴承座、轴瓦组成。整体式滑动轴承结构简单、成本低、但无法调节轴颈和轴承孔间的间隙,当轴承磨损到一定程度时必须更换。装拆这种轴承时轴或轴承必须做轴向移动,很不方便,故多用于轻载、低速、间歇工作的简单机械中,其结构已标准化。

(2) 剖分式滑动轴承。图 2-17 所示为典型的剖分式滑动轴承,由轴承座、轴承盖、对开轴瓦和螺栓组成。轴瓦和轴承座均为剖分式结构,在轴承盖与轴承座的剖分面上制有阶梯形式位口,便于安装时定心。轴瓦直接支承轴颈,因而轴承盖应适度压紧轴瓦,以使轴瓦不能在轴承孔中转动。轴承盖顶端制有螺纹孔,以便装油杯或油管。由于这种轴承装拆方便,故应用较广。

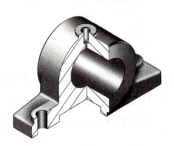 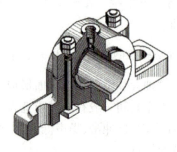

图 2-16　整体式滑动轴承　　　图 2-17　剖分式滑动轴承

(3) 调心式滑动轴承。当轴颈较长(宽径比大于 1.5～1.75),轴的刚度较小,或由于两轴承不是安装在同一刚性机架上,同心度较难保证时,都会造成轴瓦端部的边缘接触,使轴瓦局部严重磨损,如图 2-18(a)所示。为此可采用能相对轴承自行调节轴线位置的滑动轴承,称为调心式滑动轴承,如图 2-18(b)所示。这种滑动轴承的结构特点是轴瓦的外表面做成凸形球面,与轴承盖及轴承座上的凹形球面相配合,当轴变形时,轴瓦可随轴线自动调节位置,从而保证轴颈和轴瓦为球面接触,避免出现边缘接触。

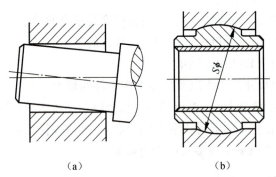

(a)　　　　　　　　　(b)

图 2-18　调心式向心滑动轴承

(a) 轴变形后造成的边缘接触;(b) 调心式滑动轴承

2) 推力滑动轴承

图 2-19 所示为常见的止推力滑动轴承,按推力轴颈支承面的不同,可分为实心、空心和多环等形式。对于实心推力轴颈,由于它距支承面中心越远处滑动速度越大,边缘磨损越快,因而使边缘部分压强减少,靠近中心处压强很高,轴颈与轴瓦之间的压力分布很不均匀。如采用空心或环形轴颈,则可使压力分布趋于均匀。根据承受轴向力的大小,环形支承面可做成单环或多环,多环式轴承载能力较大,且能承受双向轴向载荷。

3. 滑动轴承轴瓦的结构形式和轴承的材料

轴瓦(轴套)是轴承中直接与轴颈相接触的重要零件,它的结构形式和性能将

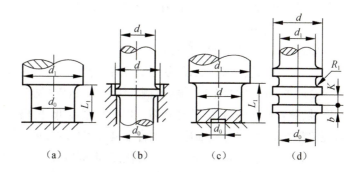

图 2-19 普通推力轴承简图
(a) 实心式；(b) 单环式；(c) 空心式；(d) 多环式

直接影响轴承的寿命、效率和承载能力。

1) 轴瓦（轴套）的结构

整体式滑动轴承通常采用圆筒形轴套结构（图 2-20(a)），剖分式滑动轴承则采用对开式轴瓦结构(2-20(b))，轴瓦的工作表面既是承载面，又是摩擦面，因而是滑动轴承中的核心零件。

图 2-20 轴瓦的结构
(a) 轴套；(b) 对开式轴瓦

为了节省贵重金属，常在轴瓦内表面浇注一层轴承合金减摩材料，以改善轴瓦表面的磨擦状况，提高轴承的承载能力，这层材料通常称为轴承衬。为保证轴承衬与轴瓦贴附牢固，一般在轴瓦内表面预制一些沟槽等，如图 2-21 所示，轴瓦应开设供油孔及油沟，以便润滑油进入轴承并流到整个工作面上，通常油沟的轴向长度约为轴瓦宽度的 80%，如图 2-22 所示，以便在轴瓦两端留出封油部分防止润滑油的

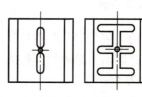

图 2-21 轴承衬浇铸沟槽的形式
(a) 适用于铸铁或钢制轴瓦；(b) 适用于青铜轴瓦

图 2-22 油沟的形式

流失。轴瓦的油沟一般应开设在非承载区或剖分面上。

2）轴瓦材料

常用的轴承材料有以下三类。

（1）金属材料。如轴承合金（又称巴氏合金），常用的有锡锑轴承合金和铅锑轴承合金两种，还有铜合金（青铜、黄铜）、铝合金、铸铁（见表 2-5）。轴承合金具有良好减摩性、跑合性和嵌藏性，且易浇铸。但机械强度低、价格贵。故通常作为轴承衬材料浇铸在青铜、钢或铸铁轴瓦上；铜合金具有较高的强度和较好的减摩性、耐磨性；铝合金具有强度高、耐腐蚀、导热性好等优点，但顺应性、嵌藏性、跑合性较差；铸铁有普通灰铸铁、耐磨灰铸铁和球墨铸铁。铸铁中的石墨具有润滑作用，且价格低廉。

表 2-5 常用金属轴承材料及其性能

材料	牌号	$[p]$/MPa	$[v]$/m·s^{-1}	$[Pv]$/MPa·m·s^{-1}	适用场合
锡锑轴承合金	ZSnSb11Cu6	25 平稳	80	20	用于高速、重载的重要轴承。变载荷下易疲劳，价格高
	ZSnSb8Cu4	20 冲击	60	15	
铅锑轴承合金	ZPbSb16Sn16Cu2	15	12	10	用于中速、中载轴承，不宜受显著冲击，可作为锡锑轴承合金的代用品
	ZCuSn5Pb5Zn5	5	6	5	
锡青铜	ZCuSn10Pb1	15	10	15	用于中速、重载及受变载荷的轴承
	ZCuSn5Pb5Zn5	8	3	15	用于中速、中载的轴承
铝青铜	ZCuPb30	25 平稳	12	30	用于高速、高载的轴承，能承受变载荷和冲击载荷
		15 冲击	8	60	
铅青铜	ZCuAl9Mn2	15	4	12	最宜用于润滑充分的低速、重载轴承
黄铜	ZCuZn38Mn2Pb2	10	1	10	用于低速、中载的轴承
铸铁	HT150～HT250	2～4	0.5～1	1～4	用于低速、轻载的不重要轴承，价廉

（2）粉末冶金材料。以粉末状的铁或铜为基本材料与石墨粉混合，经压制和烧结制成的多孔性材料。用这种材料制成的成行轴瓦，可在材料孔隙中存储润滑油，具有自润滑作用，由于不需要经常加油，故又称含油轴承。这种材料价格低廉、耐磨性好，但韧性差，常用于低、中速、轻载或中载、润滑不便或要求清洁的场合，如食品机械、纺织机械、或洗衣机等机械中。

（3）非金属材料。工程塑料、硬木、橡胶等，使用最多的是工程塑料。塑料轴承材料的特点是：有良好的耐磨性和抗腐蚀能力，良好的吸振和自润滑性。但是承载能力差，导热性和尺寸稳定性差，适合于工作温度不高、载荷不大的场合。

4. 滑动轴承的润滑

润滑的目的主要是降低摩擦功耗，减少磨损，同时还起到冷却、防尘、防锈和缓冲吸振等作用。润滑对轴承的工作能力和使用寿命影响很大。

1）润滑剂及其选择

滑动轴承中常用的润滑剂是润滑油和润滑脂，其中润滑油应用最广。此外，石墨、二硫化钼、水和空气等也可作为润滑剂，用于一些特殊场合。在润滑油和润滑脂中，还常用各种添加剂，以提高使用性能。

（1）润滑油。黏度是润滑油最主要的性能指标，用它来表征液体流动的内摩擦性能。黏度大的液体内摩擦阻力大，承载后油不易被挤出，有利于油膜形成。黏度是选择润滑油的主要依据。

润滑油的选择应考虑轴承的载荷、速度、工作情况以及摩擦表面状况等条件。对于载荷大、温度高的轴承，宜选用黏度大的油；反之，对于载荷小、速度高的轴承，宜选用黏度小的油。对于非液体摩擦的滑动轴承，具体选择见表2-6。

表2-6 滑动轴承润滑油的选择

轴颈速度/(m·s^{-1})	平均压力 $p<3$ MPa	轴颈速度/(m·s^{-1})	平均压力 $p<3\sim7.5$ MPa
<0.1	L-AN68,100,150	<0.1	L-AN150
0.1~0.3	L-AN68,100	0.1~0.3	L-AN10,150
0.3~2.5	L-AN46,68	0.3~0.6	L-AN100
2.5~5.0	L-A32,46	0.6~1.2	L-AN 68,100
5.0~9.0	L-AN15,22,32	1.2~2.0	L-AN68
≥9.0	L-AN7,10,15		

（2）对于润滑要求不高、难以经常供油或摆动工作的非液体摩擦的滑动轴承，可采用润滑脂润滑。选择润滑脂品种的一般原则如下。

① 当压力高和滑动速度低时，选择锥入度小一些的品种；反之，选择锥入度大一些的品种。

② 所用润滑脂的滴点，一般应较轴承的工作温度高约20°～30°，以免工作时润滑脂过多地流失。

③ 在由水淋或潮湿的环境下，应选择防水性强的钙基润滑脂和锂基润滑脂。在温度较高处应选用钠基或复合钙基润滑脂。选择润滑脂牌号参考表2-7。

表2-7 滑动轴承润滑脂的选择

压力 p/MPa	轴颈速度/(m·s^{-1})	最高工作温度/℃	选用牌号
≤1.0	≤1	75	3号钙基脂
1.0~6.5	0.5~5	55	2号钙基脂
≥6.5	≤0.5	75	3号钙基脂
≤6.5	0.5~5	120	2号钠基脂
≥6.5	≤0.5	110	1号钙基脂
1.0~6.5	≤1	-50~100	锂基脂
≥6.5	0.5	60	2号压延机脂

2）润滑方式的选择

润滑方式可根据以下经验公式计算出系数 K 值，通过查表2-8确定滑动轴承的润滑方式和润滑剂类型，即

$$K=\sqrt{pv^3} \tag{2-5}$$

式中　p——轴径上的平均压强（MPa）；$p=F/(Ld)$；

F——轴承所受的载荷(N);
d——轴径直径(mm);
L——轴瓦的宽度(mm);
v——轴瓦的圆周速度(m/s)。

表2-8 滑动轴承润滑方式的选择

K	≤1 900	>1 900~16 000	>1 600~30 000	>30 000
润滑方式	润滑脂润滑(可用油杯)	润滑油滴油润滑(可用针阀油杯)	飞溅式润滑(水或循环油冷却)	循环压力润滑

自 测 题

一、填空题

1. 滑动轴承的轴瓦多采用青铜材料,主要是为了提高_____能力。
2. 滑动轴承的润滑作用是减少_____,提高_____。选用滑动轴承的润滑油时,转速越高,选用的油黏度越_____。
3. 为了保证滑动轴承的润滑,油沟应开在轴承的_____。
4. 滑动轴承轴瓦上浇注轴承衬的目的是_____。

二、选择题

1. 向心滑动轴承的主要结构形式有三种,以其中( )滑动轴承应用最广。
   A. 整体式　　　B. 对开式　　　C. 调心式
2. 高速、重载下工作的重要滑动轴承,其轴瓦材料宜选用( )。
   A. 锡锑轴承合金　B. 铸锡青铜　C. 铸铝铁青铜　D. 耐磨铸铁
3. 适合于做轴承衬的材料是( )。
   A. 铝合金　　　B. 铸铁　　　C. 巴氏合金　　　D. 非金属材料
4. 与滚动轴承相比较,下述各点中,( )不能作为滑动轴承的优点。
   A. 径向尺寸小　　　　　B. 启动容易
   C. 运转平稳,噪声低　　D. 可用于高速情况下

任务3 滚动轴承

活动情景

装拆一台小型减速器。

任务要求

(1) 了解滚动轴承的结构及其特点。

(2) 会正确选择滚动轴承型号。
(3) 能合理地进行滚动轴承的组合设计。
(4) 会装拆滚动轴承。

任务引领

(1) 滚动轴承由几部分组成？
(2) 日常生活中我们见得最多的是滑动轴承还是滚动轴承？为什么？
(3) 滚动轴承的型号标在什么位置？有什么含义？
(4) 选用滚动轴承都与哪些因素有关？应怎样选用？
(5) 怎样拆装滚动轴承？有哪些注意事项？

归纳总结

滚动轴承在各种机械中广泛使用着，类型很多，滚动轴承已标准化，并由轴承厂批量生产。只需根据工作条件，选择合适的类型和尺寸。

1. 滚动轴承的结构和特点

滚动轴承一般由外圈 1、内圈 2、滚动体 3 和保持架 4 四部分组成（图 2-23）。内圈用过盈配合与轴颈装配在一起，外圈则用较小的间隙配合与轴承座孔装配在一起，内、外圈的一侧均有滚道，多数情况下，外圈不转动，内圈与轴一起转动。当内外圈之间相对旋转时，滚动体沿着滚道一边公转，一边自转，因而滚动体将内、外圈相对滑动摩擦变为滚动摩擦。保持架使滚动体均匀分布在滚道上，并减少滚动体之间的碰撞和磨损。

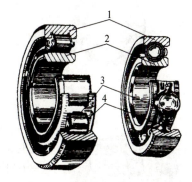

图 2-23　滚动轴承基本结构
1—内圈；2—外圈；3—滚动体；4—保持架

与滑动轴承相比，滚动轴承的摩擦阻力小，启动灵敏，效率高，润滑简便，不易磨损，易于互换，价格便宜，但抗冲击性能差，高速时噪声大，工作寿命和回转精度不及精心设计和润滑好的滑动轴承。

滚动轴承的内、外圈和滚动体一般采用轴承铬钢（如 GCr9、GCr15、GCr15SiMn 等）经淬火制成，硬度 HRC60 以上。保持架有冲压式和实体式两种，冲压式用低碳钢冲压制成；实体式用铜合金、铝合金或工程塑料制成，具有较好的定心精度，适用于较高速的轴承。

2. 滚动轴承的类型和性能

1) 按滚动体形状不同分类

滚动轴承可分为球轴承和圆锥滚子轴承，而滚子轴承又分为圆锥滚子轴承，圆柱滚子轴承等，滚子的类型如图 2-24 所示。

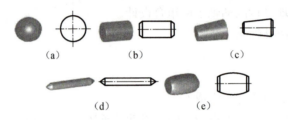

图 2-24　滚动体的形式
(a) 球；(b) 圆柱滚子；(c) 圆锥滚子；(d) 滚针；(e) 鼓形滚子

2) 按滚动轴承承受载荷方向不同分类

(1) 向心轴承（$0°\leqslant\alpha\leqslant 45°$）（图 2-25）。向心轴承主要承受或只承受径向载荷。当接触角 $\alpha=0°$ 时称为径向接触向心轴承（如深沟球轴承、圆柱滚子轴承），只能承受纯的径向力；若接触角 $0°<\alpha\leqslant 45°$ 时称为角接触向心轴承（如角接触球轴承、圆锥滚子轴承），能同时承受径向和轴向力。

图 2-25　向心轴承

图 2-26　推力轴承

(2) 推力轴承（$45°<\alpha\leqslant 90°$）（图 2-26）。推力轴承主要承受或只承受轴向载荷。当 $\alpha=90°$ 时称为轴向推力轴承；（如推力球轴承、推力圆柱滚子轴承）只能承受纯的轴向力；若接触角 $45°<\alpha<90°$ 时称为推力角接触轴承，既承受径向力又承受轴向力。

接触角的概念：轴承的径向平面（垂直于轴承轴心线的平面）与滚动体和外圈滚道接触点的法线的夹角称

为接触角 α，如图 2-27 所示，α 越大，承受轴向载荷的能力越大。

3）按滚动轴承工作时能否调心分类

按滚动轴承工作时能否调心分类可分为调心轴承（调心球轴承、调心滚子轴承）和非调心轴承。由于轴的安装误差或轴的变形都会引起内外圈轴心线发生相对倾斜，其倾斜角用 θ 表示（图 2-28）。各类轴承的允许角偏差见表 2-9。当内外圈倾斜角过大时，可用外滚道为球面的调心轴承，这类轴承能自动适应两套圈轴心线的偏斜。

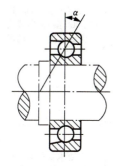

图 2-27　滚动轴承的接触角

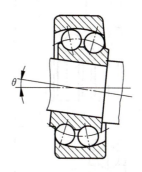

图 2-28　滚动轴承的轴心线倾斜

常见滚动轴承类型、特性及应用见表 2-9。

表 2-9　常用滚动轴承的类型、特性及应用

类型名称代号	结构简图	承载方向	极限转速	允许角偏位	主要特性和应用
调心球轴承 10 000			中	2°～3°	主要承受径向载荷，也可同时承受少量的双向轴向载荷。外圈滚道为球面，具有自动调心性能，适用于弯曲刚度小的轴
调心滚子轴承 20 000			低	0.5°～2°	用于承受径向载荷，其承载能力比调心球轴承大，也能承受少量的双向轴向载荷。具有调心性能，适用于弯曲刚度小的轴
圆锥滚子轴承 30 000			中	2′	能承受较大的径向载荷和轴向载荷。内外圈可分离，故轴承游隙可在安装时调整，通常成对使用，对称安装
双列深沟球轴承 40 000			高	2′～10′	主要承受径向载荷，也能承受一定的双向轴向载荷。它比深沟球轴承具有更大的承载能力

续表

类型名称代号	结构简图	承载方向	极限转速	允许角偏位	主要特性和应用
推力球轴承 单列 51 000 双列 52 000			低	不允许	只能承受单向(51 000 型)或双向(52 000 型)轴向载荷，适用于轴向载荷大而转速较低的场合
深沟球轴承 60 000			高	8′～16′	主要承受径向载荷，也可同时承受少量双向轴向载荷。摩擦阻力小，极限转速高，结构简单，价格便宜，应用最广泛
角接触球轴承 7 000C 7 000AC 7 000B			高	8′～16′	能同时承受径向载荷与轴向载荷，接触角α有15°、25°、40°三种。适用于转速较高、同时承受径向和轴向载荷的场合
推力圆柱滚子轴承 80 000			低	不允许	只能承受单向轴向载荷，承载能力比推力球轴承大得多，不允许轴线偏移。适用于轴向载荷大而不需调心的场合
圆柱滚子轴承 N0000			较高	2′～4′	只能承受径向载荷，不能承受轴向载荷。承受载荷能力比同尺寸的球轴承大，尤其是承受冲击载荷能力大
滚针轴承 NA0000			低	不允许	只能承受径向载荷，承受载荷能力大，径向尺寸小，摩擦系数大，内外圈可分离

3. 滚动轴承的代号

滚动轴承的种类很多，而各类轴承又有不同结构、尺寸和公差等级等，为了表征各类轴承的不同特点，便于组织生产、管理、选择和使用，国家标准中规定了滚动轴承代号的表示方法，由数字和字母所组成。滚动轴承的代号由前置代号、基本代号和后置代号三个部分代号所组成，其顺序组成见表2-10。

表 2-10　滚动轴承代号

前置代号	基本代号					后置代号
	五	四		三	二　一	字母
成套轴承分部件代号	类型代号	尺寸系列代号			内径代号	特殊要求S
		宽(高)度系列	直径系列			

1) 基本代号

基本代号是表示轴承主要特征的基础部分，包括轴承类型、尺寸系列和内径。

(1) 类型代号。类型代号用基本代号右起第五位数字或字母表示，见表2-10。

(2) 尺寸系列代号。尺寸系列代号是由轴承的直径系列代号和宽(高)度系列代号组合而成，用两位数字表示。

宽(高)度系列：指结构、内外径都相同的向心轴承或推力轴承在宽(高)度方面的变化，当宽度系列为0系列时，多数轴承在代号中可以不予标出(但对调心轴承需要标出)。用基本代号右起第四位数字表示。

直径系列：表示同类型、内径的轴承在外径和宽度上的变化系列，用基本代号右起第三位数字表示。如图2-29所示。

(3) 内径代号。内径代号是用两位数字表示轴承的内径($d=10～480$ mm)，表示方法见表2-11(其他有关尺寸的轴承内径需查阅有关手册和标准)，用基本代号右起第一、第二两位位数表示。

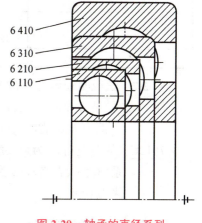

图 2-29　轴承的直径系列

表 2-11　常用轴承内径代号

内径代号	00	01	02	03	04～96
轴承内径/mm	10	12	15	17	代号数×5

2) 前置、后置代号

前置、后置代号是轴承在结构形状、尺寸、公差、技术要求等有改变时，在基本代号左右添加补充代号。前置代号用字母表示，用以说明成套轴承部件的特点。

一般轴承无需作此说明,则前置代号可以省略。

后置代号用字母和字母-数字的组合来表示,按不同的情况可以紧接在基本代号之后或者用"—""/"号隔开,其含义见轴承代号表格所示。

常见的轴承内部结构代号及公差等级代号见表2-12、表2-13。

表 2-12　轴承内部结构

代　号	含义及示例
C	角接触球轴承　公称接触角　$\alpha=15°$　7210C 调心滚子轴承　C 型　23122C
AC	角接触球轴承　公称接触角　$\alpha=25°$　7210AC
B	角接触球轴承　公称接触角　$\alpha=40°$　7210B 圆锥滚子轴承　接触角加大　32310B
E	加强型(即内部结构设计改进,增大轴承承载能力)N207E

表 2-13　轴承公差代号

代　号		含义和示例
新标准 GB/T 272—1993	原标准 GB 272—1988	
/P0	G	公差等级符合标准规定的 0 级,代号中省略不标　6203
/P6	E	公差等级符合标准中的 6 级　6203/P6
/P6X	EX	公差等级符合标准中的 6X 级　6203/P6X
P5	D	公差等级符合标准中的 5 级　6203/P5
P4	C	公差等级符合标准中的 4 级　6203/P4
P2	B	公差等级符合标准中的 2 级　6203/P2

例 2-2　试说明轴承代号 6206、7312C 的含义。

解　6206(从左至右)6 为深沟球轴承;2 为尺寸系列代号,直径系列为 2,宽度系列为 0(省略);06 为轴承内径 30 mm;公差等级为 0 级。

7312C:(从左至右)7 为角接触球轴承;3 为尺寸系列代号,直径系列为 3、宽度系列为 0(省略);12 为轴承内径 60 mm;C 公称接触角 $\alpha=15°$;公差等级为 0 级。

4. 滚动轴承的类型选择

选用轴承首先是选择类型。而选择类型必须依据各类轴承的特性,表 2-9 给出了各类轴承的性能特点,供选用时参考(也可以查阅相关手册)。同时,在选用轴承时还要考虑下面几个方面的因素以及应遵循的原则。

1) 轴承的转速高低

球轴承与同尺寸和同精度的滚子轴承相比,它的极限转速和旋转精度较高,因此更适合于高速或旋转精度要求较高的场合,高速轻载时,宜选用超轻、特轻或轻系列轴承;低速重载时应选用重或特重系列轴承,推力轴承的极限转速较低,因此,在轴向载荷较大和转速高的装置中,宜采用角接触轴承。

2) 轴承所受的载荷大小、方向和性质

滚子轴承比同尺寸的球轴承的承载能力大,承受冲击载荷的能力也较高,因此适合于重载及有一定冲击载荷的地方,受纯径向载荷时应选用向心轴承,受纯轴向载荷应选用推力轴承;对于同时承受径向载荷和轴向载荷的轴承,可选用深沟球轴承、角接触球轴承及圆锥滚子轴承;当轴承的轴向载荷比径向载荷大很多时,则应考虑采用向心轴承和推力轴承的组合结构,以分别承受径向载荷和轴向载荷。

3) 调心性能的要求

对于因支点跨距大而使轴刚性较差,或因轴承座孔的同轴度低等原因而使轴挠曲时,为了适应轴的变形,应选用允许内外圈有较大相对偏斜的调心轴承,非调心的滚动轴承对于轴的挠曲敏感,因此这类轴承适合于刚性较大的轴和能保证严格对中的地方,各类轴承内、外圈轴线相对偏转角不能超过许用值,否则会使轴承寿命降低,故在刚度较差或多支点轴上,应选用调心轴承。

4) 安装、调整性能

当轴承的径向尺寸受安装条件限制时,应选用轻系列、特轻系列轴承或滚针轴承;当轴向尺寸受到限制时,宜选用窄系列轴承;为了便于安装、拆卸和调整轴承间隙,可选用内外圈可分离的轴承。当轴承同时受较大轴向载荷和径向载荷且需要对轴向调整时,宜采用圆锥滚子轴承。

5) 经济性

球轴承比滚子轴承价格便宜;公差等级越高,价格越贵。

拓展延伸

1. 滚动轴承寿命计算

1) 滚动轴承的失效形式和设计准则

滚动轴承(以深沟球轴承为例)在运转过程中,滚动体相对于径向载荷 F_r 方向的不同方位处的载荷大小是不同的,处于最低位置的滚动体的载荷最大,各滚动体承受的载荷呈周期性变化。如图 2-30 所示,滚动轴承的主要失效形式与设计准则如下。

(1) 疲劳点蚀。实践表明:在安装、润滑、维护良好的条件下,滚动轴承的正常失效形式是滚动体或内、外圈滚道上的点蚀破坏。原因是由于大量地承受变化的接触应力,金属表层会出现麻点状剥落现象,这就是疲劳点蚀。发生点蚀破坏

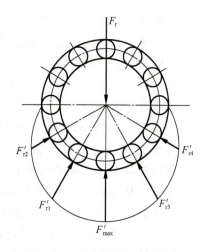

图 2-30 滚动轴承的承载情况

后，在运转中将会产生较强烈的振动、噪声和发热现象，故应对轴承进行疲劳强度计算（即寿命计算）。

(2) 塑性变形。在特殊情况下也会发生其他形式的破坏，例如：压凹、烧伤、磨损、断裂等。当轴承受大的静载荷、冲击载荷、低速转动（$n<10$ r/min）时，一般不会产生疲劳损坏。但过大的静载荷或冲击载荷会使套圈滚道与滚动体接触处产生较大的局部应力，在局部应力超过材料的屈服极限时将产生较大的塑性变形，从而导致轴承失效。因此对于这种工况下的轴承需做静强度计算。

(3) 磨损。在润滑不良和多粉尘条件下，轴承的滚道和滚动体会产生磨损，速度较高时还可能产生胶合。为防止和减轻磨损，应限制轴承的工作转速，并加强润滑和密封。

2) 滚动轴承寿命计算

(1) 几个基本概念。

轴承的寿命：滚动轴承中任一滚动体或内外圈滚道上出现疲劳点蚀之前所工作的总的转数（以 10^6 r 为单位）或小时数。

基本额定寿命：同一型号的轴承，由于材料和制造过程必然会存在一些差异，即使所受工作载荷和工作条件相同，轴承的寿命也不相同，甚至相差很大，达到几十倍。故一般将一组在相同条件下运转的近于相同的轴承，按有 10% 的轴承发生疲劳点蚀，而其余 90% 的轴承未发生疲劳点蚀前的转数 L_{10}（以 10^6 r 为单位）或工作小时数 L_h 作为基本额定寿命。

基本额定动载荷：它是指轴承的基本额定寿命恰好为 10^6 r 时，轴承所能承受的载荷值，用 C 表示。对于向心及向心推力轴承指的是径向力（径向载荷）；对于推力轴承指的是轴向力。基本额定动载荷代表了不同型号轴承的承载特性。已经通过大量的试验和理论分析得到，在轴承样本中对每个型号的轴承都给出了基本额定动载荷，在使用时可以直接查取。

当量动载荷：轴承的基本额定动载荷是在假定的运转条件下确定的，实际上在大多数场合下，轴承一般同时承受径向和轴向的载荷。因此，在进行轴承计算时，必须把实际载荷换算为与额定条件下等效的载荷。这个经换算而得到的载荷是一个假定的载荷，称为当量动载荷 P。在此载荷的作用下，轴承的寿命与实际载荷作用下的寿命相同。

(2) 滚动轴承寿命计算公式。轴承工作条件是千变万化各不相同的。对于具有基本额定动载荷 C 的轴承，当它所受的载荷 P（计算值）等于 C 时，其基本额定寿命就是 10^6 r。如果轴承承受的实际载荷为 $P≠C$，该轴承的基本额定寿命 L_h 将不同于基本额定寿命。如果轴承应该承受载荷 P，而且要求轴承的寿命为 L_h，那么应如何选择轴承？当工作中有冲击和振动时，轴承实际工作载荷加大，因此引入载荷性质系数 f_p（表 2-14）对 P 加以修正；当轴承的工作温度高于 120°时，会影响轴承的寿命，因此引入温度系数 f_t（表 2-15）对 C 加以修正。则轴承的寿

命计算式为

$$L_{\mathrm{h}} = \frac{10^6}{60n}\left(\frac{f_{\mathrm{t}}C}{f_{\mathrm{p}}P}\right)^{\varepsilon} \tag{2-6}$$

式中 ε——寿命指数,对于球轴承 $\varepsilon=3$;对于滚子轴承 $\varepsilon=10/3$。

表 2-14 载荷性质系数 f_{p}

载荷性质	f_{p}	举 例
无冲击或轻微冲击	1.0～1.2	电机、汽轮机、通风机、水泵
中等冲击	1.2～1.8	车辆、机床、起重机、冶金设备、内燃机、减速器
强大冲击	1.8～3.0	破碎机、轧钢机、石油钻机、震动筛

表 2-15 温度系数 f_{t}

轴承的工作温度/℃	≤120	125	150	175	200	225	250	300	350
温度系数 f_{p}	1.00	0.95	0.90	0.85	0.80	0.75	0.70	0.6	0.5

由式(2-6)求得的轴承寿命应满足 $L_{\mathrm{h}} \geqslant [L_{\mathrm{h}}]$ 为滚动轴承的预期寿命。

如果当量载荷 P 与转速 n 均已知,预期寿命 L_{h}' 已选定,也可根据下式选择轴承的型号。

$$C' = \frac{f_{\mathrm{p}}P}{f_{\mathrm{t}}}\sqrt[\varepsilon]{\frac{60nL_{\mathrm{h}}'}{10^6}} \tag{2-7}$$

对不经常满载使用的一般机械,滚动轴承预期寿命 L_{h}' 的推荐为 10 000～25 000 h,见表 2-16。按式(2-7)可算出待选轴承所应具有的基本额定动载荷,并根据 $C \geqslant C'$ 确定型号。表 2-17 列出了深沟球轴承的主要尺寸和基本额定动载荷 C,可供参考。

表 2-16 轴承预期寿命 $[L_{\mathrm{h}}]$ 的参考值

机器的种类		预期寿命
不经常使用的仪器及设备,如闸门开关装置等		500
航空发动机		500～2 000
间断使用的机器	中断使用不致引起严重后果的手动机械、农业机械等	3 000～8 000
	中断使用会引起严重后果的机器设备,如升降机、输送机、吊车等	8 000～12 000
每天工作 8 h 的机器	利用率不高的机械,如一般的齿轮传动、某些固定的电动机等	12 000～20 000
	利用率较高的机械,如连续使用的起重机、金属切削机床等	20 000～30 000
连续工作 24 h 的机器	一般可靠性的空气压缩机、电动机、水泵等	40 000～60 000
	高可靠性的电站设备、给排水装置等	>100 000

表 2-17　深沟球轴承的主要尺寸和基本额定载荷

轴承代号	基本尺寸/mm			基本额定载荷/kN		原轴承代号	轴承代号	基本尺寸/mm			基本额定载荷/kN		原轴承代号
	d	D	B	Cr	Cor			d	D	B	Cr	Cor	
6004	20	42	12	9.38	5.02	104	6009	45	75	16	21.0	14.8	109
6204		47	14	12.8	6.65	204	6209		85	19	31.5	20.5	209
6304		52	15	15.8	7.88	304	6309		100	25	52.8	31.8	309
6005	25	47	12	10.0	5.85	105	6010	50	80	16	22.0	16.2	110
6205		52	15	14.0	7.88	205	6210		90	20	35.0	23.2	210
6305		62	17	22.2	11.5	305	6310		110	27	61.8	38.0	310
6006	30	55	13	13.2	8.30	106	6011	55	90	18	30.2	21.8	111
6206		62	16	19.5	11.5	206	6211		100	21	43.2	29.2	211
6306		72	19	27.0	15.2	306	6311		120	29	71.5	44.8	311
6007	35	62	14	16.2	10.5	107	6012	60	95	18	31.5	24.2	112
6207		72	17	25.5	15.2	207	6212		110	22	47.8	32.8	212
6307		80	21	33.2	19.2	307	6312		130	31	81.8	51.8	312
6008	40	68	15	17.0	11.8	108	6013	65	100	18	32.0	24.8	113
6208		80	18	29.5	18.0	208	6213		120	23	57.2	40.0	213
6308		90	23	40.8	24.0	308	6313		140	33	93.8	60.5	313

（3）当量动载荷的计算。滚动轴承寿命计算的关键是当量动载荷 P 的计算。当轴承承受大小和方向恒定的工作载荷时，其当量动载荷可按下列一般公式计算

$$P = xF_r + yF_a \qquad (2-8)$$

式中　x——径向载荷系数；

　　　y——轴向载荷系数，可从《机械零件设计手册》中查取；

　　　F_r——轴承承受的径向载荷(N)；

　　　F_a——轴承承受的轴向载荷(N)。

显然，对只受纯径向载荷的向心轴承（如深沟球轴承、圆柱滚子轴承等），其当量动载荷为 $P = F_r$；对只受纯轴向载荷的推力轴承（如推力轴承），其当量动载荷为 $P = F_a$。

例 2-3　已知某轴上用 6308 型滚动轴承，其径向载荷 $F_r = 15\,000$ N，转速 $n = 120$ r/min，工作平稳，工作温度低于 120 ℃，轴承预期寿命 $L_h = 2\,000$ h。试问此轴承是否满足工作要求。

解：6308 型轴承的基本额定动载荷 $C = 40\,800$ N

轴承的当量动载荷　　　　$P = F_r = 15\,000$ N

温度系数　　　　　　$f_t = 1$

载荷系数　　　　　　$f_p = 1$

寿命系数 $\varepsilon=3$

轴承的寿命：

$$L_h = \frac{10^6}{60n}\left(\frac{f_t C}{f_p P}\right)^\varepsilon = \frac{10^6}{60\times 120}\times\left(\frac{1\times 40\,800}{1\times 15\,000}\right)^3 = 2\,794.95\,\text{h} > 2\,000\,\text{h}$$

6309 型轴承满足要求。

2. 滚动轴承的静载荷计算

轴承在极低的转速或缓慢摆动工作时，其主要失效形式是塑性变形，尤其是受到过大的静载荷或冲击作用会发生明显的永久变形，因此，应对此类轴承进行静强度计算。

按静强度选择或验算轴承的公式

$$\frac{C_0}{P_0} \geqslant S_0 \qquad (2\text{-}9)$$

式中　C_0——基本额定静载荷(N)；
　　　P_0——当量静载荷(N)；
　　　S_0——静载荷安全系数。

$P_0 = X_0 F_r + Y_0 F_a$，X_0、Y_0 为滚动轴承静载荷的径向和轴向系数，X_0、Y_0、C_0、S_0 可从有关手册中查取。

3. 滚动轴承的极限转速

对于高速下工作的轴承，常常因摩擦而升温，影响润滑剂性能，从而导致滚动体回火或胶合失效，所以需进行极限转速验算。极限转速是指滚动轴承在一定载荷、润滑条件下所允许的最高转速，以 $n_{\lim}$ 表示，可从滚动轴承的标准和手册中查取。

极限转速的验算公式为

$$n \leqslant n_{\lim} \qquad (2\text{-}10)$$

4. 滚动轴承的组合设计

为了保证轴承和整个轴系正常地工作，除了正确地选择轴承的类型和尺寸外，还应根据具体情况合理地分析滚动轴承的组合结构。正确地解决轴承安装、配合、紧固、调整等问题。在具体进行设计时应该主要考虑下面几个方面的问题。

1) 滚动轴承的轴向固定

为了保证轴和轴上零件的轴向位置并能承受轴向力，轴承内圈与轴之间以及外圈与轴承座孔之间，均应有可靠的轴向固定。表 2-18 为轴承内圈轴向固定常用的方法，一端常用轴肩定位固定，另一端则可采用圆螺母、轴用弹性挡圈、轴端挡板等。外圈在轴承座孔中的轴向位置常用轴承盖、座孔的台肩、孔用弹性挡圈、止动环以及外螺母等来保证,常用的方法见表2-19。

表2-18 轴承内圈轴向定位固定方式

定位固定方法	轴肩定位固定	弹性挡圈嵌在轴的沟槽内	用螺钉固定轴端挡板	用圆螺母定位固定
简图	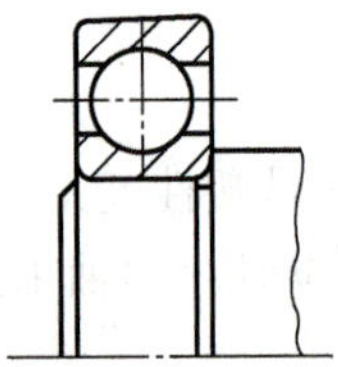	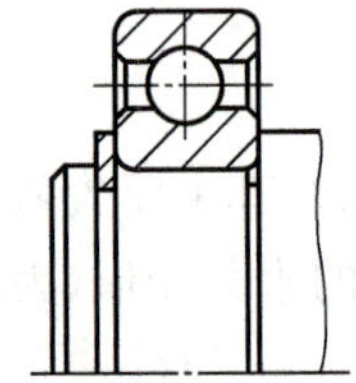	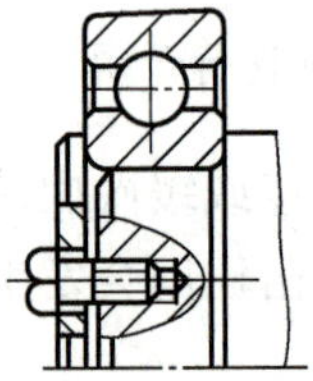	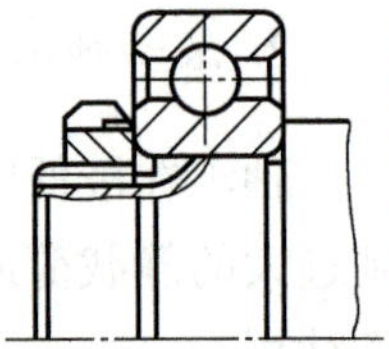
特点和应用	单向定位,简单可靠,最为常见的一种方式,适合各种轴承	结构紧凑,装拆方便,无法调整游隙,承受轴向载荷较小,适合于转速不高的深沟球轴承	定位固定可靠,能承受较大的轴向力,适合于高转速下的轴承定位	放松、定位安全可靠,承受轴向力大,适用于高速、重载

表2-19 轴承外圈轴向定位固定方式

定位固定方法	轴承端盖固定	弹性挡圈固定	止动卡环固定	螺纹环固定
简图	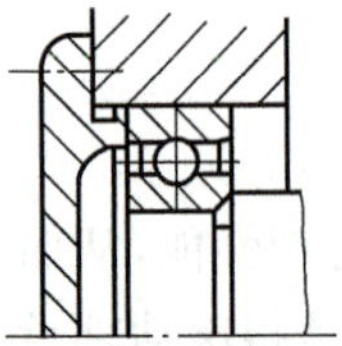	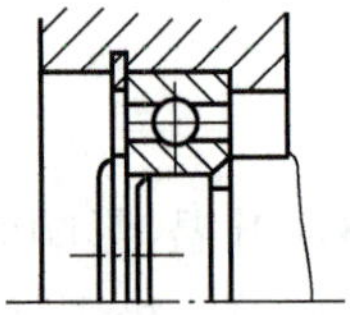	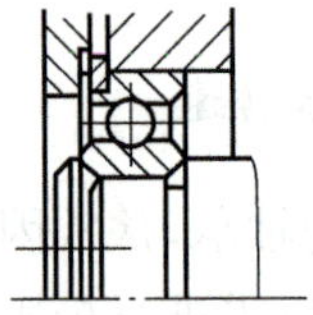	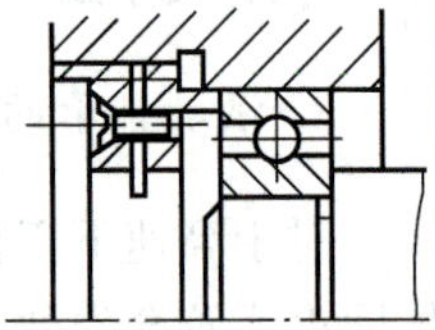
特点和应用	固定可靠,调整简便,应用广泛,适合各种轴承的外圈单向固定	结构简单、紧凑,适合于转速不高轴向力不大的场合	轴承外圈带有止动槽,结构简单、可靠,适合于箱体外壳不便设凸肩的深沟球轴承固定	轴承座孔须加工螺纹,适用于转速高、轴向载荷大的场合

2) **滚动轴承轴系的支承结构形式**

机器中轴的位置是靠轴承来定位的。当轴工作时,既要防止轴向窜动,又要保证轴承工作受热膨胀后不致引起卡死,轴系必须有正确的轴向位置。常用的结构形式有下述三种。

(1) 双支承单向固定(两端固定式),如图2-31所示。

这种方法是利用轴肩和轴承盖的挡肩单向固定内、外圈,每一个支承只能限制单方向移动,两个支承共同防止轴的双向移动。考虑温度升高后轴的伸长,为使轴的伸长不致引起附加应力,在轴承盖与外圈端面之间留出热补偿间隙 $c=0.25\sim0.4$ mm(图2-31(b))。游隙的大小是靠轴承盖和外壳之间的调整垫片增减来实现的。这种支承方式结构简单,便于安装,适用于工作温度变化不大的短轴。

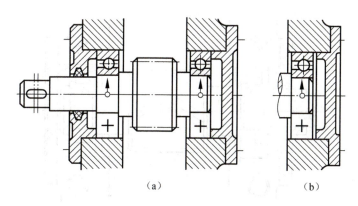

(a)　　　　　　　　　　(b)

图 2-31　两端单向固定

（2）单支承双向固定式（一端固定、一端游动），如图 2-32 所示。

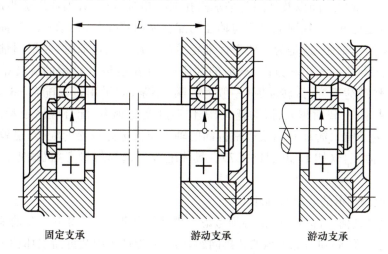

固定支承　　　　　游动支承　　　　　游动支承

图 2-32　一端固定及一端游动

对于工作温度较高的长轴，受热后伸长量比较大，应该采用一端固定，而另一端游动的支承结构。作为固定支承的轴承，应能承受双向载荷，故此内、外圈都要固定（如图 2-32 左端图）。作为游动支承的轴承，若使用的是可分离型的圆柱滚子轴承等，则其内、外圈都应固定（使用的是内外圈不可分离的轴承，则固定其内圈，其外圈在轴承座孔中应可以游动（如图 2-32 中间图））。

（3）两端游动支承（全游式），如图 2-33 所示。

要求能左右双向移动的轴，可采用全游式支承。如图 2-33 所示，人字齿轮轴，由于人字齿轮本身的相互轴向限位作用，一根轴的轴向位置被限制后，另一根轴便可采用这种全游式结构，以防止齿轮卡死或人字齿两侧受力不均。

3）滚动轴承的配合

滚动轴承的配合是指内圈与轴径、外圈与座孔的配合，这些配合的松紧程度直接影响轴承间隙的大小，从而关系到轴承的运转精度和使用寿命，为了防止工作时

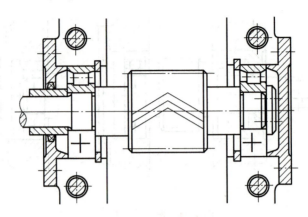

图 2-33 两端游动

轴承内圈与轴颈之间以及外圈与轴承座孔之间相对运动,必须选用适当的配合。滚动轴承是标准件,其轴承内孔与轴径的配合采用基孔制,轴承外圈与轴承座孔的配合采用基轴制,这是为了便于标准化生产。在具体选取时,要根据轴承的类型和尺寸、载荷的大小和方向、载荷的性质、工作温度以及轴承的旋转精度等来确定:工作载荷不变时,转动圈(一般为内圈)要紧(如采用过盈配合 n6、m6、k6、js6),转速越高、载荷越大、振动越大、工作温度变化越大,配合应该越紧;固定套圈(通常为外圈)、游动套圈或经常拆卸的轴承应该选择较松的配合,也就是采用间隙或过渡配合(如 J7、J6、H7、G7)。具体配合的选择可参考《机械零件设计手册》。

4) 滚动轴承的装配与拆卸

在设计任何一部机器时都必须考虑零件能够装得上、拆得下。在轴承结构设计中也是一样,必须考虑轴承的装拆问题,而且要保证不因装拆而损坏轴承或其他零件。装配轴承的长度,在满足配合长度的情况下,应尽可能设计得短一些。

轴承内圈与轴颈的配合通常较紧,可以采用压力机在内圈上施加压力将轴承压套在轴颈上。有时为了便于安装,尤其是大尺寸、精度要求高的轴承,可用热油(不超过 80 ℃～90 ℃)加热轴承,或用干冰冷却轴颈。中小型轴承可以使用软锤直接均匀敲入或用另一段管子压住内圈敲入。在拆卸时要考虑便于使用拆卸工具,以免在拆装的过程中损坏轴承和其他零件,如图 2-34 所示,为了便于拆卸轴承,内圈在轴肩上应露出足够的高度,或在轴肩上开槽,以便放入拆卸工具的钩头,如图 2-35 所示。当然,也可以采用其他结构,比如在轴上装配轴承的部位预留出油道,需要拆卸时利用打入高压油进行拆卸。

5) 滚动轴承装置的调整

(1) 轴承间隙的调整。为了保证轴上传动件获得正确位置,使其正常运转。在装配时,轴系部件应能进行必要的调整,轴承位置组合调整,包括轴承间隙调整和轴系的轴向位置调整。

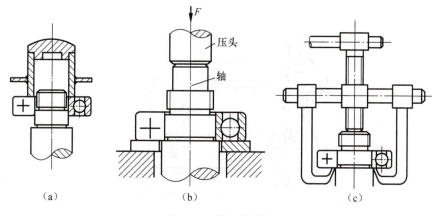

图 2-34 轴承的装拆

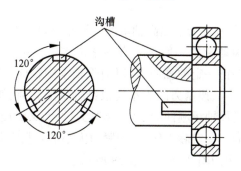

图 2-35 轴肩上开槽

如图 2-36 所示结构中，图(a)为轴承工作时靠增减轴承盖与机座之间的垫片厚度来调整轴承的轴向位置；图(b)用螺钉通过轴承外圈压盖移动外圈的位置来调整的；图(c)用调整环来调整轴承的轴向位置。

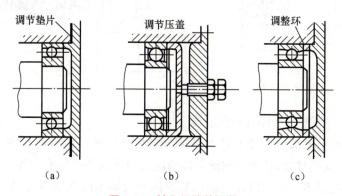

图 2-36 轴向间隙的调整

如图 2-37 所示，锥齿轮轴系支承结构，锥齿轮齿轮传动中，为使其两个节锥顶点重合，可通过调整移动轴承轴向位置来实现，套杯与机座之间的垫片 1 用来调整锥齿轮的轴向位置，而垫片 2 则用来调整游隙。

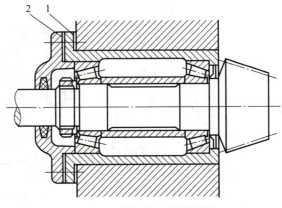

图 2-37 轴承组合位置调整

1,2—垫片

（2）滚动轴承的预紧。为了提高轴承的旋转精度,增加轴承装置的刚性,减小机器工作时的振动,滚动轴承一般都要有预紧措施,也就是在安装时采用某种方法,在轴承中产生并保持一定的轴向力,以消除轴承中轴向游隙,并在滚动体与内外圈接触处产生预变形。预紧力的大小要根据轴承的载荷、使用要求来决定。预紧力过小,会达不到增加轴承刚性的目的；预紧力过大,又将使轴承中摩擦增加,温度升高,影响轴承寿命。在实际工作中,预紧力大小的调整主要依靠经验或试验来决定。常见的预紧结构如图 2-38、图 2-39 所示。

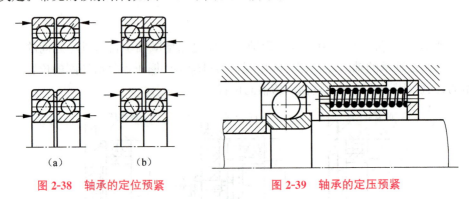

图 2-38 轴承的定位预紧　　　　图 2-39 轴承的定压预紧

6）保证支承部分的刚性和同心度

也就是说支承部分必须有适当的刚性和安装精度。刚性不足或安装精度不够,都会导致变形过大,从而影响滚动体的滚动而导致轴承提前破坏。增大轴承装置刚性的措施很多。例如机壳上轴承装置部分及轴承座孔壁应有足够的厚度；轴承座的悬臂应尽可能缩短,并采用加强筋提高刚性(图 2-40)；对于轻合金和非金属机壳应采用钢或铸铁衬套。如同一根轴上装有不同外径的轴承时,可在轴承较小的孔处加一套杯,使轴衬座孔直径相同(图 2-41)；为了保证同一轴上各轴孔的同轴度,箱体一般采用整体铸造的方法生产,并采用直径相同的轴承孔一次加工。

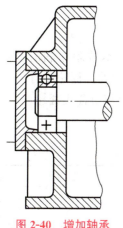

图 2-40　增加轴承座刚度的结构

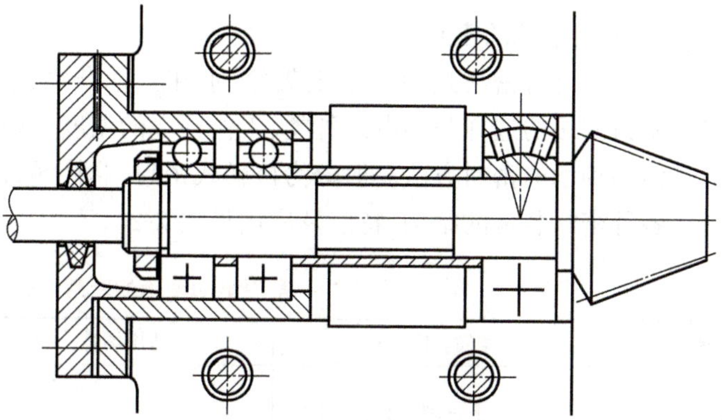

图 2-41　采用套环的轴承组合结构

5. 滚动轴承的润滑与密封

1) 滚动轴承的润滑

轴承润滑的目的主要是减少摩擦，降低磨损，同时还有散热冷却、缓冲吸振、密封和防锈的作用。

滚动轴承常用的润滑剂有润滑脂、润滑油及固体润滑剂。一般情况下，轴承采用润滑脂润滑，但在轴承附近已经具有润滑油时，可采用润滑油润滑。

润滑方式和润滑剂的选择，可根据轴颈的速度因数 dn 的值来确定。通常，当在轴径圆周速度 $v<4\sim5$ m/s 或 $dn<(2\sim3)\times10^5$ mm·r/min 时，一般采用脂润滑。超过这一范围宜采用油润滑。滚动轴承的装脂量为轴承内部空间的 1/3～2/3。另外在适当部位用油杯来定期补充润滑脂。脂润滑适用于 dn 值较小的场合，其特点是润滑脂不易流失、便于密封，油膜强度较高，且一次填充润滑脂可运转较长时间，故能承受较大的载荷。油润滑的优点是比脂润滑摩擦阻力小，并散热好，主要用于高速或工作温度较高的轴承。润滑油最重要的物理性能是黏度，它也是选择润滑油的主要依据。润滑油黏度可根据轴承的速度因数 dn 值和工作温度选择（图 2-42），然后根据黏度从润滑油产品目录中选出相应的润

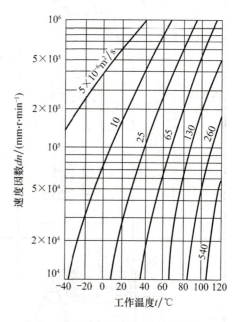

图 2-42　滚动轴承润滑黏度的选择

滑油。

2）滚动轴承的密封

对轴承进行密封是为了阻止灰尘、水和其他杂物进入轴承，并阻止润滑剂流失。密封方法的选择与润滑的种类、工作环境的温度、密封表面的圆周速度有关。

滚动轴承的密封方法一般分为接触式密封、非接触式密封和组合式密封。

各种密封装置的结构、特点及应用见表2-20。

表2-20 常用滚动轴承的密封形式

密封类型		简 图	适用场合	说 明
接触式密封	毛毡圈密封	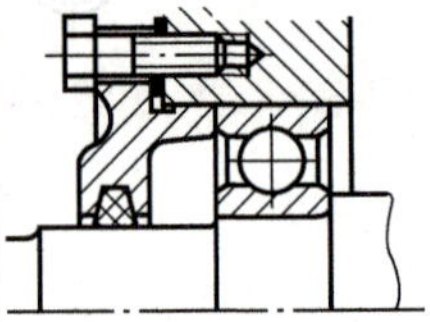	脂润滑。要求环境清洁，轴颈圆周速度不大于4～5 m/s，工作温度不大于90 ℃	矩形断面的毛毡圈被安装在梯形槽内，它对轴产生一定的压力而起到密封作用
	皮碗密封	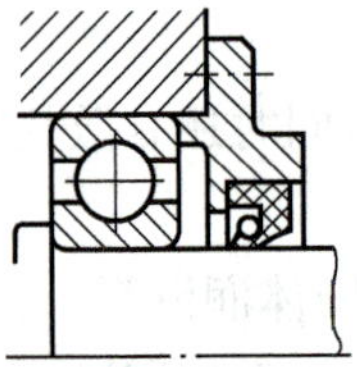	脂或油润滑。圆周速度小于7 m/s，工作温度不大于100 ℃	皮碗是标准件。密封唇朝里，目的是防漏油；密封唇朝外，防灰尘、杂质进入
非接触式密封	油沟式密封	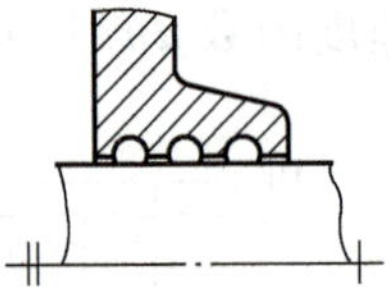	脂润滑。干燥清洁环境	靠轴与盖间的细小环形间隙密封，间隙愈小愈长，效果愈好，间隙为0.1～0.3 mm
	迷宫式密封	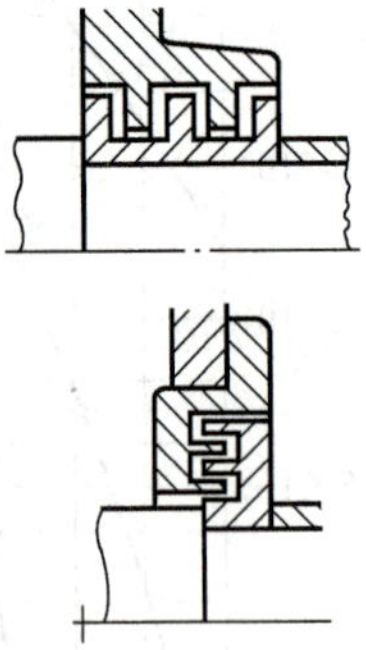	脂或油润滑。密封效果可靠	将旋转件与静止件之间间隙做成迷宫形式，在间隙中充填润滑油或润滑脂以加强密封效果
组合密封	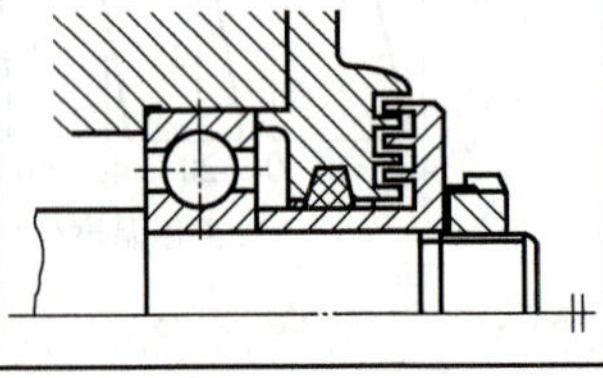		脂或油润滑	这是组合密封的一种形式，毛毡加迷宫，可充分发挥各自优点，提高密封效果。组合方式很多，不一一列举

自 测 题

一、填空题

1. 滚动轴承的典型结构是由内圈、外圈、保持架和_____组成。
2. 滚动轴承的选择主要取决于_____。滚动轴承根据受载不同,可分为推力轴承,主要承受_____载荷;向心轴承,主要承受_____载荷;向心推力轴承,主要承受_____。
3. 滚动轴承的主要失效形式_____和_____。
4. 30207 轴承的类型名称是_____轴承,内径是_____mm,这种类型轴承以承受_____向力为主。
5. 滚动轴承的密封形式可分为_____和_____。
6. 滚动轴承预紧的目的在于增加_____,减少_____。
7. 滚动轴承的配合制度是轴承与轴颈的配合为_____,轴承与轴承座孔的配合为_____。
8. 角接触球轴承和圆锥滚子轴承的轴向承载能力随接触角 α 的增大而_____。

二、选择题

1. 滚动轴承的额定寿命是指一批同规格的轴承在规定的试验条件下运转,其中( )轴承发生破坏时所达到的寿命。
   A. 1%   B. 5%   C. 10%
2. 滚动轴承的基本额定动载荷是指( )。
   A. 滚动轴承能承受的最大载荷   B. 滚动轴承能承受的最小载荷
   C. 滚动轴承在基本额定寿命 $L_{10}=10^6$ r 时所能承受的载荷
3. 在下列滚动轴承的滚动体中,极限转速最高的是( )。
   A. 圆柱滚子   B. 球   C. 圆锥滚子
4. 轴上零件的周向固定方式有多种形式。对于普通机械,当传递转矩较大时,宜采用( )。
   A. 花键连接   B. 切向键连接   C. 销连接
5. 在下列滚动轴承中,只能承受径向载荷的是( )。
   A. 51000 型的推力球轴承   B. N0000 型的圆柱滚子轴承
   C. 30000 型的圆锥滚子轴承
6. 深沟球轴承,其内径为 100 mm,正常宽度,直径系列为 2,公差等级为 0 级,游隙级别为 0,其代号为( )。
   A. 6220   B. 6210   C. 62100
7. 对于一般运转的滚动轴承,其主要失效形式是( ),设计时要进行轴承的寿命计算。

A. 磨损　　　　B. 疲劳点蚀　　　C. 塑性变形

8. 从经济性考虑在同时满足使用要求时,就应优先选用(　　)。

A. 圆锥滚子轴承　B. 圆柱滚子轴承　C. 深沟球轴承

9. 在相同的外廓尺寸条件下,滚子轴承的承载能力和抗冲击能力(　　)球轴承的能力。

A. 大于　　　　B. 等于　　　　　C. 小于

10. 直齿圆柱齿轮减速器,当载荷平稳、转速较高时,应选用(　　)。

A. 深沟球轴承　B. 角接触球轴承　C. 推力球轴承

三、综合题

1. 单级直齿圆柱齿轮减速器,已知输出轴转速 $n=300$ r/min,轴颈 $d=35$ mm,经计算两轴承分别承受径向力 $F_{r1}=F_{r2}=8\,000$ N,中等冲击,预期寿命 $L_h=24\,000$ h,试选择轴承型号。

2. 30208 轴承基本额定动载荷 $C_r=63\,000$ N。

(1) 当量动载荷 $P=6\,200$ N,工作转速 $n=750$ r/min,试计算轴承寿命 L_h;

(2) 工作转速 $n=960$ r/min,$[L_h]=10\,000$ h 时,试计算允许的最大当量动载荷。

项目小结

机器结构虽然复杂,但各种机器都是由许多的零件组成的,而这些零散的零件要经过多次加工才能完成。各种机器设备的零件数量虽然繁多,但从他们的形状及功能上大体可分为轴类零件、套类零件和支座类零件。轴类零件主要起支承与传力的作用;套类零件主要起定位作用;支座类零件主要起支承固定作用。有时几个相关的零件按照固定的方式组合在一起发挥固定作用,称之为部件。如滚动轴承(可认为由滑动轴承演变而来)等。我们也可以认为它们等同一个零件,这部分零部件大部分已经标准化了,可从标准中直接选用。零件是组成机器的最小单元。在本项目中主要学习轴系类零件,通过学习掌握轴、轴承的主要类型、结构及特点以及轴的设计要求和设计方法,并能进行轴的强度计算;学会正确的选择滚动轴承,并能合理地进行滚动轴承的组合设计。

项目三 常用连接

【项目描述】

机械是由许多零部件按确定的方式连接而成的。实践证明,机械的损坏经常发生在连接部位,因此对机械的使用者和设计者而言,熟悉各种连接的特点与基本设计方法是很必要的。连接的类型很多,主要有轴毂连接——键连接、花键连接和销连接;紧固连接——螺纹连接等;轴间连接——联轴器与离合器;永久连接——焊接、铆接、胶接等。

【学习目标】

(1) 了解常用连接的类型及方法。
(2) 掌握螺纹连接的基本类型和特点。
(3) 掌握螺纹连接的预紧与防松。
(4) 掌握键、销连接的标准及应用。
(5) 掌握联轴器、离合器和制动器的类型及特点。

【能力目标】

(1) 能正确选用和装拆螺纹,能进行简单的结构设计。
(2) 能校核平键的强度。
(3) 能正确选用、安装联轴器和离合器。

【情感目标】

(1) 培养学生认真观察、辨别事物和勤于思考的习惯。
(2) 培养学生理论联系实际的学习态度。

任务1 螺纹连接

活动情景

(1) 参观普通车床车制螺纹的过程,观察车床丝杠、刀架等的运动。
(2) 用扳手等工具装拆一台旧自行车。

任务要求

掌握螺纹的特征,理解连接的作用,会进行简单的螺栓连接结构设计。

任务引领

通过操作回答下列问题。
(1) 螺纹连接有哪些基本类型?
(2) 用对顶螺母或弹簧垫圈的目的是什么?
(3) 螺母拧紧以后不加任何措施会不会自动松开?
(4) 拧紧扳手时为什么不能拧得过紧又不能过松?
(5) 如何保证螺纹连接安全可靠?

归纳总结

1. 螺纹概述

1) 螺纹的形成

根据螺纹的加工过程,如图 3-1 所示,不难发现螺纹实际上是由圆柱体的旋转运动和车刀在圆柱体表面上的直线运动叠加而成的,该轨迹称为螺旋线。

2) 螺纹的主要参数

螺纹的主要参数有(图 3-2、图 3-3):大径 d(公称直径),小径 d_1(强度计算直径),中径 d_2(确定螺纹几何参数和配合性质的直径),线数 n,螺距 P,导程 S($S=np$),升角 λ,牙型角 α(螺纹的轴向剖面内牙型两侧边的夹角)、牙侧角 β(牙型侧边与螺纹轴线的垂线间的夹角)等。螺纹的升角与导程、螺距间的关系为

$$\tan\lambda = \frac{S}{\pi d_2} = \frac{np}{\pi d_2} \tag{3-1}$$

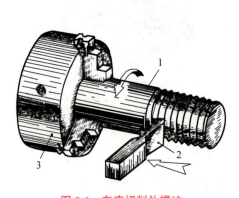

图 3-1 车床切削外螺纹
1—工件;2—车刀;3—卡盘

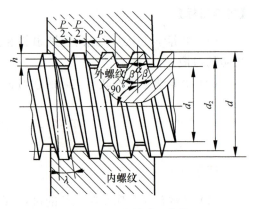

图 3-2 螺纹的主要参数

通过对螺纹副的受力分析可知,当螺纹的升角 λ 小于或等于摩擦角 $\rho(\lambda \leqslant \rho)$ 时,其中 $\rho \leqslant 1.5° \sim 3.5°$,螺纹副不会自行转动,这种现象称为自锁。

3) 螺纹的分类

螺纹有内螺纹和外螺纹两种类型,二者共同组成螺纹副用于连接和传动。螺纹有米制和英制两种,在我国除管螺纹外都采用米制螺纹。螺纹轴向剖面的形状称为螺纹的牙型,常用的螺纹牙型有三角形、矩形、梯形、锯齿形等,如图3-4所示。其中三角形螺纹主要用于连接,其余多用于传动。

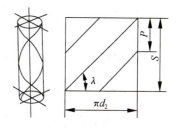

图 3-3 螺纹的升角与导程、螺距间的关系

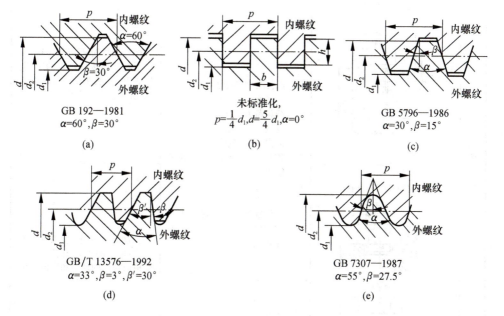

图 3-4 螺纹的牙型

(a) 三角螺纹;(b) 矩形螺纹;(c) 梯形螺纹;(d) 锯齿形螺纹;(e) 管螺纹

(1) 三角形螺纹(普通螺纹)。牙型角为60°,分为粗牙和细牙,粗牙用于一般连接;与粗牙螺纹相比,细牙由于在相同公称直径时,螺距小,螺纹深度浅,导程和升角也小,自锁性能好,宜用于薄壁零件和微调装置。

(2) 管螺纹。多用于有紧密性要求的管件连接,牙型角为55°,公称直径近似于管子内径,属于细牙三角螺纹。

(3) 梯形螺纹。牙型角为30°,是应用最为广泛的传动螺纹。

(4) 锯齿形螺纹。两侧牙型角分别为3°和30°,3°的一侧用来承受载荷,可得到较高效率;30°一侧用来增加牙根强度。适用于单向受载的传动螺纹。

(5) 矩形螺纹。牙型角为0°,适于作传动螺纹。

按螺纹线绕行方向的不同,螺纹可分为右旋螺纹和左旋螺纹,机械制造中常采用右旋螺纹。

根据螺纹线的数目,可将螺纹分为单线螺纹和多线螺纹。

2. 螺纹连接的主要类型及应用

螺纹连接的主要类型有螺栓连接、双头螺柱连接、螺钉连接、紧定螺钉连接。它们的构造特点、应用及主要尺寸关系见表3-1。

表 3-1 螺纹连接的主要类型、构造、尺寸及应用

类型	构造	主要尺寸关系	特点、应用
螺栓连接	普通螺栓连接 铰制孔螺栓连接	(1) 螺纹余留长度 l_1 　普通螺栓连接 　静载荷 $l_1 \geq (0.3 \sim 0.5)d$ 　变载荷 $l_1 \geq 0.75d$ 　冲击、弯曲载荷 $l_1 \geq d$ 　铰制孔螺栓连接 l_1 尽可能小 (2) 螺纹伸出长度 $l_2 \approx (0.2 \sim 0.3)d$ (3) 螺栓轴线到被连接件边缘的距离 $e = d + (3 \sim 6)$ mm (4) 通孔直径 $d_0 \approx 1.1d$	被连接件都不切制螺纹,使用不受被连接件材料的限制。构造简单,装拆方便,成本较低,应用最广 铰制孔螺栓连接,螺栓杆与孔之间紧密配合,有良好的承受横向载荷的能力和定位作用
双头螺柱连接		(1) 螺纹旋入深度 l_3 由被连接的材料定,当螺纹孔零件材料为: 　钢或青铜 $l_3 \approx d$ 　铸铁 $l_3 \approx (1.25 \sim 1.5)d$ 　合金 $l_3 \approx (1.5 \sim 2.5)d$ (2) 螺纹孔深度 $l_4 \approx l_3 + (2 \sim 2.5)d$ (3) 钻孔深度 $l_5 \approx l_4 + (0.5 \sim 1)d$ (4) l_1、l_2 同上	适用于连接紧密或紧密程度要求较高的场合,常用于不能用螺栓连接且又需经常拆卸的场合

续表

类型	构造	主要尺寸关系	特点、应用
螺钉连接		l_1、l_3、l_4、l_5、e 同上	不用螺母，而且能有光整的外露表面，应用与双头螺柱相似，但不宜用于经常拆卸的连接，以免损坏被连接件的螺纹孔
紧定螺钉连接		$d \approx (0.2 \sim 0.3)d$ 轴转矩大时取大值	头部为一字槽的紧定螺钉最常用。尾部有多种形状，平端用于高硬度表面；圆柱端可压入轴上的凹坑，锥端用于低硬度表面

3. 螺纹连接的预紧和防松

1）螺纹连接的预紧

任何材料在受到外力作用时，都会产生或多或少的形变，螺栓也不例外。当连接螺栓承受外在拉力时，将会伸长。如果在初始时仅将螺母拧上使各个接合面贴合，那么在受到外力作用时，接合面之间将会产生间隙。所以为了防止这种情况的出现，在零件未受工作载荷前需要将螺母拧紧，使组成连接的所有零件都产生一定的弹性变形（螺栓伸长、被连接件压缩），从而可以有效地保证连接的可靠。这样，各零件在承受工作载荷前就受到了力的作用，这种方式就称为预紧，这个预加的作用力就称为预紧力。

显然，预紧的目的就是：增强连接的紧密性、可靠性，防止受载后被连接件之间出现间隙或发生相对滑移。

经验证明：选用适当较大的预紧力，对螺栓连接的可靠性及螺栓的疲劳强度都是有利的。但过大的预紧力会使紧固件在装配或偶尔过载时断裂。因此，对于重要的螺栓连接，在装配时需要控制预紧力。

在装配时，预紧力是借助于测力矩扳手或定力矩扳手控制的，如图3-5所示，通过控制拧紧力矩来间接保证预紧力的。

图 3-5 测力矩扳手

拧紧力矩 T 用来克服螺纹副及螺母支承面上的摩擦力矩。预紧时，螺栓杆所受到的拉力称为预紧力 F'。实验表明，M10～M68 的常用粗牙普通钢制普通螺纹，无润滑时，有近似公式为

$$T \approx 0.2F'd \qquad (3-2)$$

式中　T——拧紧力矩（N·mm）；
　　　F'——预紧力（N）；
　　　d——螺纹大径（mm）。

对于只靠经验而不加严格控制预紧力的重要螺栓，例如压力容器、输气、输油管道等连接螺栓，不宜采用小于 M12～M16 的紧固件。

2）螺纹连接的防松

机械中连接的失效（松脱），轻者会造成工作不正常，重者要引起严重事故。因此，螺纹连接的防松是工程中必须考虑的问题之一。

一般来说，连接螺纹具有一定的自锁性，在静载荷条件下并不会自动松脱。但是，由于不可避免地存在冲击、振动、变载荷作用。在这些工况条件下，螺纹副之间的摩擦力会出现瞬时消失或减小的现象；同时在高温或温度变化比较大的场合，材料会发生蠕变和应力松弛，也会使摩擦力减小。在多次的作用下，就会造成连接的逐渐松脱。

防松的本质：就是防止螺纹副的相对转动，也就是防止螺栓与螺母间的相对转动（内螺纹与外螺纹之间）。

常用的防松方法有三种：摩擦防松、机械防松和永久防松（表 3-2）。

表 3-2　常用防松方法及其特点

防松方法		结构形式	特点和应用
摩擦防松	对顶螺母	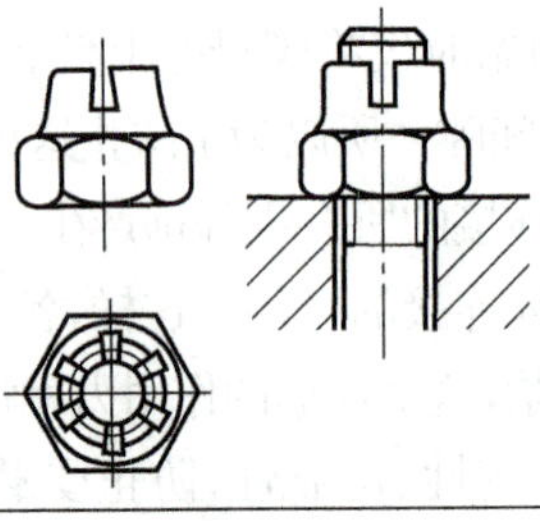	利用两螺母的对顶作用使螺栓始终受到附加拉力和附加摩擦力的作用。结构简单，可用于低速重载场合
	弹簧垫圈	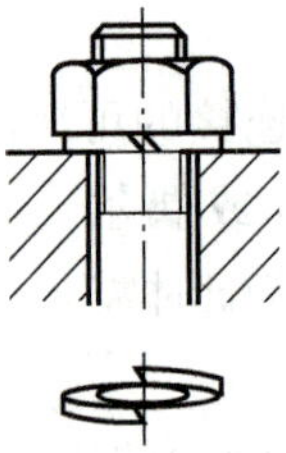	弹簧垫圈材料为弹簧钢，装配后垫圈被压平，其反弹力能使螺纹间保持压紧力和摩擦力，从而实现防松
	自锁螺母	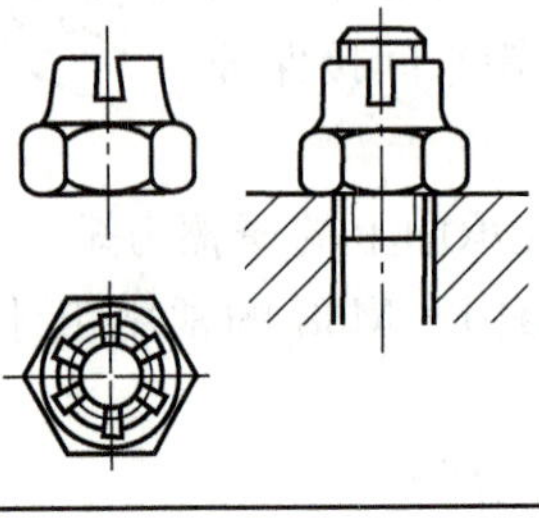	螺母一端制成非圆形收口或开缝后径向收口。当螺母拧紧后，收口胀开，利用收口的弹力使旋合螺纹间压紧；结构简单，防松可靠，可多次装拆而不降低防松性能

续表

防松方法		结构型式	特点和应用
机械防松	槽形螺母和开口销	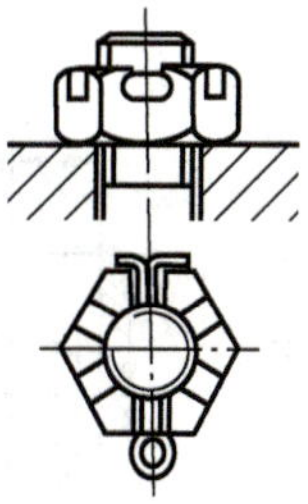	槽形螺母拧紧后,用开口销穿过螺栓尾部小孔和螺母的槽,也可以用普通螺母拧紧后进行配钻销孔; 适用较大冲击、振动的高速机械运动部件的连接
	止动垫圈	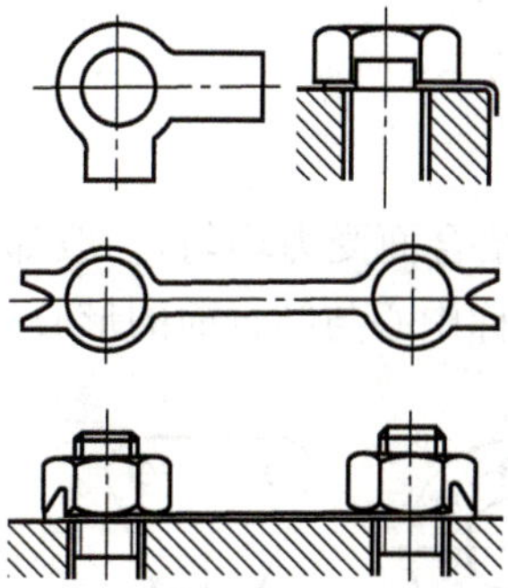	螺母拧紧后,将单耳或双耳止动垫圈分别向螺母和被连接件的侧面折弯贴紧,即可将螺母锁住。若两个螺栓需要双联锁紧时,可采用双联止动垫圈,使两个螺母相互制动; 结构简单,使用方便,防松可靠
	串联钢丝	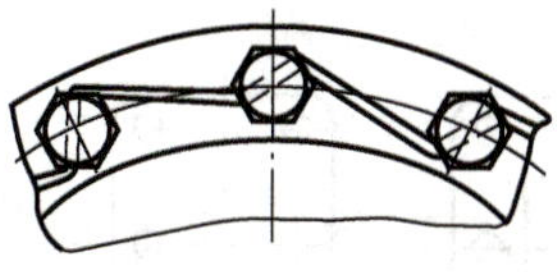 (a)正确 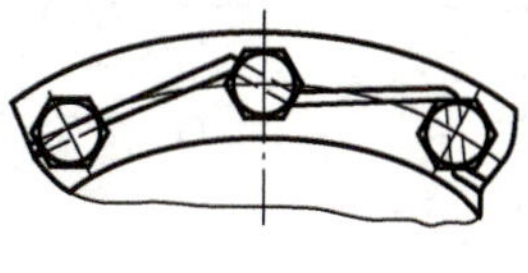 (b)不正确	用低碳钢丝穿入各螺钉头部的孔内,将各螺钉串联起来,使其相互制动。使用时必须注意钢丝的穿入方向; 适用于螺钉组连接,放松可靠。但拆装不便

拓展延伸

1. 螺栓连接的结构设计

一般情况下,螺栓连接都是成组使用的,设计安装螺栓连接时必须考虑各个螺栓工作时均匀的承受载荷,因此,合理布置各个螺栓的位置是十分重要的,通常考虑如下几个问题。

1) 螺栓的布置

布置螺栓位置时,螺栓与螺栓、螺栓与箱体壁之间给扳手留有足够的空间,以便于装拆(图3-6)。

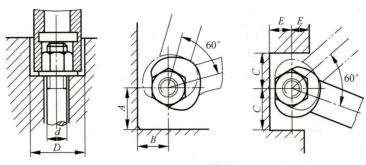

图3-6 扳手空间

2) 螺栓组的布置

(1) 螺栓组的布置尽可能对称,以使结合面受力均匀,一般都将结合面设计成对称的简单几何形状,并应使螺栓组的对称中心与结合面的形心重合(图3-7)。

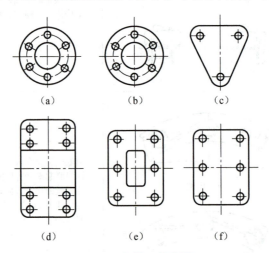

图3-7 螺栓组的布置

(2) 当螺栓连接承受弯矩和转矩时,应尽可能地把螺栓布置在靠近结合面边缘,以减少螺栓中的载荷。

(3) 同一圆周上螺栓的数目宜取2、3、4、6、8等易于分度的数目,以便于加工。相邻螺栓的中心间距一般应小于$10d$(d为螺栓的公称直径),具有密封要求的螺栓中心距一般为$3d\sim 7d$。

(4) 同一组的螺栓,尽可能采用相同的材料和规格,以便安装。

2. 螺栓连接的强度计算

螺栓连接的强度计算,主要是确定螺栓的直径或校核螺栓危险截面的强度。

至于标准螺纹连接件的其他尺寸,按照等强度的原则及使用经验由标准确定,不必计算。

1) 松螺栓连接的强度计算

松螺栓连接,螺母、螺栓和被连接件不需要拧紧,在承受工作载荷前,连接螺栓是不受力的,典型的结构如图 3-8 所示的起重机吊钩。

该螺栓连接在外载荷 F 作用下其强度条件式为

$$\sigma = \frac{F}{\pi d_1^2/4} \leqslant [\sigma] \qquad (3-3)$$

或

$$d_1 \geqslant \sqrt{\frac{4F}{\pi [\sigma]}} \qquad (3-4)$$

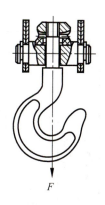

图 3-8 起重机吊钩

式中 d_1——螺纹的小径(mm);

$[\sigma]$——许用拉应力(MPa),其值见表 3-5。

2) 紧螺栓连接的强度计算

这种装配,螺栓将承受预紧力和工作载荷的双重作用。而工作载荷的作用方式有:横向载荷和轴向载荷两种,见表 3-3。

表 3-3 紧螺栓连接的强度计算

类型		结构图	强度校核
承受横向载荷	普通螺栓	失效形式 (1) 螺纹部分塑性变形 (2) 螺杆断裂 (3) 结合面滑移	(1) $F' = KF_s/mz\mu$ (3-5) (2) $\sigma = \frac{1.3F'}{\pi d_1^2/4} \leqslant [\sigma]$ (3-6) 式中: F'——预紧力(N); F_s——被连接件受的总横向载荷(N); K——可靠性系数,取 1.1~1.3; m——被连接件结合面数目; z——螺栓的数目; μ——被连接件结合面摩擦系数,干燥时取 0.10~0.16; 1.3——考虑扭切应力的影响系数
	铰制孔螺栓	失效形式 (1) 螺栓杆被剪断 (2) 螺栓杆与被连接件较薄材料被压溃	(1) $\tau = \frac{F_s}{m\pi d_s^2/4} \leqslant [\tau]$ (3-7) (2) $\sigma_p = \frac{F_s}{d_s h} \leqslant [\sigma_p]$ (3-8) F_s——单个螺栓所受的横向载荷(N); d_s——铰制孔螺栓剪切面直径(mm); δ——螺栓杆与孔壁挤压面的最小高度(mm); m——螺杆受切面的数目,m=被连接件数目-1; $[\tau]$——螺杆许用切应力(MPa),(见表 3-5); $[\sigma_p]$——螺杆或连接件的许用挤压应力(MPa),(见表 3-5)

续表

类型		结构图	强度校核
承受轴向载荷	普通螺栓	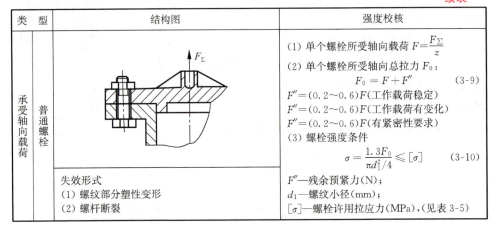	(1) 单个螺栓所受轴向载荷 $F=\dfrac{F_\Sigma}{z}$ (2) 单个螺栓所受轴向总拉力 F_0： $$F_0 = F + F'' \quad (3\text{-}9)$$ $F''=(0.2\sim0.6)F$(工作载荷稳定) $F''=(0.2\sim0.6)F$(工作载荷有变化) $F''=(0.2\sim0.6)F$(有紧密性要求) (3) 螺栓强度条件 $$\sigma = \dfrac{1.3F_0}{\pi d_1^2/4} \leqslant [\sigma] \quad (3\text{-}10)$$ F''—残余预紧力(N)； d_1—螺纹小径(mm)； $[\sigma]$—螺栓许用拉应力(MPa)，(见表3-5)
		失效形式 (1) 螺纹部分塑性变形 (2) 螺杆断裂	

当普通螺栓承受横向载荷时，单个螺栓所受的预紧力 F' 相当于8倍的横向外载荷，这样设计出的螺栓直径就较大。为避免这种缺陷，可以采用如图 3-9 所示的减载装置结构，利用键、套筒或销来承受横向工作的载荷，使得螺栓只用来保证连接，而不再承受工作载荷，从而使螺纹连接结构尺寸紧凑。

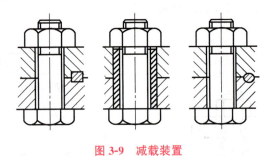

图 3-9 减载装置

3. 螺纹紧固件的材料与许用应力

1) 材料

螺纹紧固件的材料是多种多样的，以满足不同行业不同用途的需要。常用的有：Q215、Q235、10、35 和 45 钢，对于承受冲击、振动的，可以采用高强度材料，如 15Cr、40Cr、30CrMnSi 等，用作其他特殊用途的可以采用特殊材料，例如不锈钢等。螺纹连接件常用材料的力学性能见表3-4。

表3-4 螺纹连接件常用材料的力学性能　　　MPa

材料	抗拉强度 σ_b	屈服点 σ_s	疲劳极限	
			弯曲 σ_{-1}	抗拉 σ_b
Q235	410～470	240	170～220	120～160
35 钢	540	320	220～300	170～220
45 钢	610	360	220～340	190～250
40Cr	750～1 000	650～900	320～440	240～340

2）许用应力

螺纹连接件的许用应力与载荷性质、装配情况以及螺纹连接的材料、结构尺寸等因素有关。静载荷下的许用应力由表 3-5 确定，对于不控制预紧力的受拉紧螺栓连接的许用应力值需用试算法确定。

表 3-5 螺纹连接件在静载荷下的许用应力和安全系数

受载情况	许用应力	安全系数[S]					
受拉螺栓	$[\sigma]=\sigma_s/[S]$	松连接	1.2～1.7				
		紧连接	控制预紧力	1.2～1.5			
			不控制预紧力	材料	M6～M16	M16～M30	M30～M60
				碳钢	4～3	3～2	2～1.3
				合金钢	5～4	4～2.5	2.5
受剪螺栓	$[\tau]=\sigma_s/[S]$	剪切	2.5				
	$[\sigma_p]=\sigma_b/[S]$	挤压	钢:1～1.25 铸铁:2.0～2.5				

例 3-1 某钢制凸缘联轴器（图 3-10），用 6 个普通螺栓连接，不控制预紧力。已知螺栓均布在直径 $D=250$ mm 的圆上，联轴器传递的转矩 $T=800\,000$ N·mm。试确定螺栓的直径。

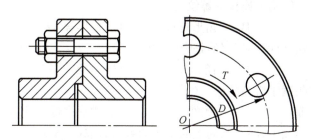

图 3-10 普通螺栓连接的凸缘联轴器

解题分析：此螺纹连接为承受横向载荷的普通螺栓连接，由表 3-3 中公式(3-5)求预紧力 F'、公式(3-6)求螺栓小径。

解：(1) 计算螺栓组所受的总圆周力 F_Σ：

$$F_\Sigma = \frac{2}{D}T = \frac{2\times 800\,000}{250} = 6\,400 \text{ N}$$

(2) 计算单个螺栓所受预紧力 F'：

$$F' = \frac{KF_\Sigma}{mz\mu} = \frac{1.2\times 6\,400}{1\times 6\times 0.15} = 8\,533 \text{ N}$$

(3) 计算螺栓小径。

① 选择螺栓材料。由表 3-4 选择螺栓材料为 Q235，屈服点 $\sigma_s=240$ MPa。

② 初定螺栓 M16。由表 3-5 查得 $[S]=3$，则 $[\sigma]=\sigma_s/[S]=240/3=80$ MPa。

③ 计算螺栓小径。$d_1 \geqslant \sqrt{\dfrac{5.2F'}{\pi[\sigma]}} = \sqrt{\dfrac{5.2 \times 8\,533}{\pi \times 80}} = 13.29\text{ mm}$

(4) 确定螺栓公称直径。由标准中查出粗牙螺纹小径大于 13.29 mm 的 $d_1 =$ 13.835 mm 对应的公称直径为 M16。与初定相符。

(5) 结论。需用螺栓为 M16。

自 测 题

一、判断题

1. 螺纹的公称直径指的是螺纹中径。　　　　　　　　　　　　　　　（　）
2. 细牙螺纹常用于薄壁零件和微调装置。　　　　　　　　　　　　　（　）
3. 自行车左右脚踏板都是右旋螺纹。　　　　　　　　　　　　　　　（　）
4. 双头螺柱连接多用于不经常拆卸的场合。　　　　　　　　　　　　（　）
5. 所有的螺栓连接都需要预紧。　　　　　　　　　　　　　　　　　（　）
6. 防松的实质就是防止螺纹副的相对运动。　　　　　　　　　　　　（　）

二、选择题

1. 机器中一般用于连接的螺纹是(　　)。
   A. 矩形螺纹　　　　B. 三角形螺纹　　　　C. 梯形螺纹
2. 在螺纹强度计算时,用的是螺纹的(　　)。
   A. 大径　　　　　　B. 中径　　　　　　　C. 小径
3. 下列哪些属于机械防松?(　　)
   A. 弹簧垫圈　　　　B. 对顶螺母　　　　　C. 槽形螺母+开口销
4. 为了便于加工,同一圆周上的螺栓的数目宜取(　　)。
   A. 偶数　　　　　　B. 奇数　　　　　　　C. 自然数

三、综合题

1. 在拆卸螺栓连接时,螺母锈死,如何处理?
2. 起重机吊钩的材料为 45 钢,其端部的螺纹为 M30,今吊起 1 t 重物,是否安全?(不考虑吊钩自重,安全系数取 1.5,M30 的螺纹小径为 $d_1 = 28.376$ mm)。

任务 2　键、销连接

活动情景

观察减速器或车床变速箱中齿轮与轴之间的结构。

任务要求

理解键的功能,会正确安装齿轮与轴;掌握键的分类和标准;能校核普通平键的强度。

任务引领

通过观察与讨论回答下列问题。
(1) 轴在转动的过程中,键起什么作用?
(2) 轴上各处所用键的形状有什么特征?为什么?

归纳总结

1. 键连接

通过实践可发现,当有键时,轴与齿轮可一起转动,而当把键撤掉后,轴与齿轮之间会产生相对滑动,这时,轴与齿轮互不固定,不能传递力矩。即键可以实现轴上零件与轴之间的周向固定并传递转矩,有的兼作轴上零件的轴向固定,还有的在轴上零件沿轴向移动时,起导向作用。通过操作还可以发现,键连接结构简单、装拆方便。

1) 键连接的类型和应用

键已标准化,按照结构特点和工作原理,键连接可以分为平键连接、半圆键连接、楔键连接和切向键连接等。

(1) 平键连接。图 3-11 所示为普通平键连接的结构。键的两侧面靠键与键槽侧面的挤压传递运动和转矩,键的顶面为非工作面,与轮毂键槽表面留有间隙。因此这种连接只能用于轴上零件的周向固定。平键连接结构简单,装拆方便,对中性好,故应用广泛。

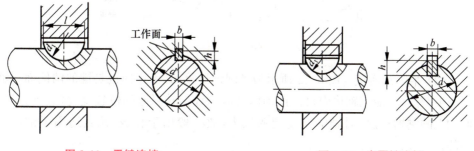

图 3-11　平键连接　　　　　　　　图 3-12　半圆键连接

平键按用途可分为普通平键、导向平键和滑键。

① 普通平键。普通平键用于静连接,按其端部形状不同分为圆头(A 型)、方头(B 型)及单圆头(C 型)三种。如图 3-13 所示,采用圆头平键时,轴上的键槽用指状铣刀加工而成,键在槽中固定较好,但键槽两端的应力集中较大,方头平键的键槽由盘铣刀加工而成,轴的应力集中较小。单圆头平键主要用于轴端。

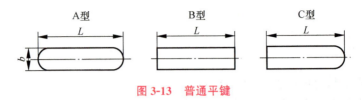

图 3-13 普通平键

② 导向平键和滑键。当轮毂在轴上需沿轴向移动而构成动连接时,可采用导向平键或滑键,如图 3-14 所示导向平键常用螺钉固定在轴上的键槽中,而轮毂可沿键作轴向滑动,如变速箱中的滑移齿轮等。

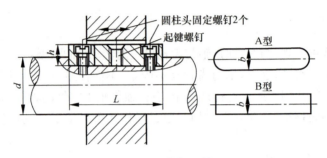

图 3-14 导向平键

当被连接件的滑移距离较大时,宜采用滑键,如图 3-15 所示。滑键固定在轮毂上,与轮毂同时在轴上的键槽中作轴向滑移。如车床中光杠与溜板箱中零件的连接。

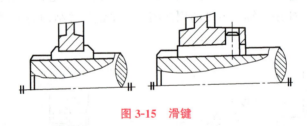

图 3-15 滑键

(2) 半圆键连接。图 3-12 所示为半圆键连接,其工作面也是键的两侧面。轴槽成半圆形,键能在轴槽内自由摆动以适应轴线偏转引起的位置变化,装拆方便。但轴上的键槽较深,对轴的强度削弱较大,故一般用于轻载,尤其适用于锥形轴端部。

(3) 楔键连接。楔键其上下表面为工作面,两侧面与轮毂槽侧有间隙。键的上表面和与之相配合的轮毂键槽底部表面,均具有 1∶100 的斜度,装配时将键打入轴与轴上零件之间的键槽内,使工作面上产生很大的挤压力。工作时靠接触面间的摩擦力来传递转矩。

楔键连接的对中性差,当受到冲击或载荷作用时,容易造成连接的松动。因此,楔键仅适用于要求不高,转速较低的场合,如农业机械和建筑机械中。

楔键分为普通楔键(图 3-16(a))和钩头楔键(图 3-16(b))。为便于拆卸,楔键最好用于轴端,钩头楔键应加装安全罩。

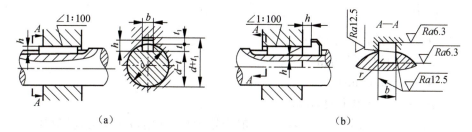

图 3-16 楔键连接
(a) 普通楔键连接;(b) 钩头楔键连接

(4) 切向键连接。切向键连接由两个楔键分别从轮毂的两端打入,其斜面相互贴合,共同楔紧在轴毂之间,即组成切向键连接,因切向键对轴的削弱较大,故仅用于速度小、轴径较大、对中要求不高的重型机械中。

2) 平键连接的选择和强度校核

键是标准件,通常用中碳钢 Q235、45 钢制造。平键连接的类型,应根据连接特点、使用要求和工作条件选定。

(1) 尺寸选择。平键的截面尺寸($b×h$)按轴的直径 d 由标准中选定(表 3-6),其中其键长度 L 略短于轮毂长 L_1,一般 $L=L_1-(5\sim10)$,从标准中选取。

表 3-6 平键连接键槽的剖面尺寸及公差(GB/T 1095—2003) mm

轴	键	键槽									
		宽度				深度				半径 r	
			极限偏差			轴 t		毂 t_1			
轴直径 d	键尺寸 $b×h$		松连接	正常连接		紧连接					
		公称尺寸	轴 H9	毂 D10	轴 N9	毂 Js9	轴和毂 P9	公称尺寸	极限偏差	公称尺寸	极限偏差	最大	最小
>22~30	8×7		+0.036 0	+0.098 +0.040	0 −0.036	±0.018	−0.015 −0.051	4.0		3.3		0.16	0.25
>30~38	10×8							5.0		3.3			
>38~44	12×8							5.0		3.3			
>44~50	14×9		+0.043 0	+0.120 +0.050	0 −0.043	±0.0215	−0.018 −0.061	5.5		3.8		0.25	0.40
>50~58	16×10							6.0	+0.20 0	4.3	+0.20 0		
>58~65	18×11							7.0		4.4			
>65~75	20×12							7.5		4.9			
>75~85	22×14		+0.052 0	+0.149 +0.065	0 −0.052	±0.026	−0.022 −0.074	9.0		5.4		0.40	0.60
>85~95	25×14							9.0		5.4			
>95~110	28×16							10.0		6.4			
L 系列	…32,36,40,45,50,56,63,70,80,90,100,110,125,140,160,180,200…												

(2) 强度校核。对于构成静连接的普通平键连接,其主要失效形式是工作面的压溃,通常只按工作面上的挤压应力进行强度校核计算。对于构成动连接的导向平键和滑键连接,其主要失效形式是工作面的过度磨损,通常只作耐磨性计算。

静连接 $$\sigma_p = \frac{4T}{dhl} \leqslant [\sigma_p] \tag{3-11}$$

动连接 $$p = \frac{4T}{dhl} \leqslant [p] \tag{3-12}$$

式中 T——传递的转矩(N·mm);

d——轴的直径(mm);

h——键高(mm);

l——键的工作长度(mm);

$[\sigma_p]$——键连接中较弱零件(一般为轮毂)的许用挤压应力,其值如表 3-7 所示;

$[p]$——键连接中较弱零件(一般为轮毂)的许用压强,其值如表 3-7 所示。

表 3-7 键连接的许用挤压应力$[\sigma_p]$　　　　　　　　　　MPa

许用挤压应力	连接工作方式	轮毂材料	载荷性质		
			静载荷	轻微冲击	冲击
$[\sigma_p]$	静连接	钢	120~150	100~120	60~90
		铸铁	70~80	50~60	30~45
$[p]$	动连接	钢	50	40	30

(3) 平键连接如验算强度不够时,可采取如下措施。

① 适当增加键和轮毂的长度。键的长度一般不应超过 2.5d,否则挤压应力沿键的长度方向分布将很不均匀。

② 在轴上相隔 180°配置两个普通平键。但强度验算时,只按 1.5 个平键计算。

例 3-2 如图 3-17 所示,某钢制输出轴与铸铁齿轮采用键连接,已知装齿轮处轴的直径 $d=45$ mm,齿轮轮毂长 $L_1=80$ mm,该轴传递的转矩 $T=240$ kN·mm,载荷有轻微冲击,试选用该键连接。

解:(1) 选择键连接的类型:为了保证齿轮传动啮合良好,要求轴毂对中性好,故选用 A 型普通平键连接。

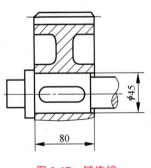

图 3-17 键连接

(2) 选择键的主要尺寸:按轴径 $d=45$ mm,由表 3-6 查得键宽 $b=14$ mm,键高 $h=9$ mm,键长 $L=80-(5\sim10)=(75\sim70)$ mm,取 $L=70$ mm。标记为:键 14×70GB/T 1096—2003。

(3) 校核键连接强度:由表 3-7 查得铸铁材料 $[\sigma_p]=50\sim60$ MPa,由公式(3-10)计算键连接的挤压强度:

$$\sigma_p = \frac{4T}{dhl} = \frac{4 \times 240\,000}{45 \times 9 \times (70-14)} = 42.33 \text{ MPa} < [\sigma_p]$$

所选键连接强度足够。

(4) 标注键连接公差：轴、毂公差的标注如图 3-18 所示。

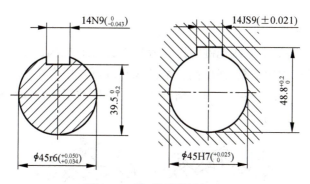

图 3-18　轴、毂公差的标注

2. 花键连接

花键连接由内花键和外花键组成。工作时靠键齿的侧面互相挤压传递转矩。在轴上加工出多个键齿称为外花键；在轮毂内孔上加工出多个键槽称为内花键，如图 3-19 所示。花键连接的优点是：键齿数多，承载能力强；键槽较浅，应力集中小，对轴和轮毂的强度削弱也小；键齿均布，受力均匀；轴上零件与轴的对中性好；导向性好。花键连接的缺点是需专门设备加工，成本较高。因此，花键连接用于载荷较大和定心精度要求高的动连接或静连接。

外花键可用成形铣刀或滚刀加工；内花键可以拉削或插削而成。有时为了增加花键表面的硬度以减少磨损，内、外花键还要经过热处理及磨削加工。

花键连接已标准化，按齿形的不同，分为矩形花键和渐开线花键。

1) 矩形花键

如图 3-20 所示，矩形花键的齿廓为直线，齿的宽度为 b，外径为 D，内径为 d，齿数为 z，标记为：$z\text{-}D\times d\times b$ GB/T 1144—1987。按键数和键高的不同，矩形花键分轻、中两个系列。对载荷较轻的静连接，可选用轻系列；载荷较大的静连接或动连接可选用中系列。

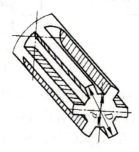
图 3-19　花键连接

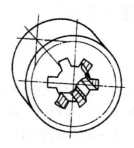
图 3-20　矩形花键连接

矩形花键连接通常采用小径定心,这种方式可采用热处理后磨内花键孔的工艺,从而提高定心精度,并在单件生产或花键孔直径较大时避免使用拉刀,以降低制造成本。

2）渐开线花键

如图 3-21 所示,渐开线花键的齿廓为渐开线,工作时齿面上有径向力,起自动定心作用,使各齿均匀承载,强度高。渐开线花键可以用齿轮加工设备制造,工艺性好,加工精度高,互换性好。因此渐开线花键连接常用于传递载荷较大、轴径较大、大批量及重要的场合。

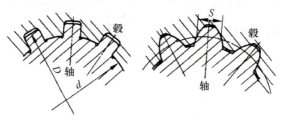

图 3-21　渐开线花键连接

渐开线花键的标准压力角有 30°和 45°两种,前者用于重载和尺寸较大的连接,后者用于轻载和小直径的静连接,特别适用于薄壁零件的连接。

3. 销连接

销是一种常用的连接。根据销连接的用途,销可分为连接销、定位销、安全销等类型,连接销主要用于零件之间的连接,并且可以传递不大的载荷或转矩(见图 3-22);定位销主要用于固定机器或部件上零件的相对位置,通常用圆锥销作定位销(见图 3-23);安全销主要用作安全装置中的剪切元件,起过载保护作用(见图 3-24)

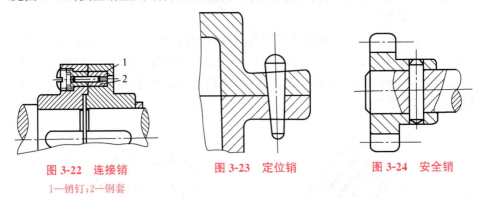

图 3-22　连接销　　　　　图 3-23　定位销　　　　　图 3-24　安全销

1—销钉;2—钢套

按照销的形状,销可以分为圆柱销、圆锥销和开口销等类型。圆柱销利用微小过盈固定在铰制孔中,可以承受不大的载荷。如果多次拆装,过盈量减小,将会降低连接的紧密性和定位的精确性。普通圆柱销有 A、B、C、D 四种配合型号,以满足不同的使用要求。

圆锥销具有1∶50的锥度,安装方便,定位可靠,多次装拆对定位精度的影响较小,应用较为广泛。它有A、B两种型号,A型精度高。圆锥销的上端和尾部可以根据使用要求不同,制造出不同的形状,圆锥销的小头直径为标准值。开口销是标准件,常用于连接的防松,它具有结构简单、装拆方便等特点。

自 测 题

一、判断题

1. 键连接的主要用途是使轴与轮毂之间有确定的相对运动。（　）
2. 平键中,导向键连接适用于轮毂滑移距离不大的场合,滑键连接适用于轮毂滑移距离较大的场合。（　）
3. 设计键连接时,键的截面尺寸通常根据传递转矩的大小来确定。（　）
4. 由于花键连接较平键连接的承载能力高,因此花键连接主要用于载荷较大的场合。（　）
5. 普通平键的工作表面是键的侧面。（　）

二、选择题

1. 普通平键连接的主要失效形式是(　　)。
　A. 工作面疲劳点蚀　　　B. 工作面挤压破坏　　　C. 压缩破裂
2. 在轴的顶部加工C型键槽,一般常用方法是(　　)。
　A. 用盘铣刀铣削　　　B. 在插床上用插刀加工　　　C. 用端铣刀铣削
3. 平键连接的主要优点是(　　)。
　A. 对中性好　　　B. 强度高　　　C. 不易磨损
4. 不能经常装拆的销是(　　)。
　A. 开口销　　　B. 圆锥销　　　C. 圆柱销

三、综合题

题三图所示轴头安装钢制直齿圆柱齿轮,工作时有轻微冲击,试确定键的尺寸及传递的最大转矩。

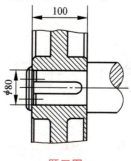

题三图

任务3 联轴器、离合器和制动器

活动情景

拆装一台凸缘联轴器,观察冲压机的工作过程。

任务要求

掌握几种常用联轴器、离合器和制动器特点及使用。

任务引领

通过观察与讨论回答下列问题。
(1) 联轴器、离合器和制动器有什么功能？它们是如何实现其功能的？
(2) 如何选用不同类型的联轴器、离合器和制动器？

归纳总结

联轴器和离合器主要用于连接两轴,使两轴共同回转以传递运动和转矩。用联轴器连接的两根轴在机器运转时不能分开,只有在机器停止运转后,通过拆卸才能分离。而离合器在机器运转时,可通过操纵机构随时能使两轴(或两回转件)接合或分离。制动器是用来迫使机器迅速停止运转或降低机器运转速度的机械装置。

联轴器、离合器和制动器类型很多,已经标准化和系列化。

1. 联轴器

联轴器连接的两轴,由于制造和安装等误差将引起两轴线位置的偏移,不能严格对中。其两轴的偏移形式如图 3-25 所示。

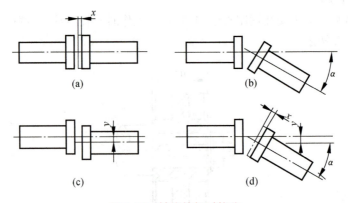

图 3-25 轴线的相对偏移

(a)轴向位移 x；(b)偏角位移 α；(c)径向位移 y；(d)综合位移 x,y,α

联轴器分为两类,一类是刚性联轴器,用于两轴对中严格,且在工作时不发生轴线偏移的场合。另一类是挠性联轴器,用于两轴有一定限度的轴线偏移场合。挠性联轴器又可分为无弹性元件联轴器和弹性联轴器。

1) 刚性联轴器

(1) 套筒联轴器。如图3-26所示,套筒联轴器利用套筒将两轴套接,然后用键(图3-26(a))或销(图3-26(b))将套筒和轴连接。这种联轴器结构简单,制造容易,径向尺寸小,但两轴线要求严格对中,装拆时必须做轴向移动。适用于工作平稳、启动频繁的传动中。可根据不同轴径自行设计制造,在仪器中应用较广。

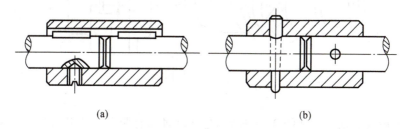

图3-26 套筒联轴器

(2) 凸缘联轴器。如图3-27所示,凸缘联轴器由两个带凸缘的半联轴器和一组螺栓组成,半联轴器与轴用键连接。凸缘联轴器有两种对中方式:一种是用两半联轴器上的凸肩和凹槽相互嵌合来对中,用普通螺栓连接紧固,装拆时轴需做轴向移动(图3-27(a))。另一种是通过铰制孔用螺栓与孔的紧密合对中。当尺寸相同时后者传递的转矩较大,且装拆时轴不必做轴向移动(图3-27(b))。这种联轴器结构简单,价格低廉,能传递较大的转矩,但不具有位移补偿功能。由于不能补偿两轴线的相对位移,也不能缓冲减振,故只适用于两轴能严格对中、载荷平稳的场合,即对被连接的两轴对中性要求高。

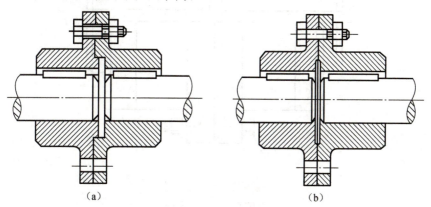

图3-27 凸缘联轴器
(a) 装拆时轴需做轴向移动;(b) 装拆时轴不必做轴向移动

2）无弹性元件联轴器

（1）十字滑块联轴器。如图 3-28 所示，十字滑块联轴器由两个具有径向通槽的半联轴器和一个具有相互垂直凸榫的十字滑块组成。凸榫与凹槽相互嵌合能做相对移动，故可补偿两轴径向偏移。其结构简单，径向尺寸小，适用于两轴径向偏移较大、低速无冲击的场合。

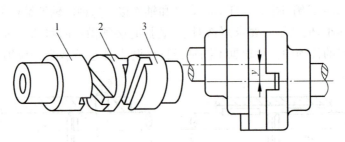

图 3-28　十字滑块联轴器
1,3—半联轴器；2—中间圆盘

（2）齿式联轴器。如图 3-29 所示，齿式联轴器有两个带外齿的轮毂 1、4，分别与主、从动轴相连接，两个带内齿的凸缘 2、3 用螺栓紧固，利用内外齿啮合以实现两轴连接。其外廓尺寸紧凑、传递转矩大，可补偿综合偏移，但成本较高，适用于高速、重载、启动频繁和经常正反转的场合。

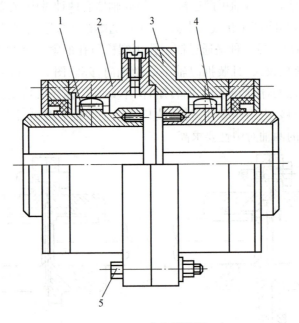

图 3-29　齿式联轴器
1,4—半内套筒；2,3—凸缘外壳；5—螺栓

（3）万向联轴器。如图 3-30 所示，万向联轴器由两个叉形接头 1、3 和十字轴

2组成。利用叉形接头与十字轴之间构成的转动副,使被连接的两轴线能成任意角度,一般可达 35°～45°,且将两个万向联轴器成对使用。

万向联轴器结构紧凑,维护方便,能传递较大转矩,广泛应用于汽车、拖拉机和金属切削机床中。

3) 弹性联轴器

常用的弹性联轴器有:弹性套柱销联轴器、弹性柱销联轴器。

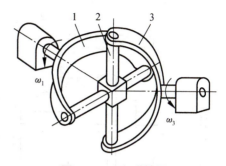

图 3-30 万向联轴器

1,3—叉形接头;2—十字轴

(1) 弹性套柱销联轴器。弹性套柱销联轴器如图 3-31 所示,构造与凸缘联轴器相似,只是用套有弹性套的柱销代替了连接螺栓,利用弹性套的弹性变形来补偿两轴的相对位移。

弹性套柱销联轴器结构简单,拆卸方便,成本低,但弹性套易损坏,故适用于载荷平稳、启动频繁的中小功率传动。

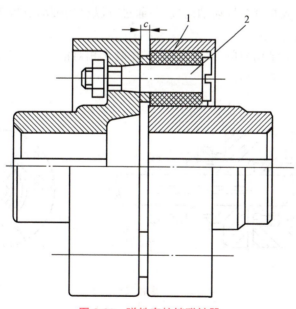

图 3-31 弹性套柱销联轴器

1—弹性圈;2—柱销

(2) 弹性柱销联轴器。弹性柱销联轴器如图 3-32 所示,是用尼龙柱销将两个半联轴器联结起来。与弹性套柱销联轴器比较,其特点:弹性柱销联轴器利用弹性柱销,如尼龙柱销,将两半联轴器连接在一起,柱销形状一端为柱形,另一端制成腰鼓形,以增大角度位移的补偿能力。这种联轴器适用于启动及换向频繁,转矩较大的中、低速轴的连接。

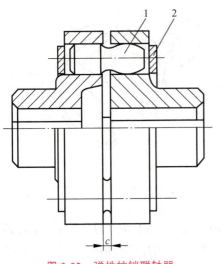

图 3-32　弹性柱销联轴器
1—尼龙柱销；2—挡板

2. 离合器

1) 功用及要求

可根据需要方便地使两轴接合或分离，以满足机器变速、换向、空载启动、过载保护等方面的要求。

对离合器的基本要求是：接合平稳、分离迅速；工作可靠，操纵灵活、省力；调节和维护方便。

2) 分类

按离合器的工作原理，可分为嵌合式离合器、摩擦式离合器。

(1) 嵌合式离合器。如图 3-33 所示，由两个端面上有牙的半离合器 1、2 组成，其牙型有：三角形、梯形、锯齿形、矩形。一个半离合器固定在主动轴上，另一个半离合器用导向键或花键与从动轴连接，并通过操纵机构带动滑环 3 使其做轴向移动，从而起到离合作用。

嵌合式离合器结构简单，尺寸较小，工作时无相对滑动，但应在两轴不转动或转速差很小时结合或分离。

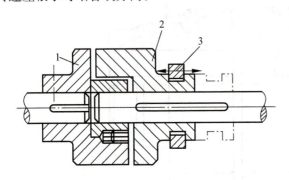
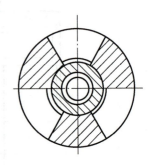

图 3-33　嵌合式离合器
1,2—半离合器；3—滑环

(2) 摩擦式离合器。摩擦式离合器可分为单盘式、多盘式和圆锥式三类，这里只简单介绍前两种。

摩擦式离合器是靠摩擦盘接触面间产生的摩擦力来传递转矩的。摩擦式离合器可在任何转速下实现两轴的接合和分离；接合过程平稳。冲击振动较小；有过载保护作用。但尺寸较大，在接合或分离过程中要产生滑动摩擦，故发热量大，磨损较大。

① 单盘式摩擦离合器。图 3-34 为单盘式摩擦离合器的工作原理图。在主动轴 5 和从动轴 4 上分别安装了摩擦盘 1、2,操纵环 3 可以使摩擦盘沿轴向移动。接合时将从动盘压在主动盘上,主动轴上的转矩即由两盘接触面间产生的摩擦力矩传到从动轴上。

② 多盘式摩擦离合器。如图 3-35 所示,多盘式摩擦离合器是由外摩擦片 4、内摩擦片 5 和主动轴套筒 2、从动轴套筒 9 组成。主动轴套筒用平键(或花键)安装在主动轴 1 上,从动轴套筒与从动轴 10 之间为动连接。当操纵杆拨动滑环 7 向左移动时,通过安装在从动轴套筒上的压杆 8 的作用,使内、外摩擦盘压紧并产生摩擦力,使主、从动轴一起转动;当滑环向右移动时,则使两组摩擦片放松,从而主、从动轴分离。压紧力的大小可通过从动轴套筒上的调节螺母 6 来控制。

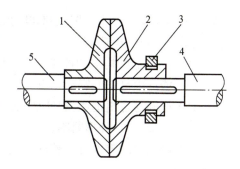

图 3-34 摩擦式离合器

1,2—半离合器;3—滑环;4—从动轴;5—主动轴

摩擦片的形状见图 3-36(a)、(b)和(c)。碟形摩擦片在离合器分离时能借助其弹性自动恢复原状,有利于内、外摩擦片快速分离。

多盘式离合器的优点是径向尺寸小而承载能力大,连接平稳,因此适用的载荷范围大,应用较广。其缺点是盘数多,结构复杂,离合动作缓慢,发热、磨损严重。

摩擦离合器与嵌合式离合器相比较,它的传动平稳,连接不受转速的限制,可以保护机械不致因过载而损坏,应用广泛。

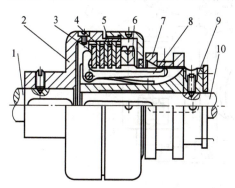

图 3-35 多盘式摩擦离合器

1—主动轴;2—主动轴套筒;3—压板;4—外摩擦片;5—内摩擦片;6—调节螺母;7—滑环;8—压杆;9—从动轴套筒;10—从动轴

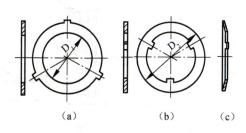

图 3-36 多盘式摩擦离合器的摩擦片形状

(a) 外片;(b) 平板形内片;(c) 碟形内片

3. 制动器

1) 制动器的功用和类型

制动器一般是利用摩擦力来降低物体的速度或停止其运动的。按制动零件的

结构特征,制动器分为摩擦式和非摩擦式两大类,摩擦式应用很普遍。操纵方式有机械、液压、气压、电磁等。

各种制动器的构造和性能必须满足以下要求。

(1) 能产生足够的制动力矩。

(2) 松闸与合闸迅速,制动平稳。

(3) 构造简单,外形紧凑。

(4) 制动器的零件有足够的强度和刚度,而制动器摩擦带要有较高的耐磨性和耐热性。

(5) 调整和维修方便。

2) 几种典型的制动器

(1) 外抱块式制动器。外抱块式制动器(块式制动器)分为常闭式和常开式。常闭式外抱块式制动器(图3-37)的工作过程是:通电时松闸,断电制动时,主弹簧3通过制动臂4使闸瓦块2压紧在制动轮1上,使制动器经常处于闭合(制动)状态。当松闸器6通入电流时,利用电磁作用把顶柱顶起,通过推杆5推动制动臂4,使闸瓦块2与制动器松脱。闸瓦块磨损时可调节推杆5的长度进行补偿。这种制动器性能可靠,比较安全,因此常用于起重运输机械。

常开式外抱块式制动器的工作过程是:通电时制动,断电时松闸。常用于车辆的制动,如汽车防抱死制动系统(简称 ABS)。

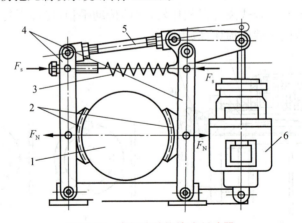

图3-37 常闭式外抱块式制动器
1—制动轮;2—闸瓦块;3—主弹簧;4—制动臂;5—推杆;6—松闸器

电磁外抱式制动器制动和开启迅速,尺寸小,质量轻,易于调整瓦块间隙,更换瓦块和电磁铁也很方便。但制动时冲击大,电能消耗也大,不宜用于制动力矩大和需要频繁启动的场合。

电磁外抱式制动器已有标准,可按标准规定的方法选用。

(2) 内涨蹄式制动器。图3-38所示为内涨蹄式制动器工作简图。制动蹄2和7的外表面装有摩擦片3,并分别通过销轴1和8与机架铰接,制动轮毂6与需制动的轴固联。当压力油进入双向作用的泵4后,推动左右两个活塞,克服弹簧5的作用使制动蹄2、7压紧制动轮毂6,从而使制动轮(或轴)制动。油路卸压后,弹簧5的拉力使两制动蹄与制动轮分离而松闸。这种制动器结构紧凑,制动力矩大,广泛应用于各种车辆以及结构尺寸受限制的机械中。

(3) 带式制动器。图3-39是由杠杆控制的带式制动器。钢带环绕在被制动的轮轴上,制动力 F_Q 通过杠杆放大后使钢带张紧从而实现制动。这种制动器构造简单,制动转矩大,但散热差,制动带磨损不均匀,常用于中、小载荷的起重运输机械、车辆、一般机械及人力操纵的机械中。

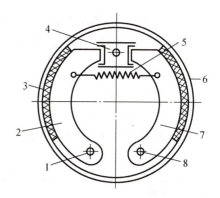

图3-38　内涨蹄式制动器
1、8—销轴;2、7—制动蹄;3—摩擦片；
4—泵;5—弹簧;6—制动轮毂

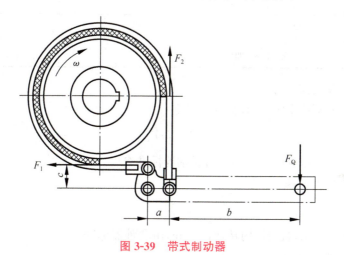

图3-39　带式制动器

知识拓展

1. 联轴器类型的选择

根据工作载荷的大小和性质、转速高低、两轴相对偏移的大小及形式、环境状况,兼顾使用寿命、装拆、维护和经济性等方面的因素,选择合适的类型。例如,载荷平稳、转速恒定、低速的场合,刚性大的轴,可选用刚性联轴器;刚性小的长轴,可选用无弹性元件的挠性联轴器。载荷多变、高速回转、频繁启动、经常反转和两轴不能保证严格对中的场合,可选用弹性元件的挠性联轴器。

2. 联轴器型号的确定

根据计算转矩、轴伸直径和工作转速,确定联轴器的型号及相关尺寸。

1) 计算联轴器的计算转矩

联轴器的计算转矩可按下式计算

$$T_c = KT \tag{3-13}$$

式中 T——名义转矩(N·m);

T_c——计算转矩(N·m);

K——工作情况系数,见表3-8。

表 3-8 联轴器工作情况系数

原动机	工作机类型	K
电动机	带式运输机、鼓风机、连续运动的金属切削机床 螺旋输送机、链板运输机、离心泵、木工机械 往复运动的金属切削机床 往复式泵、活塞式压缩机、球磨机、破碎机、冲剪机 升降机、起重机、轧钢机	1.25~1.50 1.50~2.00 1.50~2.50 2.00~3.00 3.00~4.00
汽轮机	发电机、离心泵、鼓风机	1.20~1.50
往复式发动机	发电机 离心泵 往复式工作机(如压缩机、泵)	1.50~2.00 3.00~4.00 4.00~5.00

2) 初选联轴器型号

根据计算转矩,初选联轴器型号应使

$$T_c \leqslant T_n \tag{3-14}$$

式中 T_n——公称转矩(N·m),由联轴器标准查出。

3) 校核最大转速

$$n \leqslant [n] \tag{3-15}$$

式中 $[n]$——联轴器的许用转速(r/mm)由联轴器标准查出。

4) 检查轴孔直径

所选联轴器型号的孔径应含被连接的两轴端直径,否则应重选联轴器型号,直到同时满足上述三个条件。

例 3-3:某起重机用电动机与圆柱齿轮减速器相联。已知电机的输出功率 $P=10\,kW$,转速 $n=960\,r/mm$,输出轴直径为 42 mm,输出轴长为 112 mm,减速器输入轴直径为 45 mm,长为 112 mm,试选择电动机与减速器之间的联轴器。

解:(1) 类型选择:因考虑启动、频繁制动,并且正、反转,选用弹性柱销联轴器。

(2) 型号选择:

名义转矩:$T = 9\,550\,\dfrac{P}{n} = 9\,550 \times \dfrac{10}{960} = 99.48\,\text{N·m}$

取 $K = 3.00$

计算转矩:$T_c = KT = 3.00 \times 99.48 = 298.44\,\text{N·m}$

联轴器型号由表3-9查得 LH3 $\dfrac{YA42\times112}{YA45\times112}$

许用转矩　　$T_n=630\text{ N}\cdot\text{m}$　　　$T_c\leqslant T_n$

许用转速　　$[n]=5\,000\text{ r/mm}$　　　$n\leqslant[n]$

轴孔范围　　$30\sim 48\text{ mm}$ 包括 42、45。

表3-9　LH型弹性柱销联轴器的部分基本参数和主要尺寸

型号	公称转矩 $T_n/\text{N}\cdot\text{m}$	许用转速$[n]$ /r·mm^{-1} 钢	许用转速$[n]$ /r·mm^{-1} 铁	轴孔直径 d_1、d_2、d_z	轴孔长度 Y型 L	轴孔长度 J、J$_1$、Z型 L_1	轴孔长度 J、J$_1$、Z型 L
LH1	160	7 100	7 100	12、14	32	27	32
				16、18、19	42	30	42
				20、22、(24)	52	38	52
LH2	315	5 600	5 600	20、22、24	52	38	52
				25、28	62	44	62
				30、32、(35)	82	60	82
LH3	630	5 000	5 000	30、32、35、38	82	60	82
				40、42、(45)、(48)	112	84	112
LH4	1250	4 000	2 800	40、42、45、48、50、55、56	112	84	112
				(60)、(63)	142	107	142
LH5	2000	3 550	2 500	50、55、56、60、63、65、70、(71)、(75)	142	107	142
LH6	3150	2 800	2 100	60、63、65、70、71、75、80	142	107	142
				(85)	172	132	172

自　测　题

一、判断题

1. 联轴器和离合器的主要区别是：联轴器靠啮合传动，离合器靠摩擦传动。
　　　　　　　　　　　　　　　　　　　　　　　　　　　　　　　（　　）

2. 套筒联轴器主要适用于径向安装尺寸受限并要求严格对中的场合。
　　　　　　　　　　　　　　　　　　　　　　　　　　　　　　　（　　）

3. 若两轴刚性较好，且安装时能精确对中，可选用刚性凸缘联轴器。（　　）

4. 齿轮联轴器的特点是有齿顶间隙，能吸收振动。（　　）

5. 工作中有冲击、振动，两轴不能严格对中时，宜选用弹性联轴器。（　　）

6. 弹性柱销联轴器允许两轴有较大的角度位移。（　　）

7. 要求某机器的两轴在任何转速下都能接合和分离，应选用牙嵌离合器。
　　　　　　　　　　　　　　　　　　　　　　　　　　　　　　　（　　）

8. 对于多盘摩擦式离合器，当压紧力和摩擦片直径一定时，摩擦片越多，传递转矩的能力越大。（　　）

二、选择题

1. 十字滑块联轴器主要适用(　　)。
A. 转速不高、有剧烈的冲击载荷、两轴线又有较大相对径向位移的连接的场合
B. 转速不高、没有剧烈的冲击载荷、两轴线有较大相对径向位移的连接的场合
C. 转速较高、载荷平稳且两轴严格对中的场合

2. 牙嵌离合器适用于(　　)。
A. 只能在很低转速或停车时接合　　B. 任何转速下都能接合
C. 高速转动时接合

3. 刚性联轴器和弹性联轴器的主要区别是(　　)。
A. 弹性联轴器内有弹性元件,而刚性联轴器内没有
B. 弹性联轴器能补偿两轴较大的偏移,而刚性联轴器不能补偿
C. 弹性联轴器过载时打滑,而刚性联轴器不能

4. 生产实践中,一般电动机与减速器的高速级的连接常选用(　　)。
A. 凸缘联轴器　　B. 十字滑块联轴器　　C. 弹性同柱销联轴器

三、设计计算题

离心式泵与电动机用凸缘联轴器相联。已知电动机功率 $P=22\text{ kW}$,转速 $n=1\ 470\text{ r/min}$,轴的外伸直径 $d_1=48\text{ mm}$。泵轴的外伸端直径 $d_2=42\text{ mm}$。试选择联轴器的型号。

任务4　弹性连接

活动情景

观察火车、汽车上车厢与车轮轴连接处的弹簧或自行车坐垫下的弹簧、机械式钟表中的发条弹簧等。

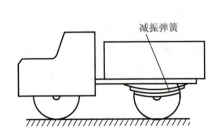

减振弹簧

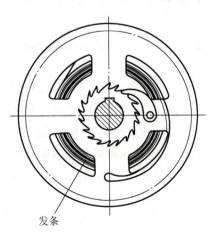

发条

任务要求

(1) 总结不同类型弹簧的功用。
(2) 掌握圆柱形螺旋弹簧的结构、参数和计算方法。

任务引领

通过观察与讨论回答以下问题。
(1) 弹簧秤下悬挂的物体重量,如果超出其承载范围会出现什么情况?
(2) 结合日常生活:举出什么地方用的是拉伸弹簧?什么地方用的是压缩弹簧?
(3) 圆柱形螺旋弹簧的尺寸是如何确定的?

归纳总结

1. 弹性连接的功用和类型

通过操作和使用各种弹簧发现:仪表中不同形状的簧片、膜片等受载即变形,卸载便恢复原有形状和尺寸。我们把这类特性的元件称为弹性零件。依靠弹性零件实现被连接件在有限相对运动时仍保持固定联系的动连接,称为弹性连接。弹性连接广泛用于各种机器、仪表及日常用品中。

1) 弹性连接的功用
(1) 缓冲减振。如各种车辆上的悬挂弹簧所构成的连接。
(2) 控制运动。如内燃机中的进排气阀门弹簧连接。
(3) 储能输能。如机械式钟表中的发条弹簧所构成的弹性连接。
(4) 测量载荷。如弹簧秤、测力器中的弹簧所构成的弹性连接。
(5) 保持两零件接触。如仪表中接头处的弹片所构成的弹性连接。

2) 弹簧的类型

弹簧的类型很多,表 3-10 列出了常用类型弹簧特性和应用。

表 3-10 弹簧的主要类型和特点

类型		承载	简图	特点及应用
螺旋弹簧	圆柱形	压缩	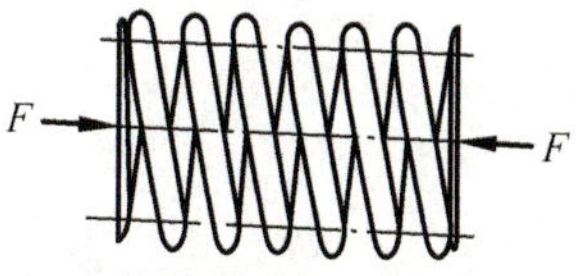 $F \longrightarrow \longleftarrow F$	结构简单,制造方便,应用最广
		拉伸	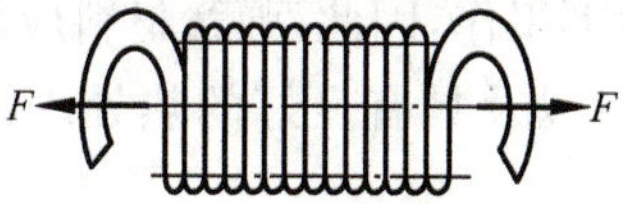 $F \longleftarrow \longrightarrow F$	

续表

类型		承载	简图	特点及应用
螺旋弹簧	圆柱形	扭转	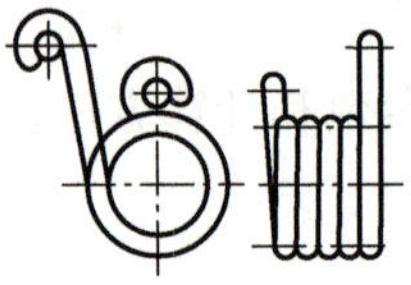	主要用于各种装置中的压紧和储能
	圆锥形	压缩	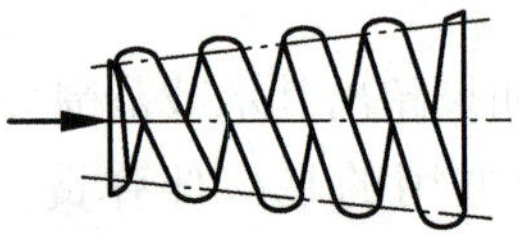	结构紧凑,稳定性好,防振性较好,多用于承受大载荷和减振的场合
碟形弹簧		压缩	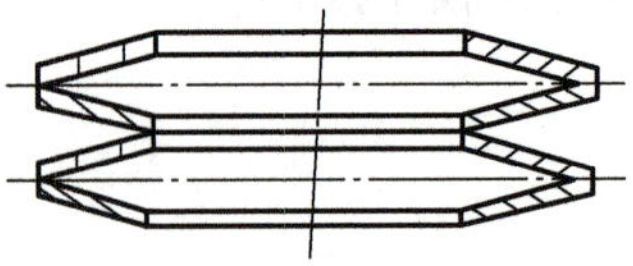	缓冲及减振能力强,多用于中型车辆的缓冲和减振装置、车辆牵引钩和压力安全阀等
环形弹簧		压缩		具有很强的缓冲和吸振能力,常用于重型设备(如机车、锻压设备)的缓冲装置
蜗卷弹簧		扭转	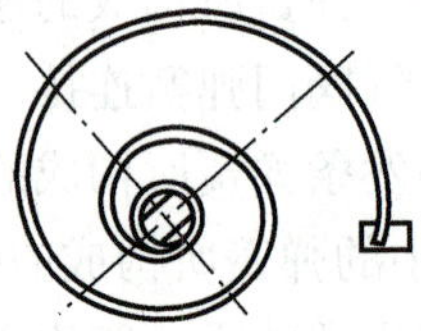	圈数多,变形角大,能储存较大的能量,常用作仪表、钟表中的储能弹簧
板弹簧		弯曲	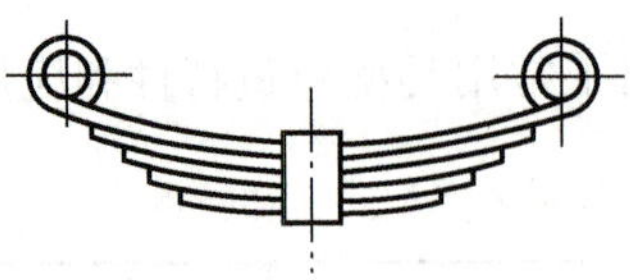	具有良好的缓冲和减振性能,主要用于车辆(汽车、拖拉机)的悬挂装置

2. 弹簧的材料与制作

1) 弹簧的材料

弹簧一般在变载荷和冲击载荷下工作,因此,弹簧材料应具有高的弹性极限和疲劳极限、足够的冲击韧性和塑性;以及具有良好的热处理性能,不易脱碳,便于卷绕。

弹簧常用的材料主要是热轧和冷拉弹簧钢,也有非金属的橡胶、塑料、软木等。热轧钢以圆钢、扁钢、钢板等形式供应,其尺寸公差较大,表面质量较差,常用于截面尺寸较大的重型弹簧,如:65Mn、60Si2MnA、50CrVA 等牌号。冷拉钢以钢丝、钢带等形式供应,其尺寸公差较小,表面质量和力学性能好,应用广泛。其中碳素弹簧钢丝是优选材料,其强度高成本低,但淬透性差,适用于制作小弹簧,常用的有 25～80 钢,40Mn～70Mn 等牌号,分 B、C、D 三个等级,分别用于低、中、高应力弹簧。

合金弹簧钢丝的淬透性和回火稳定性都好,普通机械的较大弹簧选用 60Si2MnA 等硅锰钢。抗疲劳、抗冲击选用 50CrVA 等铬钒钢;有防腐要求的选用 1Cr18Ni9Ti 等不锈钢丝;有防腐、防磨、防磁要求的选用硅青铜线 QSi3-1 等弹簧材料。

2) 弹簧的制作

弹簧的制作过程为:卷制→端部加工→热处理→工艺试验→强压处理或喷丸处理→表面保护处理(涂漆或镀锌)。

(1) 卷制。小批量单件生产时,一般在卧式车床上进行,大批量生产时,则在自动卷簧机上进行。卷制分冷卷和热卷两种,冷卷多用于簧丝直径 $d \leqslant 8 \sim 10$ mm,用冷拉碳素钢丝在常温下卷成,热卷多用于弹簧丝直径 $d \geqslant 8$ mm,且在 800 ℃～1 000 ℃进行。

(2) 端部加工。大多数压缩弹簧两端各有 3/4～5/4 并紧磨平,拉伸弹簧则制成钩环。

(3) 热处理。冷卷后低温回火消除内应力,热卷后淬火加回火处理。

(4) 工艺试验。检验弹簧热处理效果和材料缺陷。

(5) 强压处理或喷丸处理。提高弹簧承载能力或疲劳强度。

3. 圆柱形螺旋弹簧的结构、参数及尺寸

1) 弹簧的端部结构

圆柱形螺旋弹簧包括压缩弹簧和拉伸弹簧两种。

(1) 圆柱形压缩螺旋弹簧。圆柱形螺旋弹簧的端部结构形式很多,如图 3-40 所示 YⅠ型端部并紧磨平,两支承端面与弹簧的轴线垂直,弹簧受压时不致歪斜,适用于重要场合,YⅡ型端部并紧不磨平,适用于不重要场合。

(2) 圆柱形拉伸螺旋弹簧。拉伸弹簧的端部制有挂钩,以便安装和加载,如图 3-41 所示,LⅠ和 LⅡ型制作方便,应用广

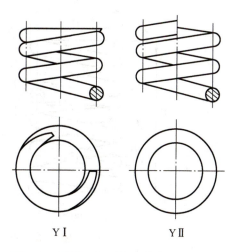

图 3-40 圆柱形压缩螺旋弹簧的端部结构

泛,常用于弹簧丝直径 $d \leqslant 10$ mm 的不重要场合。LⅦ和LⅧ型挂钩受力情况较好,因挂钩可转向而便于安装,但制造成本较高,对受力较大的重要弹簧,多采用LⅦ。

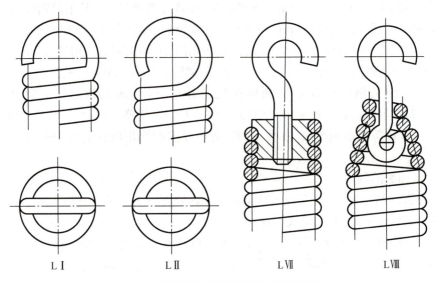

图 3-41　圆柱形拉伸螺旋弹簧的端部结构

2) 弹簧的主要参数

如图 3-42 所示,圆柱螺旋弹簧的主要参数:弹簧丝直径 d,弹簧圈外径 D_2、内径 D_1、中径 D、节距 t、螺旋升角 α、有效工作圈数 n、自由高度 H_0 和螺旋比 C。其中,螺绕比 $C=\dfrac{D}{d}$,它是弹簧的一个重要参数。当 d 一定时,C 越小,弹簧就越硬,制造时簧丝卷绕越困难;C 越大,弹簧就越软,承载能力也越小。故 C 值一般取 4～14,其荐用值见表 3-11。

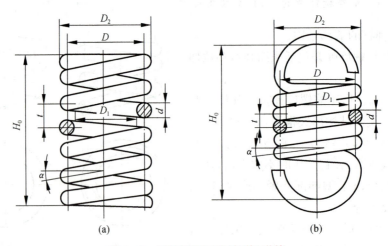

图 3-42　圆柱螺旋压缩(拉伸)弹簧
(a)圆柱螺旋压缩弹簧;(b)圆柱螺旋拉伸弹簧

表 3-11 弹簧螺旋比 C 的常用值

弹簧丝直径 d/mm	0.2~0.4	0.5~1.0	1.1~2.2	2.5~6.0	7.0~16	≥18
C	7~14	5~12	5~10	4~9	4~8	4~6

3) 几何尺寸

圆柱螺旋弹簧的几何尺寸计算公式见表 3-12,弹簧曲度系数及旋绕比见表 3-13。

表 3-12 圆柱螺旋弹簧的几何尺寸计算公式

名　称	压缩弹簧	拉伸弹簧
弹簧丝直径 d	$d \geqslant 1.6\sqrt{\dfrac{KF_2C}{[\tau]}}$	F_2:弹簧的最大工作载荷(N); K:弹簧的曲度系数,查表 3-13;C 为螺旋比
中径 D	\multicolumn{2}{c}{$D=Cd$}
内径 D_1	\multicolumn{2}{c}{$D_1=D-d$}
弹簧圈外径 D_2	\multicolumn{2}{c}{$D_2=D+d$}
有效工作圈数 n	$n=\dfrac{Gd}{8kC^3}$	G:弹簧材料的切变模量(MPa);k:弹簧的刚度(N/mm),$k=\dfrac{F}{\lambda}$, 其中 λ 为在载荷 F 作用下相应的变形量
支承圈数 n_2	$n_2=1.5\sim3.5$	$n_2=0$
总圈数 n_1	$n_1=n+n_2$	$n_1=n$
节距 t	$t=(0.28\sim0.5)D$	$t=d$
螺旋升角 α	\multicolumn{2}{c}{$\alpha=\arctan\dfrac{t}{\pi D_2}$}
自由高度 H_0	$H_0=nt+(n_2-0.5)d$	LⅠ型: $H_0=(n+1)d+D_1$ LⅡ型: $H_0=(n+1)d+2D_1$
簧丝展开长度 L	$L=\dfrac{\pi Dn_1}{\cos\alpha}$	$L\approx\pi Dn$

表 3-13 弹簧曲度系数及旋绕比

C	4.0	4.5	5.0	5.5	6.0	6.5	7.0	7.5	8.0	8.5	9.0	10	12	14
K	1.40	1.35	1.31	1.28	1.25	1.23	1.21	1.20	1.18	1.17	1.16	1.14	1.12	1.10

自 测 题

一、多项选择题

1. 弹性连接的主要功用是(　　)。
   A. 缓冲减振　　　　B. 储能输能　　　　C. 控制运动
2. 机械钟表中用于储能的弹簧是(　　)。
   A. 圆柱螺旋弹簧　　B. 板弹簧　　　　　C. 蜗卷弹簧

3. 下列材料中,常用于制造弹簧的是(　　)。
A. 45 钢　　　　　B. 65Mn　　　　　C. 50CrVA

4. 当弹簧丝直径小于 8~10 mm 时,常采用(　　)。
A. 冷卷法　　　　B. 热卷法　　　　C. 低温回火

二、填空题

1. 弹簧卷制分_____和_____。

2. 对弹簧进行强压处理或喷丸处理的目的是_____。

3. 螺绕比 C 是弹簧的一个重要参数。当 d 一定时,C 越小,弹簧就越_____,制造时簧丝卷绕越_____。

4. 拉伸弹簧端部做成钩环是为了_____。

项目小结

连接是将零散的零件组合成机器的主要手段,常用的连接方式主要有螺纹连接、键连接、销连接等。机器组装的过程中,有时可把某一完整的内容先行组合起来,形成部件,如电动机、减速器等。再用适当的方式把各部件进行连接,如电动机与减速器之间的连接,可选用联轴器或离合器。这样可极大地提高组装及维修的效率。为了实现互换性,在实际应用中,许多零部件都已标准化,如螺栓、键、销、联轴器、减速器等。在实际工作中,可以根据具体情况直接选用。

学习本项目的主要目的就是要了解常用的连接方式;熟悉各种连接件的性能、特点和应用;掌握它们的标准及选用方法;初步掌握机器安装与拆卸的基本方法和注意事项,具有维修简单机械的能力。

项目四　常用传动

【项目描述】

在机械系统中,原动部分与工作部分往往不是紧密相连的,有时两者之间的运动速度、运动方向也并不一致,在这种情况下就需要中间转换与传递机构——传动装置。常用的传动装置有带传动、链传动、齿轮传动、螺旋传动等。

【学习目标】

(1) 掌握各种传动的类型、特点、应用与安装。
(2) 了解各种传动的工作原理与组成。

【能力目标】

(1) 初步具有V带的安装与维护能力。
(2) 能正确安装链传动装置。
(3) 能正确选用齿轮、拆装齿轮传动装置、正确清洗和润滑齿轮。
(4) 初步具有分析螺旋传动的能力。
(5) 初步具有分析轮系的能力。
(6) 能分析V带传动、链传动、齿轮传动的失效形式,初步掌握其设计方法。

【情感目标】

(1) 懂得日常维护与保养对于延长机器寿命、充分发挥机器性能的重要性,该道理也适用于日常生活中的很多事情。
(2) 理解中间转换与传递环节在现实生活中的地位和作用,从而增加解决问题的思路和方法。

带式输送机

任务1 带传动

活动情景

观察一台空压机(见图4-1)。

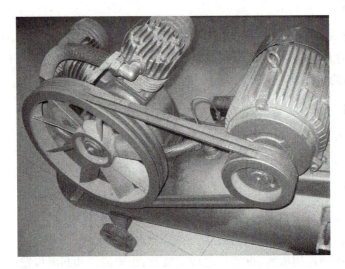

图4-1 空压机

任务要求

(1) 了解带传动的类型、特点、应用、张紧方法及安装维护要点。
(2) 掌握V带传动的设计方法。

任务引领

(1) 电动机输出动力是怎样传递到工作部分的?
(2) 带传动由哪几部分组成?它是如何工作的?
(3) 观察V带的标记、横截面,分析V带的结构,并说明它由哪几部分组成?

归纳总结

带传动是应用广泛的一种机械传动形式,常用于减速传动装置中,其主要作用是通过中间挠性件传递运动和力。

1. 带传动的类型、特点及应用

如图4-2所示,带传动是由主动轮、从动轮和传动带组成。

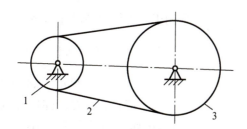

图 4-2　带传动简图
1—主动轮；2—传动带；3—从动轮

根据带传动原理不同,带传动可分为摩擦型和啮合型两大类。

1) 摩擦型带传动

(1) 摩擦型带传动工作原理。摩擦型带传动是靠带和带轮之间产生摩擦力传递运动和力。

(2) 摩擦型带传动的类型。摩擦型带传动的种类很多,按照带横截面的形状不同可分为以下几种。

① 平带传动。如图 4-3(a)所示,带的断面呈扁平矩形,内表面为工作面。平带结构简单,故多用于两轴中心距较大的传动。

② V带传动。如图 4-3(b)所示,带的断面呈倒梯形,工作面为带与轮槽接触的两侧面。在相同张紧力和摩擦因素条件下,V带传递的功率约是平带的 3 倍。另外,V带传动允许较大的传动比,所以 V 带传动应用最广。

③ 多楔带传动。如图 4-3(c)所示,多楔带以其扁平部分为基体,下面有几条等距纵向槽,工作面为楔的侧面。这种带兼有平带的弯曲应力小和 V 带传动摩擦力大等优点,常用于传递功率较大而结构要求紧凑的场合。

④ 圆带传动。如图 4-3(d)所示,带的断面呈圆形。圆带传动仅用于载荷较小的传动。如用于缝纫机和牙科医疗器械中。

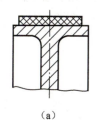 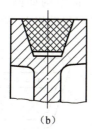 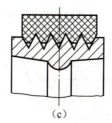 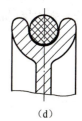

(a)　　　　　　　(b)　　　　　　　(c)　　　　　　　(d)

图 4-3　摩擦型传动带的类型
(a) 平带；(b) V 带；(c) 多楔带；(d) 圆带

2) 啮合型带传动

如图 4-4 所示,啮合型带传动是利用带内侧的齿与带轮上的轮齿相啮合来传递运动和力,较典型的是同步齿形带。同步齿形带兼有带传动和链传动的优点,故多用于要求传动平稳,传动精度要求较高的场合。

2. 带传动的特点和应用

1) 摩擦型带传动的主要特点

(1) 带具有良好的弹性,能起缓冲和吸振的作用,因而传动平稳、噪声小。

(2) 带传动过载时,带与带轮之间会出现打滑,起安全保护作用。

(3) 结构简单,制造、安装和维护方便,成本低廉。

(4) 带与带轮之间存在弹性滑动,不能保证准确传动比。

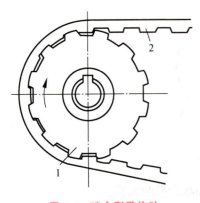

图 4-4 啮合型带传动
1—主动同步带轮;2—同步带

(5) 带传动效率低(0.94~0.97),寿命较短。

2) 应用

带传动一般用于传动中心距较大、传动速度较高的场合。一般带速为 5~25 m/s。

平带传动的传动比通常为 3 左右,较大可达到 5;V 带的传动比一般不超过 8。通常用于传递中小功率的场合。在多级减速传动装置中,带传动通常置于与电动机相连的高速级上。

3. V 带和 V 带轮

V 带分为普通 V 带、窄 V 带、宽 V 带、联组 V 带、齿形 V 带、汽车 V 带、大楔角 V 带、农机双面 V 带等十余种,其中普通 V 带应用最广,窄 V 带的应用也日益广泛。本节主要介绍普通 V 带的结构特点。

1) 普通 V 带的结构和标准

普通 V 带为无节头的环形带。普通 V 带结构如图 4-5 所示,由伸张层(顶胶)、强力层(抗拉体)、压缩层(底胶)和包布层(橡胶帆布)组成。

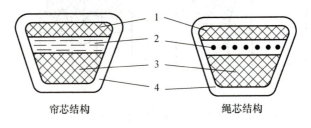

图 4-5 V 带结构
1—顶胶;2—抗拉体;3—底胶;4—包布

普通 V 带按强力层材料的不同可分为帘芯结构和绳芯结构两种。帘芯结构 V 带的强力层由几层胶帘布组成,抗拉强度高,制造较方便,型号齐全,应用较多。

绳芯结构V带的强力层由一层胶线绳组成,柔韧性好,抗弯强度高,适用于转速较高、带轮直径较小、载荷不大的场合。

普通V带是标准件,按截面尺寸由小到大分为 Y、Z、A、B、C、D、E 七种型号,其截面尺寸见表4-1。带截面尺寸越大,所能传递的功率也就越大。

表 4-1 普通 V 带截面尺寸(GB/T 11544—1997)

型 号	Y	Z	A	B	C	D	E
节宽 b_p/mm	5.3	8.5	11.0	14.0	19.0	27.0	32.0
顶宽 b/mm	6.0	10.0	13.0	17.0	22.0	32.0	38.0
高度 h/mm	4.0	6.0	8.0	11.0	14.0	19.0	25.0
楔角 α/(°)	40						
每米质量 q/(kg·m^{-1})	0.02	0.06	0.10	0.17	0.30	0.62	0.90

在V带轮上与所配用V带的节宽 b_p 相对应的带轮直径称为基准直径 d_d。带轮基准直径按表4-3选用。V带在规定的张紧力下,位于测量带轮基准直径上的周线长度称为基准长度 L_d,它是V带传动中几何尺寸计算中所用带长,称为标准值。普通V带基准长度系列见表4-2。V带两侧面工作面的夹角 α 称为带的楔角,$\alpha=40°$。当带工作时,V带的横截面积变形,楔角 α 变小,为保证变形后V带仍可贴紧在V带轮的轮槽两侧面上,应将轮槽楔角 φ 适当减小,见表4-4。

表 4-2 普通 V 带的基准长度系列和带长修正系数 K_L(GB/T 1154—1997)

基准长度 L_d/mm	K_L						
	Y	Z	A	B	C	D	E
355	0.92						
400	0.96	0.87					
450	1.00	0.89					
500	1.02	0.91					
560		0.94					
630		0.96	0.81				
710		0.99	0.82				
800		1.00	0.85				
900		1.03	0.87	0.81			
1 000		1.06	0.89	0.84			
1 120		1.08	0.91	0.86			
1 250		1.11	0.93	0.88			
1 400		1.14	0.96	0.90			

续表

基准长度 L_d/mm	K_L						
	Y	Z	A	B	C	D	E
1 600		1.16	0.99	0.96	0.84		
1 800		1.18	1.01	0.95	0.85		
2 000			1.03	0.98	0.88		
2 240			1.06	1.00	0.91		
2 500			1.09	1.03	0.93		
3 150			1.13	1.07	0.97	0.86	
3 550			1.17	1.10	0.98	0.89	
4 000			1.19	1.13	1.02	0.91	
4 500				1.15	1.04	0.93	0.90
5 000				1.18	1.07	0.96	0.92

表 4-3 普通 V 带轮最小基准直径   mm

型 号	Y	Z	A	B	C	D	E
d_{dmin}	20	50	75	125	200	355	500
基准直径系列	… 40 56 63 71 75 80 90 100 106 112 118 125 132 140 150 160 180 200 212 224 250 280 315 355 375 400 450 500 560 600 630 710 …							

表 4-4 普通 V 带轮的轮槽尺寸   mm

槽 型	Y	Z	A	B	C
基准宽度 b_d	5.3	8.5	11	14	19
基准线上槽深 h_{amin}	1.6	2.0	2.75	3.5	4.8
基准线下槽深 h_{fmin}	4.7	7.0	8.7	10.8	14.3
槽间距 e	8±0.3	12±0.3	15±0.3	19±0.4	25.5±0.5
槽边距 f_{min}	6	7	9	11.5	16
轮缘厚 δ_{min}	5	5.5	6	7.5	10
外径 d_a	$d_a = d_d + 2h_a$				
φ 32° 基准直径 d_d	≤60				
φ 34° 基准直径 d_d		≤80	≤118	≤190	≤315
φ 36° 基准直径 d_d	>60				
φ 38° 基准直径 d_d		>80	>118	>190	>315

2）普通 V 带轮材料与结构

设计 V 带轮时，应使其结构便于制造，质量分布均匀，重量轻，并避免由于铸造产生过大的内应力。$v>5$ m/s 时要进行静平衡试验，$v>25$ m/s 时则应进行动平衡试验。

轮槽工作表面应光滑，以减少 V 带的磨损。

带轮材料常采用灰铸铁、钢、铝合金或工程塑料等。灰铸铁应用最广，当 15 m/s$\leqslant v \leqslant 30$ m/s 时用 HT200，$v \geqslant 30$ m/s，则宜采用铸钢或铝合金。小功率传动可用铸铝或塑料。

带轮的结构一般由轮缘、轮辐和轮毂三部分组成。轮缘是带轮具有轮槽的部分。轮槽的形状和尺寸与相应型号的带截面尺寸相适应。规定梯形轮槽的楔角为 32°、34°、36°、和 38°等四种。普通 V 带轮的轮槽尺寸见表 4-4。

带轮的结构由带轮直径大小而定。当带轮直径较小时，$d_d \leqslant 150$ mm 时，可采用实心式结构；当带轮直径 $d_d \leqslant 150 \sim 450$ mm 时，可采用辐板（或孔板）式；当 $d_d > 450$ mm 时采用椭圆轮辐式。带轮结构如图 4-6 所示。

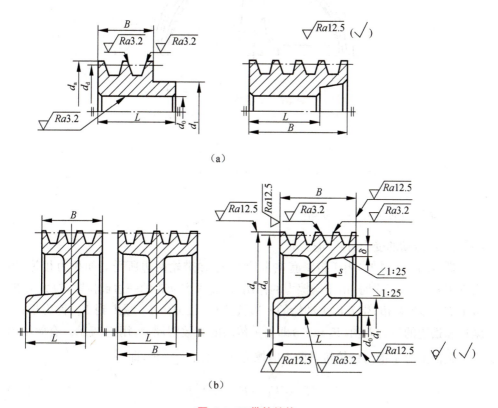

图 4-6　V 带轮结构

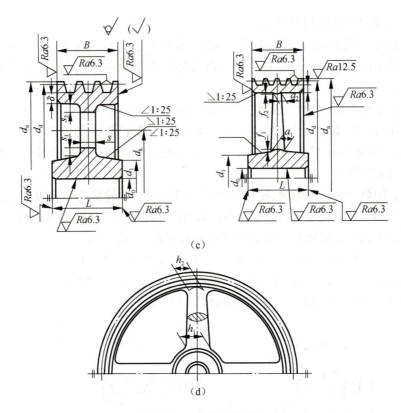

图 4-6 V带轮结构(续)

(a) 实心式；(b) 辐板式；(c) 孔板式；(d) 椭圆轮辐式

$d_1=(1.8\sim 2)d_0$，$L=(1.5\sim 2)d_0$，d_0 为轮毂孔径，$s=(1/7\sim 1/4)B$，$s_1\geqslant 1.5s$，$s_2\geqslant 1.5s$，$h_1=290\sqrt[3]{\dfrac{p}{nA}}$

(式中 p—传递的功率；n—带轮的转速；A—轮辐数)，$h_2=0.8h_1$，$a_1=0.4h_1$，$a_2=0.8h_1$，$f_1=0.2h_1$，$f_2=0.2h_2$。

4. 带传动的工作情况分析

1) 带传动的受力分析与打滑

带传动未运转时，由于带紧套在带轮上，带在带轮两边所受的初拉力相等，均为 F_0(图 4-7)，工作时，由于摩擦力的作用，带卷入主动轮的一边被拉紧，拉力由 F_0 增至 F_1，称为紧边；带卷出主动轮的一边被放松，拉力由 F_0 减少到 F_2，称为松边。紧边和松边的拉力差值(F_1-F_2)即为带传动的有效圆周力，用 F 表示。有效圆周力在数值上等于带与带轮接触面上摩擦力值的总和 $\sum F_f$，即

$$F=F_1-F_2=\sum F_f \tag{4-1}$$

当初拉力 F_0 一定时，带与带轮间的摩擦力值的总和有一个极限值为 $\sum F_{flim}$。当传递的有效圆周力 F 超过极限 $\sum F_{flim}$ 时，带将在带轮上发生全面的滑动，这种

现象称之为打滑,打滑将使带的磨损加剧,传动效率降低,以至于使传动失效,所以应予以避免。

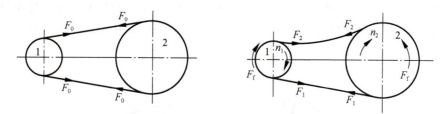

图 4-7　带传动的受力分析

由分析可知,带传动所能传递的最大圆周力与初拉力 F_0、摩擦系数 f 和包角 α 等有关,而 F_0 和 f 不能太大,否则会降低传动带寿命。包角 α 增加,带与带轮之间的摩擦力总和增加,从而提高了传动的能力。因此,设计时为了保证带具有一定的传动能力,要求小带轮上的包角 $\alpha_1 \geqslant 120°$。

2) 带的应力分析

带传动时,带中产生的应力有以下几个。

(1) 由拉力产生的拉应力 σ:

由紧边拉力和松边拉力产生的拉应力:

紧边拉应力　　　　　　$\sigma_1 = \dfrac{F_1}{A}$　　　　　　(4-2)

松边拉应力　　　　　　$\sigma_2 = \dfrac{F_2}{A}$　　　　　　(4-3)

式中　A——带的横截面积(mm²)。

(2) 弯曲应力 σ_b:

带绕过带轮时,因弯曲而产生弯曲应力 σ_b:

$$\sigma_b = \dfrac{2Eh_a}{d_d} \quad (4\text{-}4)$$

式中　E——带的弹性模量(MPa);

　　　d_d——V 带轮的基准直径(mm);

　　　h_a——从 V 带的节线到最外层的垂直距离(mm)。

从式(4-4)可知,当基准直径越小时,带产生的弯曲应力越大,故小带轮上的弯曲应力比大带轮上的弯曲应力大。

(3) 离心应力 σ_c:

当带沿带轮轮缘做圆周运动时,带上每一质点都受离心力作用。由于离心力的作用,带中产生离心拉力,此力在带中产生离心应力,其值为

$$\sigma_c = \dfrac{F_c}{A} = \dfrac{qv^2}{A} \quad (4\text{-}5)$$

式中　q——每米带长的质量(kg/m)；
　　　v——带的速度(m/s)。

图 4-8 所示为带的应力分布情况，从图中可见，带工作时带上的应力是随位置不同而变化的。最大应力发生在紧边与小轮的接触处。带中的最大应力为

$$\sigma_{max} = \sigma_1 + \sigma_c + \sigma_{b1} \tag{4-6}$$

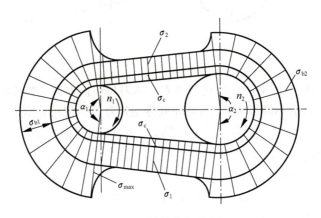

图 4-8　带的应力分布

3) 带传动的弹性滑动和传动比

带是弹性体，受拉后产生弹性变形，在正常传动中。由于带受到紧边与松边的不同力，在与带轮接触的弧长上，随着拉力的变化，带在带轮上发生了微小的滑动，称为带的弹性滑动。对于摩擦型带传动，弹性滑动是不可避免的。

弹性滑动导致传动效率降低、带磨损、从动轮的圆周速度低于主动轮。因此，带传的传动比不准确，即

$$i_{12} = \frac{n_1}{n_2} \approx \frac{d_{d2}}{d_{d1}} \tag{4-7}$$

4) 带传动的张紧、安装与维护

(1) 带传动的张紧。由于 V 带传动靠摩擦力传递动力和转矩，必须保持一定的初拉力 F_0 才能保证带的传动能力，所以带安装时须张紧。另外带工作一段时间后，磨损和塑性变形使带的初拉力减小，传动能力下降。因此，必须将带重新张紧，以保证带传动正常工作。带传动常用的张紧装置有以下两种。

① 改变中心距张紧。图 4-9(a)所示为张紧装置，将装有带轮的电动机固定在滑轨上，转动调节螺钉可使电动机移动，直到带张紧力达到要求后，再拧紧螺钉。在中、小功率的带传动中，可采用图 4-9(b)、(d)所示的自动张紧装置，将装有带轮的电动机固定在浮动的摆架上，利用电动机和摆架的重量，使带轮随同电动机一起绕固定支点自动摆动，以保持带所需的张紧力。

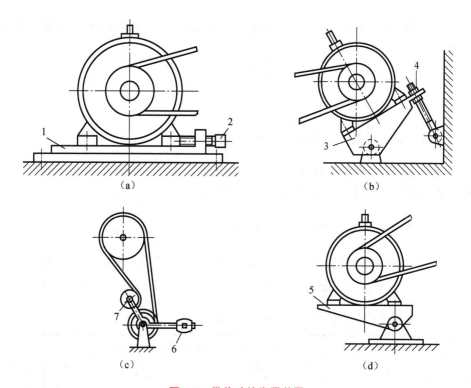

图 4-9 带传动的张紧装置
1—滑轨；2—调节螺钉；3—摆动架；4—调节螺栓；5—浮动架；6—平衡锤；7—张紧轮

② 张紧轮张紧。若中心距不能调节时，可采用具有张紧轮张紧（图 4-9(c)），张紧轮一般装在松边带的内侧，使带只受单向弯曲，并尽可能靠近大带轮，以免小带轮的包角减少太多。当中心距小而传动比大，需要增加小带轮包角时，张紧轮一般装在松边带的外侧，并尽可能靠近小带轮，以便增大其包角。但这种装置结构复杂，带绕行一周受弯曲的次数增多，易于疲劳破坏，在高速带传动时不宜采用。

（2）带传动的安装和维护。为了延长带的寿命，保证带传动的正常运转，必须重视正确地使用和维护保养。使用时注意以下几点。

① 应按设计要求选取带型、基准长度和根数。新、旧带不能同组混用，否则各带受力不均匀。

② 安装带轮时，两轮的轴线应平行，端面与中心垂直，且两带轮装在轴上不得晃动，否则会使传动带侧面过早磨损。

③ 安装时，应先将中心距缩小，待将传动带套在带轮上后再慢慢拉紧，以使带松紧适度。一般可凭经验来控制，带张紧程度以大拇指能按下 10～15 mm 为宜。

④ V 带在轮槽中应有正确的位置。

⑤ 在使用过程中要对带进行定期检查且及时调整。若发现个别 V 带有疲劳撕裂现象时，应及时更换所有 V 带。

⑥ 严防V带与酸、碱、油类等对橡胶有腐蚀作用的介质接触,尽量避免日光暴晒。

⑦ 为了保证安全生产,应给V带传动加防护罩。

拓展延伸

1. 带传动的失效形式和设计准则

带传动的失效形式是打滑和疲劳破坏。带传动的设计准则是:在保证带传动不打滑的前提下,带具有一定的疲劳强度和寿命。

2. 单根普通V带传动的基本额定功率

对于一定规格和材质的V带,在规定条件(载荷平稳 $\alpha_1 = \alpha_2 = 180°$,特定带长等)下既不打滑又具有一定疲劳强度和寿命时的基本额定功率 P_0 可查表4-5。

表4-5 单根普通V带的基本额定功率 P_0(kW)(在包角 $\alpha = 180°$、特定长度、平稳工作条件下)

带型	小带轮基准直径 d_{d1}/mm	小带轮转速 n_1/(r·min^{-1})						
		400	730	800	980	1 200	1 460	2 800
A	75	0.27	0.42	0.45	0.52	0.60	0.68	1.00
	90	0.39	0.63	0.68	0.79	0.93	1.07	1.64
	100	0.47	0.77	0.83	0.97	1.14	1.32	2.05
	112	0.56	0.93	1.00	1.18	1.39	1.62	2.51
	125	0.67	1.11	1.19	1.40	1.66	1.93	2.98
B	125	0.84	1.34	1.44	1.67	1.93	2.20	2.96
	140	1.05	1.69	1.82	2.13	2.47	2.82	3.85
	160	1.32	2.16	2.32	2.72	3.17	3.64	4.89
	180	1.59	2.61	2.81	3.30	3.85	4.41	5.76
	200	1.85	3.05	3.30	3.86	4.50	5.15	6.43
C	200	2.41	3.80	4.07	4.66	5.29	5.86	5.01
	224	2.99	4.78	5.12	5.89	6.71	7.47	6.08
	250	3.62	5.82	6.23	7.18	8.21	9.06	6.56
	280	4.32	6.99	7.52	8.65	9.81	10.74	6.13
	315	5.14	8.34	8.92	10.23	11.53	12.48	4.16
	400	7.06	11.52	12.10	13.67	15.04	15.51	—

在实际工作条件下,考虑到与规定的条件不同而应加以修正。单根V带实际传递的功率 p_1 为

$$P_1 = (P_0 + \Delta P_0)K_\alpha K_L \quad (4-8)$$

式中 ΔP_0——$i \neq 1$ 时,单根普通V带基本额定功率的增量(kW),查表4-6;

K_α——包角修正系数,查表4-7;

K_L——长度修正系数,查表4-2。

表 4-6 单根普通 V 带额定功率的增量 ΔP_0(kW)(在包角 $\alpha=180°$、特定长度、平稳工作条件下)

带型	小带轮转速 n_1/(r·min^{-1})	传动比 i									
		1.00~1.01	1.02~1.04	1.05~1.08	1.09~1.12	1.13~1.18	1.19~1.24	1.25~1.34	1.35~1.51	1.52~1.99	≥2.0
A	400	0.00	0.01	0.01	0.02	0.02	0.03	0.03	0.04	0.04	0.05
	730	0.00	0.01	0.02	0.03	0.04	0.05	0.06	0.07	0.08	0.09
	800	0.00	0.01	0.02	0.03	0.04	0.05	0.06	0.08	0.09	0.10
	980	0.00	0.01	0.03	0.04	0.05	0.06	0.07	0.08	0.10	0.11
	1 200	0.00	0.02	0.03	0.05	0.07	0.08	0.10	0.11	0.13	0.15
	1 460	0.00	0.02	0.04	0.06	0.08	0.09	0.11	0.13	0.15	0.17
	2 800	0.00	0.04	0.08	0.11	0.15	0.19	0.23	0.26	0.30	0.34
B	400	0.00	0.01	0.03	0.04	0.06	0.07	0.08	0.10	0.11	0.13
	730	0.00	0.02	0.05	0.07	0.10	0.12	0.15	0.17	0.20	0.22
	800	0.00	0.03	0.06	0.08	0.11	0.14	0.17	0.20	0.23	0.25
	980	0.00	0.03	0.07	0.10	0.13	0.17	0.20	0.23	0.26	0.30
	1 200	0.00	0.04	0.08	0.13	0.17	0.21	0.25	0.30	0.34	0.38
	1 460	0.00	0.05	0.10	0.15	0.20	0.25	0.31	0.36	0.40	0.46
	2 800	0.00	0.10	0.20	0.29	0.39	0.49	0.59	0.69	0.79	0.89
C	400	0.00	0.04	0.08	0.12	0.16	0.20	0.23	0.27	0.31	0.35
	730	0.00	0.07	0.14	0.21	0.27	0.34	0.41	0.48	0.55	0.62
	800	0.00	0.08	0.16	0.23	0.31	0.39	0.47	0.55	0.63	0.71
	980	0.00	0.09	0.19	0.27	0.37	0.47	0.56	0.65	0.74	0.83
	1 200	0.00	0.12	0.24	0.35	0.47	0.59	0.70	0.82	0.94	1.06
	1 460	0.00	0.14	0.28	0.42	0.58	0.71	0.85	0.99	1.14	1.27
	2 800	0.00	0.27	0.55	0.82	1.10	1.37	1.64	1.92	2.19	2.47

表 4-7 包角修正系数 K_α

包角(α_1)	100	110	120	130	140	150	160	170	180
K_α	0.73	0.78	0.82	0.86	0.89	0.92	0.95	0.98	1.00

3. 带传动的设计计算

1) 已知条件与设计内容

设计 V 带传动时已知条件为:传递的功率 P,主、从动轮的转速 n_1、n_2 或传动比 i;传动的用途和工作情况;原动机种类及外廓尺寸方面的要求等。

V 带传动设计的内容是:确定带的型号、长度和根数;带轮的结构和尺寸;传动的中心距;轴上的压力等。

2) 设计方法及步骤

(1) 确定计算功率 P_c:

$$P_c = K_A P \tag{4-9}$$

式中 P——传递的功率(kW);

K_A——工作情况系数,查表 4-8。

表 4-8 工作情况系数 K_A

载荷性质	工作机	原动机					
		软启动			负载启动		
		每天工作时间/h					
		<10	10~16	>16	<10	10~16	>16
载荷平稳	离心式水泵、通风机（≤7.5 kW）、轻型输送机、离心式压缩机	1.0	1.1	1.2	1.1	1.2	1.3
载荷变动小	带式运输机、通风机（>7.5 kW）、发电机、旋转式水泵、机床、剪床、压力机、印刷机、振动筛	1.1	1.2	1.3	1.2	1.3	1.4
载荷变动较大	螺旋式输送机、斗式提升机、往复式水泵和压缩机、锻锤、磨粉机、锯木机、纺织机械	1.2	1.3	1.4	1.4	1.5	1.6
载荷变动很大	破碎机（旋转式、鄂式等）、球磨机、起重机、挖掘机、辊压机	1.3	1.4	1.5	1.5	1.6	1.8

（2）选择带型。根据计算功率 P_c 和小带轮转速 n_1，参考图 4-10 选择 V 带型号。

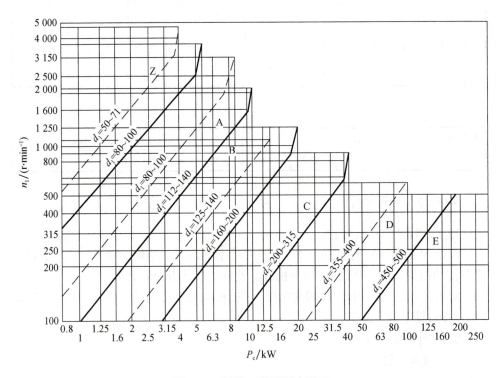

图 4-10 普通 V 带型号选型图

（3）确定带轮的基准直径 d_{d1} 和 d_{d2}。带在工作时将产生弯曲应力，带轮直径越小，弯曲应力越大，带越易产生疲劳损坏。小带轮的直径不能取得过小，应使

$d_{d1} > d_{d1\min}$,并取标准直径,见表 4-3。大带轮的基准直径 $d_{d2} = \dfrac{n_1}{n_2} d_{d1} = i d_{d1}$,并圆整为标准系列值。

(4) 验算带速 v:

$$v = \frac{\pi d_{d1} n_1}{60 \times 1\,000} \tag{4-10}$$

带速 v 应在 5~25 m/s 的范围内,其中以 10~20 m/s 为宜,若 $v > 25$ m/s,则因带绕过带轮时离心力过大,使带与带轮之间的压紧力减小,摩擦力降低而使传动能力下降,而且离心力过大降低了带的疲劳强度和寿命。而当 $v < 5$ m/s 时,在传递相同功率时带所传递的圆周力增大,使带的根数增加。

(5) 确定中心距 a 和基准长度 L_d。中心距小则结构紧凑,但带较短,应力循环次数多,寿命短,且包角较小,传动能力降低,中心距过大,将有利于增大包角,但太大则使结构外廓尺寸大,还会因载荷变化引起带的颤动,从而降低其工作能力。设计时可按下式初选中心距 a_0:

$$0.7(d_{d1} + d_{d2}) < a_0 < 2(d_{d1} + d_{d2}) \tag{4-11}$$

初定的 V 带基准长度 L_0:

$$L_0 = 2a_0 + \frac{\pi}{2}(d_{d1} + d_{d2}) + \frac{(d_{d2} - d_{d1})^2}{4a_0} \tag{4-12}$$

根据初定的 L_0,由表 4-2 选取相近的基准长度 L_d。最后按下式近似计算实际所需的中心距:

$$a \approx a_0 + \frac{L_d - L_0}{2} \tag{4-13}$$

考虑安装和张紧的需要,中心距应有一定的调节范围,即

$$a_{\min} = a - 0.015 L_d \tag{4-14}$$

$$a_{\max} = a + 0.03 L_d \tag{4-15}$$

(6) 验算小轮包角 α_1:

$$\alpha_1 = 180° - \frac{d_{d2} - d_{d1}}{a} \times 57.3° \tag{4-16}$$

一般要求 $\alpha \geq 120°$(至少 90°),否则可加大中心距或降低传动比,也可增设张紧轮或压带轮。

(7) 确定带的根数 z:

$$z = \frac{P_c}{(P_0 + \Delta P_0) K_\alpha K_L} \tag{4-17}$$

为使各根带受力均匀,应使 $z < 10$ 且圆整为整数。

(8) 确定初拉力 F_0。

$$F_0 = \frac{500P_c}{zv}\left(\frac{2.5}{K_a} - 1\right) + qv^2 \qquad (4\text{-}18)$$

(9) 计算带传动作用在轴上的压力 F_Q。

为了设计带轮轴和轴承,必须计算出带轮对轴的压力,如图 4-11 所示,若不考虑带两边的拉力差,可按下式近似计算:

$$F_Q = 2zF_0\sin\frac{\alpha_1}{2} \qquad (4\text{-}19)$$

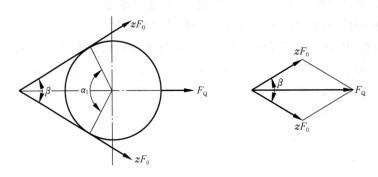

图 4-11 带传动作用在轴上的压力

例 4-1 设计由电动机驱动旋转式水泵的普通 V 带传动。已知电动机功率 $P=11$ kW,转速 $n_1=1460$ r/min,水泵轴的转速 $n_2=400$ r/min,根据空间尺寸,要求中心距约为 1 500 mm 左右。每天工作 24 h。

解: (1) 确定计算功率 P_c。

根据 V 带传动工作条件。查表 4-8,可得工作情况系数 $K_A=1.3$,所以

$$P_c = K_A P = 1.3 \times 11 = 14.3 \text{ kW}$$

(2) 选取 V 带型号。

根据 P_c、n_1,由图 4-10,选用 B 型 V 带。

(3) 计算传动比:

$$i = \frac{n_1}{n_2} = \frac{1\,460}{400} = 3.65$$

(4) 确定带轮基准直径 d_{d1}、d_{d2}:

参考表 4-3 和图 4-10 小带轮取 $d_{d1}=140$ mm;

大轮的基准直径为

$$d_{d2} = id_{d1} = 3.65 \times 140 = 505.9 \text{ mm}$$

根据表 4-3,取 $d_{d2}=500$ mm。

(5) 验算带速 v:

$$v = \frac{\pi d_{d1} n_1}{60 \times 1000} = \frac{\pi \times 140 \times 1460}{60 \times 1000} = 10.70 \text{ m/s}$$

v 在 5~25 m/s 范围内,故带的速度合适。

(6) 确定 V 带的基准长度和传动中心距。

因题目要求中心距约为 1 500 mm,故初选中心距 $a_0 = 1500$ mm。

带所需的基准长度:

$$L_0 = 2a_0 + \frac{\pi}{2}(d_{d1} + d_{d2}) + \frac{(d_{d2} - d_{d1})^2}{4a_0}$$

$$= 2 \times 1500 + \frac{\pi}{2}(140 + 500) + \frac{(500-140)^2}{4 \times 1500} = 4026.9 \text{ mm}$$

由表 4-2,选取带的基准长度 $L_d = 4000$ mm。

实际中心距:

$$a = a_0 + \frac{L_d - L_0}{2} = 1500 + \frac{4000 - 4026.9}{2} = 1487 \text{ mm}$$

安装时所需最小中心距:

$$a_{\min} = a - 0.015 L_d = 1487 - 0.015 \times 4000 = 1427 \text{ mm}$$

张紧或补偿伸长所需最大中心距:

$$a_{\max} = a + 0.03 L_d = 1487 + 0.03 \times 4000 = 1607 \text{ mm}$$

(7) 验算小带轮上的包角 α_1:

$$\alpha_1 = 180° - \frac{d_{d2} - d_{d1}}{a} \times 57.3° = 180° - \frac{500 - 140}{1487} \times 57.3° = 166.13° > 120°$$

故小带轮上的包角合适。

(8) 计算 V 带的根数 z:

$$z = \frac{P_c}{(P_0 + \Delta P_0) K_\alpha K_L}$$

查表 4-5 得 $P_0 = 2.82$ kW;

查表 4-6 得 $\Delta P_0 = 0.46$ kW;

查表 4-7 得 $K_\alpha = 0.965$,查表 4-2 查得 $K_L = 1.13$,所以

$$z = \frac{14.3}{(2.82 + 0.46) \times 0.965 \times 1.13} = 3.998$$

取 $z = 4$ 根。

(9) 计算 V 带合适的初拉力 F_0:

$$F_0 = \frac{500 P_c}{z v} \left(\frac{2.5}{K_\alpha} - 1 \right) + q v^2$$

查表 4-1 得 $q=0.17$ kg/m,所以

$$F_0 = 500 \times \frac{14.3}{4 \times 10.70}\left(\frac{2.5}{0.965}-1\right) + 0.17 \times 10.70^2 = 285.2 \text{ N}$$

(10) 计算作用在轴上的载荷 F_Q：

$$F_Q = 2zF_0 \sin\frac{\alpha_1}{2} = 2 \times 4 \times 285.2 \times \sin\frac{166.13°}{2} = 2\,264.7 \text{ N}$$

(11) 带轮结构设计(略)。

自 测 题

一、填空题

1. 普通 V 带的标注为 A1800（GB/T 1154—1997），其中 A 表示为 _____ ,1800 表示_____。
2. 带传动不能保证传动比准确不变的原因是_____。
3. 为了保证 V 带传动具有一定的传动能力,设计时,小带轮的包角要求 $\alpha_1 \geqslant$ _____。
4. V 带传动速度控制范围_____。
5. 带传动的主要失效为_____、_____。
6. 带工作时有三种应力,最大应力 σ_{max} 发生在_____。
7. V 带工作一段时间后会松弛,其张紧方法有_____、_____。
8. 带传动打滑的主要原因是_____。

二、选择题

1. V 带比平带传动能力大的主要原因是(　　)。
   A. 没有接头　　　　B. V 带横截面大　　　　C. 产生的摩擦力大
2. 带传动的打滑现象首先发生在何处？(　　)
   A. 小带轮　　　　B. 大带轮　　　　C. 大、小带轮同时出现
3. 设计时,带轮如果超出许用范围应该采取何种措施？(　　)
   A. 更换带型号　　　B. 重选带轮直径　　　C. 增加中心距
4. 带传动时如果有一根带失效,则(　　)
   A. 更换一根新带　　B. 全部换新带　　　　C. 不必换
5. 带轮常采用何种材料？(　　)
   A. 铸铁　　　　　　B. 钢　　　　　　　　C. 铝合金
6. V 带轮槽角应小于带楔角的目的是(　　)
   A. 增加带的寿命　　B. 便于安装
   C. 可以使带与带轮间产生较大的摩擦力

三、设计计算题

设计一带式输送机的普通 V 带传动。已知电动机的额定功率 $P=7.5$ kW,转速 $n_1=1\,440$ r/min,传动比 $i=3$,每天工作 10 h,要求中心距为 500 mm 左右,工作中有轻微振动,试设计其中的 V 带传动。

任务2 链 传 动

活动情景

观察自行车或摩托车上的链传动。

任务要求

掌握链传动的结构特点,学会安装链传动。

任务引领

(1) 链传动有哪几部分组成?与带传动有何区别?
(2) 链传动有哪些类型?各有何特点?
(3) 链传动的主要失效形式是什么?如何安装与维护?

归纳总结

1. 链传动的类型、特点与应用

1) 链传动的工作原理和类型

(1) 工作原理。链传动由主动链轮、从动链轮和链条等组成,如图 4-12 所示。工作时,通过链条与链轮轮齿的啮合来传递运动和力。

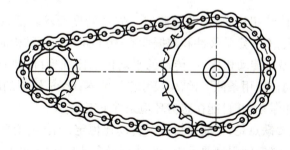

图 4-12 链传动

(2) 主要类型。链传动的种类很多,按用途的不同可以分为传动链、起重链和运输链三类。

① 传动链:传动链一般用于机械装置中传递运动和动力。

② 起重链:起重链主要用于起重机械中提起重物。

③ 运输链:运输链主要用于各类输送装置中。

根据结构的不同,传动链又可分为滚子链、套筒链、弯板链和齿形链等类型。如图 4-13 所示,滚子链结构简单,磨损较轻,故应用较广。齿形链又称无声链,传动平稳准确,振动、噪声小,强度高,工作可靠;但重量较重、装拆较困难,因而主要用于高速、高精度的场合。

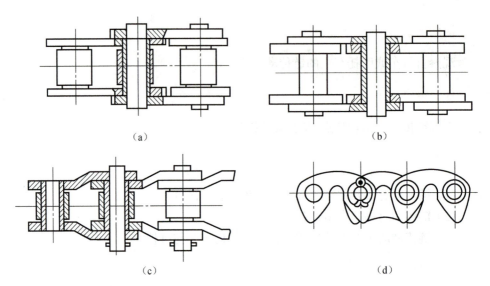

图 4-13　传动链的类型

(a) 滚子链;(b) 套筒链;(c) 弯板链;(d) 齿形链

2) 链传动的特点和应用

链传动是属于具有中间挠性件的啮合传动,它兼有齿轮传动和带传动的一些特点。

(1) 与齿轮传动相比,链传动的制造与安装精度要求较低;链齿受力情况较好,承载能力较大;有一定的缓冲和减振性能;中心距可大而结构简单。

(2) 与摩擦型带传动相比,链传动的平均传动比准确;传动效率较高;链条对轴的拉力较小;同样使用条件下,结构尺寸更为紧凑;此外,链条的磨损伸长比较缓慢,张紧调节工作量小,并且能在恶劣环境条件下工作。

链传动的主要缺点是:不能保持瞬时传动比恒定;工作时有噪声;磨损后易发生跳齿;不适用于受空间限制要求中心距小以及急速反向传动的场合。

链传动的应用范围很广。通常用于中心距较大($a \leqslant 6$ m)、多轴、平均传动比($i \leqslant 7$)要求准确的传动,环境恶劣的开式传动,低速($v \leqslant 15$ m/s)重载($P \leqslant 100$ kW)传动,润滑良好的高速传动等都可成功地采用链传动。目前链传动在矿山机械、石油化工机械、运输机械及农业机械中得到广泛应用。

2. 滚子链与链轮

1) 滚子链的结构和标准

(1) 滚子链的结构。滚子链的结构如图4-14所示,滚子链由内链板1、外链板2、销轴3、套筒4、滚子5所组成。内链板1与套筒4之间、外链板2与销轴3之间分别用过盈配合固定连接。滚子5与套筒4之间、套筒4与销轴3之间均为间隙配合,它们之间可以自由转动,这样可减轻齿廓磨损。

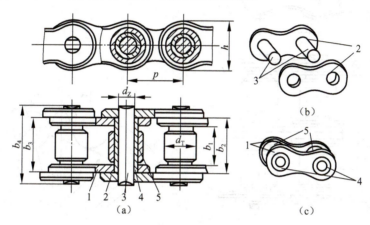

图 4-14 滚子链的结构
(a) 滚子链构成;(b) 单排外链节;(c) 单排内链节
1—内链板;2—外链板;3—销轴;4—套筒;5—滚子

链板一般制成8字形,以使它的各个横截面具有接近的抗拉强度,同时减少了链的质量和运动时的惯性力,滚子链的接头形式如图4-15所示。当链节数为偶数时,形成环状的接头处正好是内外链板相接,链节接头处可用开口销或弹性锁片固定,如图4-15(a)、(b)所示,分别适用于大节距与小节距;当链接数为奇数时,需用过渡链节才能构成环状,如图4-15(c)所示。过渡链节的弯链板工作时会受到附加弯曲应力,故应尽量不用。

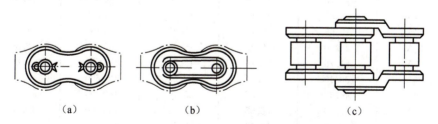

图 4-15 套筒滚子链的接头形式

当传递大载荷时,可采用双排链(图4-16)或多排链。多排链的承载能力与排数成正比。但由于精度的影响,各排链所受载荷不易均匀,故排数不宜过多,一般不宜超过4排。

滚子链与链轮啮合的基本参数是节距 p(见图 4-17)、滚子外径 d_1 和内链节内宽 b_1(见图 4-14),对于多排链则还有排距 p_t。其中节距 p 是滚子链的主要参数,节距增大时,链条中的各零件的尺寸也相应增大,可传递的功率也随之增大,但冲击和振动也增大。

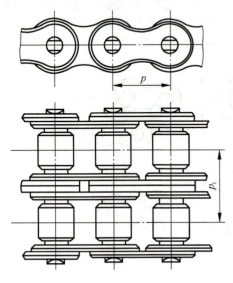

图 4-16　套筒双排链

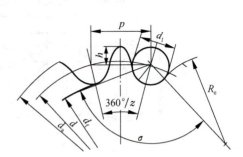

图 4-17　链轮齿槽形状

(2) 滚子链的标注。滚子链已标准化,其结构和基本参数已在国标中作了规定,设计时可根据载荷的大小及工作条件选用。滚子链又分为 A、B 两个系列,A 系列用于高速、重载和重要的传动;B 系列用于一般传动。

滚子链规格和主要参数如表 4-9 所示。

表 4-9　A 系列滚子链的主要参数

链号	节距 p/mm	排距 p_t/mm	滚子外径 d_1/mm	极限载荷 Q(单排)/N	单排质量 q/(kg·m^{-1})
08A	12.70	14.38	7.95	13 800	0.60
10A	15.875	18.11	10.16	21 800	1.00
12A	19.05	22.78	11.91	21 100	1.50
16A	25.40	29.29	15.88	55 600	2.60
20A	31.75	35.76	19.05	86 700	3.80
24A	38.10	45.44	22.23	124 600	5.60
28A	44.45	48.87	25.40	169 000	7.50
32A	50.80	58.55	28.58	222 400	10.10
40A	63.50	71.55	39.68	347 000	16.10
48A	76.20	87.83	47.63	500 400	22.60

注:① 摘自 GB 1243—1997,表中链号与相应的国际标准链号一致,链号乘以 $\frac{25.4}{16}$ 即为节距值(mm);后缀 A 表示 A 系列。
② 使用过渡链节时,其极限载荷按表列数值 80% 计算。

滚子链的标记为：

□ — □ X □ □
链号　排数　整链链节数　标准编号

例如：08A—1X 90　GB/T 1243—1997　表示：A 系列、8 号链、节距 12.7 mm、单排、90 节的滚子链。

3）链轮的齿形结构和材料

（1）链轮的齿形。链轮的齿形应保证链轮与链条接触良好、受力均匀，链节能顺利地进入和退出与轮齿的啮合。

根据 GB/T 1243—1997，链轮端面齿形推荐用三圆一直线齿形，如图 4-17 所示。此时，若用标准刀具加工时，在链轮工作图上可不画出端面齿形，只画出轴向齿形，但需注明"齿形按 3RGB 1243—1997 的规定制造"。

链轮的轴向齿廓采用圆弧状以使链节进入和退出啮合比较方便，链轮轴向齿廓和尺寸见表 4-10。绘制链轮工作图时，应注明节距 p、齿数 z、分度圆直径 d、齿顶圆直径 d_a、齿根圆直径 d_f 及齿侧凸缘直径 d_g。

表 4-10　滚子链链轮主要尺寸

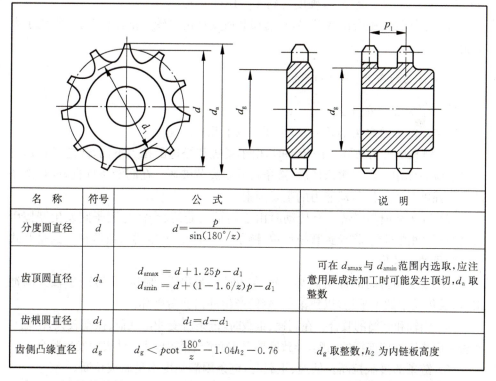

名　称	符号	公　式	说　明
分度圆直径	d	$d=\dfrac{p}{\sin(180°/z)}$	
齿顶圆直径	d_a	$d_{a\max}=d+1.25p-d_1$ $d_{a\min}=d+(1-1.6/z)p-d_1$	可在 $d_{a\max}$ 与 $d_{a\min}$ 范围内选取，应注意用展成法加工时可能发生顶切，d_a 取整数
齿根圆直径	d_f	$d_f=d-d_1$	
齿侧凸缘直径	d_g	$d_g < p\cot\dfrac{180°}{z}-1.04h_2-0.76$	d_g 取整数，h_2 为内链板高度

（2）链轮的结构。链轮的结构如图 4-18 所示。小链轮制成实心式（图 4-18(a)）；中等尺寸的链轮常为辐板式或孔板式（图 4-18(b)）；直径较大时，可采用组合式结构（图 4-18(c)）。

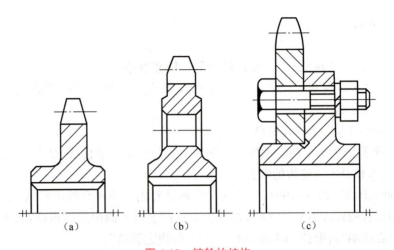

图 4-18　链轮的结构
(a) 实心式；(b) 辐板式；(c) 组合式

(3) 链轮的材料。链轮轮齿应具有足够的疲劳强度、耐磨性和耐冲击性，故链轮材料多采用低碳合金钢（如 20Cr 等）经渗碳淬火；或用调质钢,（如用 45、50、35CrMo、40Cr 等）表面淬火，硬度达到 45 HRC 以上。

由于小链轮的啮合次数较多，且磨损和所受冲击也较严重，故其材料常优于大链轮。

3. 链传动的布置、张紧和维护

1) 链传动的失效形式

链传动的失效多为链条失效，主要有以下几种情况。

(1) 链条的疲劳破坏。链传动时，由于紧边和松边的拉力不同，故链条在运行中受变应力作用。经多次循环后，链条将发生疲劳破坏。在润滑条件良好时，链条的疲劳强度是决定链传动能力的主要因素。

(2) 链条磨损与脱链。链传动时由于销轴与套筒、套筒与滚子间发生摩擦引起磨损，若润滑不良，将导致磨损加重，链条节距增大，发生跳齿或脱链。这是开式传动常见的失效形式。

(3) 滚子和套筒的冲击破坏。链传动时反复启动、制动、反转产生较大的冲击，以及传动中的不平稳，以致滚子、套筒产生冲击疲劳破坏。

(4) 销轴和套筒的胶合。在高速、重载时，链条所受冲击载荷、振动较大，销轴与接触表面难以维持连续的油膜，导致摩擦严重而产生高温，使元件表面发生胶合。

(5) 链条的过载拉断。低速、重载时，链条因静强度不足而被拉断。

2) 链传动的布置

链传动布置应注意以下几点。

(1) 两链轮的轴线最好布置在同一水平面内（图 4-19(a)）。两链轮中心与水平面的倾斜角应小于45°。

（2）尽量避免垂直传动。链轮轴线在同一铅垂面内时，链条因磨损而垂度增大，会使下链轮的啮合的次数减少或松脱。若必须采用垂直传动时，可采用如下措施。

① 中心距可调。

② 上下两轮错开，使两轮轴线不在同一铅垂面内(图4-19(b))。

③ 设张紧装置(图4-19(c))。

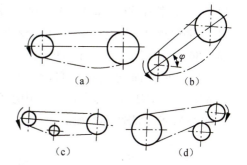

图4-19 链传动的布置

（3）主动链轮的转向应使传动的紧边在上，松边在下，以免垂度过大时干扰链与轮齿的正常啮合(图4-19(d))。

3）链传动的安装

安装链轮时应保证尽可能小的共面误差，因此要求：两轮的轴线应平行；应使两轮轮宽中心平面的轴向位移误差 $\Delta e \leqslant 0.002a$（$a$ 为中心距），两轮旋转平面间的夹角 $\Delta \theta \leqslant 0.006$ rad。

安装链条时，对于小节距链条可把它的两个连接端都拉到链轮上，利用链轮齿槽来定位，再把连接链接销轴插入套筒孔中，装上弹性锁片。

4）链传动的张紧

（1）链传动的垂度。链传动的松边的垂度可近似认为是两轮公切线至松边最远点的距离。合适的松边垂度推荐为 $f=0.01 \sim 0.02a$，a 为中心距。对重载、经常制动、启动、反转的链传动，以及接近垂直的链传动，松边垂度应适当减小。

（2）链传动的张紧。张紧的目的主要是为了避免链条垂度过大而引起啮合不良和链条的振动。链传动的张紧可采用下列方法。

① 调整中心距。增大中心距使链张紧。对于滚子链传动，中心距的可调整量为 $2p$。

② 缩短链长。当中心距不可调整而又无张紧装置时，对于因磨损而变长的链条，可拆除1～2个链节，使链缩短而张紧。缩短链长的方法为：对于奇数节链条，拆除过渡链节即可；对于偶数节链条，可拆除3个链节(一个外链节，两个内链节)，换上一个复合链节(一个内链节与一个过渡链节装在一起)。

③ 采用张紧装置。图4-19(d)中采用张紧轮。张紧轮一般置于松边靠近小链轮外侧。

5）链传动的润滑

（1）润滑方式。链传动的润滑方式一般根据链速和链号确定。人工润滑时，用刷子或油壶定期在链条松边内外链板间隙处注油，每班(8 h)一次；滴油润滑时，利用油杯将油滴落在两铰接板之间。单排链每分钟滴油5～20滴，链速高时取大值;油浴润滑时,链条和链轮的一部分浸入油中,浸油深度为 6~12 mm;飞溅润滑时,在链轮侧边安装甩油盘,甩油盘浸油深度为 12~25 mm,其圆周速度大于 3 m/s;喷油润滑用于链速 $v>8$ m/s 的场合,强制润滑并起冷却作用。

(2) 润滑油的选择。润滑油推荐用全损耗系统用油,牌号为 L-AN32、L-AN68、L-AN100。温度较低时用前者。对于开式及重载低速传动,可在润滑油中加入 $MoS2$、$WS2$ 等添加剂。

自 测 题

一、填空题

1. 链传动是通过链条与链轮轮齿的_____来传递运动和力。
2. 链条的主要参数是_____。链条的长度常用_____表示。
3. 设计时在满足承载能力的前提下,尽量选取小节距的_____链,高速重载时,可选用小节距的_____链。
4. 由于链节数常取偶数,为使磨损均匀,链轮齿数一般取_____数。
5. 链传动张紧措施(1)_____ (2)_____ (3)_____。
6. 中等尺寸的链轮常做成_____或_____式。

二、选择题

1. 滚子链传动中,尽量避免采用过渡链节的主要原因是(   )。
   A. 制造困难   B. 价格高   C. 链板受附加弯曲应力
2. 链传动属于(   )。
   A. 液压传动   B. 啮合传动   C. 摩擦传动
3. 摩托车链条属于(   )。
   A. 传动链   B. 起重链   C. 运输链
4. 链传动失效主要是(   )。
   A. 主动链轮失效   B. 从动链轮失效   C. 链条失效
5. 链传动工作一段时间后,发生脱链的主要原因是(   )。
   A. 链轮轮齿磨损   B. 链条铰链磨损   C. 中心距过大
6. 链传动速度高,采用飞溅润滑时,链条浸油深度为(   )。
   A. 不得浸入油池   B. 全部浸入油池   C. 部分浸入油池

任务3 齿轮传动

活动情景

装拆齿轮减速箱。

任务要求

掌握齿轮及齿轮传动的特点,学会正确装拆齿轮。

任务引领

(1) 减速箱中共有多少个齿轮?它们各有哪些特点?
(2) 齿轮传动的常用类型有哪些?
(3) 齿轮传动的传动比如何计算?
(4) 齿轮的失效形式有哪些?

归纳总结

齿轮传动是依靠主动轮的轮齿与从动轮的轮齿直接啮合来传递运动和动力的,是现代机械中应用最广泛的一种机械传动,它在机床和汽车变速器等机械中被普遍应用,如图 4-20 所示齿轮减速箱即是其中的一种。

1. 齿轮传动的特点

1)优点
(1) 齿轮传动的瞬时传动比(与链传动相比)和平均传动比(与带传动相比)都较稳定,具有较高的传动精度。

图 4-20　齿轮减速箱

(2) 齿轮传动具有较高的传动效率,对于大功率传动来说既是重要的特点,能使机械传动减少大量的能量损失。
(3) 齿轮传动承载能力大,适用的圆周速度及传递功率的范围较大,在传递同样载荷的前提下,具有较小的体积,具有较高的使用寿命。
(4) 齿轮传动能实现两轴平行、相交和交错的各种传动。

2)缺点
(1) 制造和安装精度要求较高,故制造成本也高。
(2) 不适合两轴相距较远距离传动(与带传动和链传动相比)。

2. 齿轮传动的类型

齿轮传动可根据不同的条件加以分类(图 4-21)。

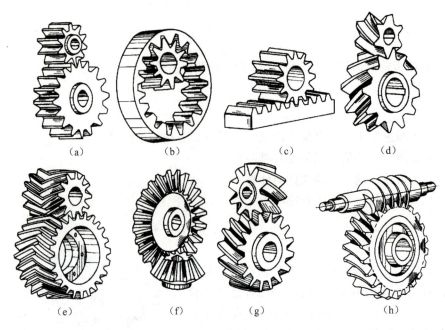

图 4-21 齿轮传动

(a) 直齿圆柱齿轮传动(外啮合)；(b) 直齿圆柱齿轮传动(内啮合)；(c) 直齿圆柱齿轮传动(齿轮-齿条)；(d) 斜齿圆柱齿轮传动；(e) 人字齿圆柱齿轮传动；(f) 直齿圆锥齿轮传动；(g) 交错轴斜齿圆柱齿轮传动；(h) 蜗杆传动

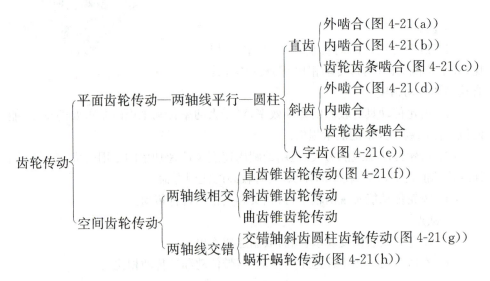

1) 根据两齿轮是否在同一平面运动分类

（1）平面齿轮传动：平面齿轮传动的两齿轮间的轴线相互平行。

按轮齿方向不同可分为直齿轮传动、斜齿轮传动和人字齿轮传动。

按啮合方式可分为外啮合、内啮合和齿轮齿条传动。

（2）空间齿轮传动：空间齿轮传动的两齿轮间的轴线不平行，可分为交错轴斜齿轮传动,锥齿轮传动和蜗杆蜗轮传动。

2) 按照齿轮传动装置的密封形式对齿轮传动分类

(1) 闭式齿轮传动 齿轮封闭在具有足够刚度和良好润滑条件的箱体内,润滑良好,精度高,防护条件好。一般用于速度较高或重要的齿轮传动中。例如:机床,减速器等。

(2) 开式齿轮传动 齿轮外露,易进入灰尘、杂质,磨损严重,润滑差,对安全操作不利,适用于低速场合或不重要的齿轮传动。例如:水泥搅拌等设备。

3) 根据齿轮外观形状分类

圆柱齿轮和锥齿轮。

4) 按照齿轮传动使用情况分类

齿轮传动有低速、中速、高速及轻载、中载、重载之分别。

5) 根据齿轮热处理的不同对齿轮分类

(1) 硬齿面齿轮(如经整体或渗碳淬火、表面淬火或氧化处理,齿面硬度>350 HBS)。

(2) 软齿面齿轮(如经调质、正火的齿轮,齿面硬度≤350 HBS)。

6) 按照齿轮的齿廓形状分类

渐开线齿轮传动、摆线齿轮传动、圆弧线齿轮传动。其中应用最广泛的是渐开线齿轮传动,本任务主要介绍渐开线齿轮。

3. 齿轮传动的基本要求

齿轮传动应满足下列两项基本要求。

1) 传动平稳

传动平稳即要求齿轮传动的瞬时传动比恒定不变,否则主动轮匀速转动而从动轮时快时慢,会引起冲击、振动和噪声,影响传动的质量。故齿轮传动要满足一定的规律,即齿廓啮合基本定律。

(1) 齿廓啮合基本定律:如图 4-22 所示,按刚体传动规律推知,两轮的传动比为

$$i_{12} = \omega_1/\omega_2 = O_2C/O_1C \quad (4-20)$$

为保证齿轮传动的瞬时传动比恒定不变,即式(4-20)为常数,则不论两轮在何处接触,过接触点 K 所作两轮的公法线 nn 必须与两轮的连心线 O_1O_2 交于一定点。这一定律称为齿廓啮合基本定律。定点 C 称为节点;分别以 O_1、O_2 为圆心,过节点 C 所作的两个相切的圆称为节圆。

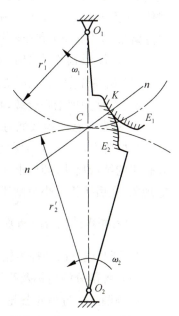

图 4-22 齿廓啮合

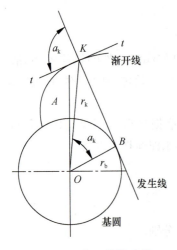

图 4-23 渐开线的形成

凡能满足齿廓啮合基本定律的一对齿廓,称为共轭齿廓。

理论上共轭齿廓有无穷多,但实际上由于轮齿的加工、测量和强度等方面的原因,常用的齿廓曲线仅有渐开线、摆线、圆弧线和抛物线等几种,其中以渐开线齿廓应用最广。

(2) 渐开线的形成及压力角。如图 4-23 所示,当一直线 BK 沿一半径为 r_b 圆周作纯滚动时,直线上任一点 K 的轨迹 AK 称为该圆的渐开线。此圆称为该渐开线的基圆(r_b 为基圆半经),该直线称为渐开线的发生线。

渐开线上某一点的法线与该点速度方向所夹的锐角 α_k,称为渐开线该点的压力角。

(3) 渐开线齿廓满足瞬时传动比恒定。一对渐开线齿轮传动,其渐开线齿廓在任意点 K 接触(图 4-24),可推得两轮的传动比为

$$i = \frac{\omega_1}{\omega_2} = \frac{O_2 C}{O_1 C} = \frac{r_{b2}}{r_{b1}} \quad (4-21)$$

渐开线齿轮制成后,基圆半径是定值,所以齿轮传动的瞬时传动比恒定。

渐开线齿轮啮合时,即使两轮中心距稍有改变,过接触点齿廓公法线仍与两轮连心线交于一定点,瞬时传动比保持恒定,这种性质称为渐开线齿轮传动的可分离性,这为其加工和安装带来了方便。

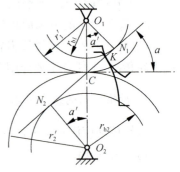

图 4-24 渐开线齿廓啮合

一对渐开线齿轮啮合时,无论啮合点在何处,其受力方向始终沿着啮合线不变,从而使传动平稳。这是渐开线齿轮传动的又一特点。

$N_1 N_2$ 称为理论啮合线,啮合线与两节圆公切线的夹角 α 称为啮合角。

2) 具有足够的承载能力和使用寿命

齿轮要有足够的强度和刚度,以传递较大的动力,并且还要有较长的使用寿命及较小的结构尺寸,即要求在预定的使用期限内不出现断齿、齿面点蚀及严重磨损等现象(在后述相关小节阐述)。

4. 渐开线圆柱齿轮的基本参数及几何尺寸

1) 渐开线直齿圆柱齿轮各部分的名称及符号

齿轮各部分的名称及符号,如图 4-25 所示。

齿顶圆——过齿轮各轮齿顶端所连成的圆,其直径用 d_a 表示,半径用 r_a 表示;

齿根圆——过齿轮各轮齿槽底部所连成的圆,其直径用 d_f 表示,半径用 r_f 表示;

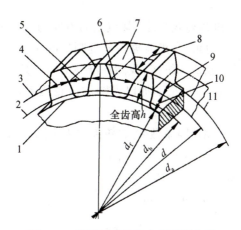

图 4-25 直齿圆柱齿轮各部分的名称
1—齿根圆；2—基圆；3—分度圆；4—齿厚 s；5—齿槽宽 e；6—齿距 p；
7—齿廓曲面；8—齿宽 b；9—齿顶高 h_a；10—齿根高 h_f；11—齿顶圆

分度圆——在齿顶圆与齿根圆之间，取一个圆作为计算齿轮各部分尺寸的基准圆，其直径和半径分别用 d 和 r 表示；

齿距——相邻两同侧齿廓在分度圆上对应点的弧长，用 p 表示；

齿厚、齿槽宽——齿距 p 分为齿厚 s 和齿槽宽 e 两部分，如图 4-25 所示，即 $p=s+e$。标准齿轮的齿厚 s 和齿槽宽 e 相等；

齿顶高——分度圆到齿顶圆的径向高度，用 h_a 表示；

齿根高——分度圆到齿根圆的径向高度，用 h_f 表示；

全齿高——齿顶圆到齿根圆的径向距离，用 h 表示；

齿宽——轮齿的轴向宽度，用 b 表示；

顶隙——两齿轮装配后，两啮合齿沿径向留下的空隙距离，用 c 表示，如图 4-26 所示。

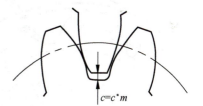

图 4-26 顶隙 c

2）渐开线直齿圆柱齿轮的基本参数

（1）齿数 z。齿轮整个圆周上轮齿的总数。

（2）模数 m。模数是齿轮计算的基本参数。齿距 p 与 π 的比值 p/π 称为模数，其单位为 mm。分度圆直径 $d=mz$。齿距 $p=\pi m$。模数越大，齿距越大，轮齿也越大，抗弯能力越强。我国（GB/T 1357—1987）已规定了标准系列，表 4-11 为其中的一部分。

表 4-11 齿轮模数 m 标准系列（GB/T 1357—1987） mm

第一系列	1	1.25	1.5	2	2.5	3	4	5	6	
	8	10	12	16	20	25	32	40	50	
第二系列	1.75	2.25	2.75	(3.5)	3.5	(3.75)	4.5	5.5	(6.5)	
	7	9	(11)	14	18	22	28	(30)	36	45

注：① 本表适用于渐开线齿轮。对于斜齿圆柱齿轮是指法向模数；对直齿圆锥齿轮指大端模数。
② 优先采用第一系列，括号内的模数尽可能不用。

（3）压力角α：在标准齿轮齿廓上，某点受力方向与运动方向所夹的锐角称为压力角，通常所说齿轮压力角，是指齿廓在分度圆处的压力角α。压力角太大对传动不利。为了便于设计、制造和维修，我国标准（GB/T 1357—1987）规定齿轮分度圆上的压力角α=20°。以后凡是不加以说明的齿轮压力角都是指分度圆上的压力角。

（4）齿顶高系数h_a^*和顶隙系数c^*。轮齿的齿顶高和齿根高规定用模数乘上某一系数来表示。

齿顶高　　$h_a = h_a^* m$

齿根高　　$h_f = h_a + c = h_a^* m + c^* m$

顶隙　　　$c = c^* m$

全齿高　　$h = h_a + h_f = (2h_a^* + c^*)m$

我国标准规定，对于圆柱齿轮，正常齿制：$h_a^* = 1, c^* = 0.25$；短齿制：$h_a^* = 0.8, c^* = 0.3$。

3）渐开线标准直齿圆柱齿轮的几何尺寸计算

标准齿轮是指分度圆上的齿厚s和齿槽宽e相等，且m、α、h_a^*和c^*为标准值的齿轮。

渐开线直齿圆柱齿轮分为外齿轮（如图4-25所示），内齿轮（如图4-27所示），齿条（如图4-28所示）。

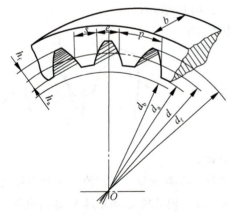

图4-27　内齿轮

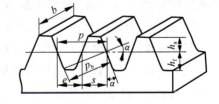

图4-28　齿条

齿数、模数和压力角为渐开线标准直齿圆柱齿轮的三个主要参数，齿轮的几何尺寸和齿形都与这些参数有关。

渐开线标准直齿圆柱齿轮的几何尺寸计算公式见表4-12。

表 4-12　渐开线标准直齿圆柱齿轮的几何尺寸计算公式　　mm

名 称	符 号	公 式 外齿轮	公 式 内齿轮	公 式 齿条
齿顶高	h_a	$h_a = h_a^* m$		
齿根高	h_f	$h_f = (h_a^* + c^*)m$		
齿全高	h	$h = (2h_a^* + c^*)m$		
齿距	p	$p = \pi m$		
齿厚	s	$s = \pi m/2$		
齿槽宽	e	$e = \pi m/2$		
顶隙	c	$c = c^* m$		
分度圆直径	d	$d = zm$		
齿顶圆直径	d_a	$d_a = (z + 2h_a^*)m$	$d_a = (z - 2h_a^*)m$	—
齿根圆直径	d_f	$d_f = (z - 2h_a^* - 2c^*)m$	$d_f = (z + 2h_a^* + 2c^*)m$	—
基圆直径	d_b	$d_b = zm\cos\alpha$		—
标准中心距	a	$a = (z_1 + z_2)m/2$	$a = (z_1 - z_2)m/2$	—

4) 英美齿制

我国齿轮标准采用模数制,英美等国采用径节制。径节(DP)为齿数 z 与分度圆直径 d 之比值,直径单位为 in(英寸),径节 DP 的单位为 $1/\text{in}(1/$英寸$)$。径节 DP 和模数 m 成倒数关系,因为 $1\text{in} = 25.4\text{mm}$,所以可用下式将径节换算成模数:$m = 25.4/DP$。

常用的径节有 2、2.5、3、4、6、8、10、12、16、20 等,单位为 $1/\text{in}$。

5. 渐开线标准直齿圆柱齿轮的啮合传动

一对齿轮啮合过程中,必须保持两轮相邻的各对齿逐一啮合,不得出现传动中断、轮齿撞击、齿廓重叠等现象,所以相啮合的一对齿轮必须满足:正确啮合条件;传动连续条件和不发生轮齿干涉条件。

1) 正确啮合条件

一对渐开线齿廓能实现定传动比传动,但并不意味着任意参数的两个渐开线齿轮都能相互配对并进行正确的啮合传动。要想使得传动正确进行,必须满足下列条件:

$$\left.\begin{array}{l} m_1 = m_2 = m \\ \alpha_1 = \alpha_2 = \alpha \end{array}\right\} \quad (4-22)$$

即一对渐开线圆柱齿轮的正确啮合条件为:两轮的模数与压力角必须分别相等,且等于标准值。

2) 渐开线齿轮连续传动条件

两齿轮在啮合传动时,如果前一对轮齿啮合还没有脱离啮合,后一对轮齿就已经进入啮合,则这种传动称为连续传动。要使一对轮齿能连续传动,则在传动中同时参加啮合轮齿的对数大于等于1。把同时参加啮合轮齿的对数用重合度ε来衡量,则齿轮连续传动的条件为重合度ε≥1。

在理论上,当ε=1时,刚好满足连续传动的条件,但实际上由于齿轮制造、安装误差以及齿轮受载时轮齿的变形,必须使ε>1才能保证传动的连续。

重合度是齿轮传动的重要指标之一。重合度越大,则同时参与啮合的轮齿越多,不仅传动平稳性好,每个轮齿所分担的载荷亦小,相对提高了齿轮的承载能力。标准齿轮、标准安装、齿数$z>12$时,ε都大于1,通常不验算。

3) 标准中心距

一对正确安装的渐开线标准齿轮,其分度圆与节圆相重合,这种安装称为标准安装,标准安装时的中心距称为标准中心距,用a表示。

(1) 外啮合齿轮机构(如图 4-29 所示)其标准中心距:

$$a = a' = r'_2 + r'_1 = r_2 + r_1 = m(z_2 + z_1)/2 \tag{4-23}$$

两轮转向相反,传动比取负号:

$$i_{12} = \omega_1/\omega_2 = -r_2/r'_1 = -z_2/z_1 \tag{4-24}$$

(2) 内啮合齿轮机构(如图 4-30 所示)其标准中心距:

$$a = r_2 - r_1 = m(z_2 - z_1)/2 \tag{4-25}$$

两轮转向相同,传动比取正号:

$$i_{12} = \omega_1/\omega_2 = r_2/r_1 = z_2/z_1 \tag{4-26}$$

应该指出,单个齿轮只有分度圆和压力角,它们是单个齿轮的尺寸和齿形参数。节圆和啮合角α'是一对齿轮啮合时的运动参数,单个齿轮不存在节圆和啮合角。

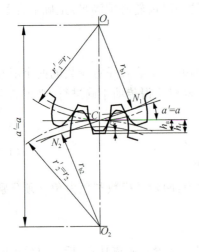

图 4-29 外啮合齿轮机构

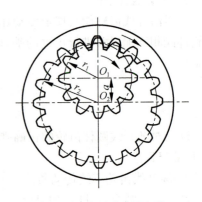

图 4-30 内啮合齿轮机构

6. 渐开线齿轮的切齿原理、根切现象及变位齿轮简介

1) 齿轮轮齿的加工原理和方法

渐开线齿轮轮齿加工方法有很多。如：切削法，铸造法，冲压法，轧制法和模锻法等。最常用的是切削法。切削法在加工原理上分为仿形法（成形法）和范成法（展成法）两种。

（1）仿形法。仿形法是将切齿刀具制成具有渐开线齿槽形状，用它切出相邻两齿的相邻侧齿廓，如图 4-31 所示。切齿时铣刀转动，同时轮坯沿轴线方向移动，铣完一个齿槽后，轮坯退回原处，转动 $360°/z$ 的角度，再铣切下一个齿槽，直至铣出所有的齿槽。轮齿铣削加工属于间断切削。由于渐开线齿廓形状取决于基圆的大小，即基圆直径 $d_b=mz\cos\alpha$，所以齿廓形状与 m、z、α 有关。要求加工精确齿廓，对模数和压力角相同而齿数不同的齿轮，应用不同的刀具，这在实际生产中是不可能的。实际生产中通常用同一号铣刀切制同模数、同齿数的齿轮。表 4-13 是刀号及其加工的齿数范围。

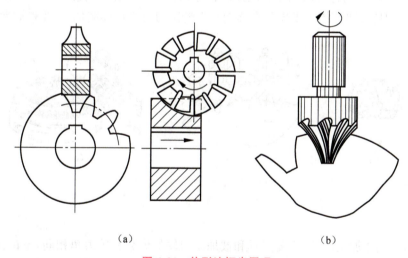

（a）　　　　　　　　　　　　　　（b）

图 4-31　仿形法切齿原理
(a) 用圆盘铣刀切齿；(b) 用指状铣刀切齿

表 4-13　刀号及其加工的齿数范围

铣刀刀号	1	2	3	4	5	6	7	8
加工的齿数范围	12～13	14～16	17～20	21～25	26～34	35～54	55～134	135 以上

仿形铣削，由于不同齿数合用一把铣刀，因此齿形相似，精度低；又由于是间断加工，故生产效率低。但其加工方法简单，不需专用机床，适合于修配和单件生产。

（2）范成法。范成法是利用一对齿轮（或齿轮和齿条）相互啮合时，两轮齿齿廓互为包络线的原理加工齿轮。范成法加工齿轮时刀具与齿坯的运动就像一对相互啮合的齿轮（或齿轮和齿条），如图 4-32 所示，最后刀具将齿坯切出渐开线齿廓。

范成法切制齿轮常用的刀具有以下三种。
① 齿条插刀:刀具是一个齿廓为刀刃的齿条,如图4-32所示。
② 齿轮插刀:刀具是一个齿廓为刀刃的外齿轮,如图4-33所示。

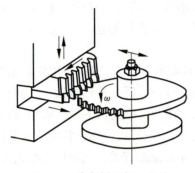

图 4-32　齿条插刀加工齿轮

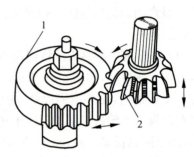

图 4-33　齿轮插刀加工齿轮
1—被切削齿轮;2—插刀

③ 齿轮滚刀:像梯形螺纹的螺杆,轴向剖面齿廓为精确的直线齿廓。如图4-34所示。滚刀转动时,相当于齿条在移动。齿轮滚刀可实现连续加工,生产效率高。

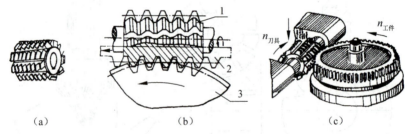

图 4-34　齿轮滚刀加工齿轮
(a)滚刀;(b)滚切原理;(c)滚削加工
1—滚刀;2—假想齿条;3—轮坯

用范成法加工齿轮,只要刀具和被加工齿轮的模数和压力角相同,不论被加工齿轮的齿数是多少,都可以用同一把刀具加工,这给生产带来极大的便利,因此范成法得到广泛应用。

2)根切现象及最少齿数

当用范成法加工齿轮时,如果齿数太少,刀具的齿顶线与啮合线的交点超过极限啮合点 N_1 时,会出现轮坯根部的渐开线齿廓被部分切除的现象称为根切,如图4-35所示。轮齿根切后,不仅齿根抗弯强度削弱,影响承载能力;而且轮齿的啮合过程缩短,重合度下降,齿轮传动的平稳性较低。为避

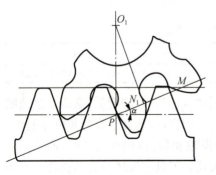

图 4-35　根切现象

免根切,齿轮的齿数应大于17个。

3) 变位齿轮简介

研究表明范成法加工齿轮时,产生根切的原因是刀具的齿顶线超过被加工齿轮上的理论啮合点 N_1。因此,为避免根切,可将刀具移离轮坯轴心一定距离,当刀具的齿顶线在与 N_1 点重合的位置时,恰好为不根切的位置。

用这种改变刀具位置的方法范成加工出来的齿轮称为变位齿轮。由变位齿轮组成的传动称为变位齿轮传动。

7. 齿轮的失效形式及材料选择

1) 轮齿的失效形式

齿轮失效多发生在轮齿上,齿轮其他部分(如轮缘、轮辐、轮毂等)一般只按经验公式进行结构设计,强度和刚度均较富裕,所以不必考虑失效问题。

轮齿的主要失效形式有轮齿折断、齿面点蚀、齿面磨粒磨损、齿面胶合及齿面塑性变形等。现分述如下。

(1) 轮齿折断。轮齿折断是齿轮失效中最危险的一种失效形式,它不仅使齿轮传动丧失工作能力,而且可能引起设备和人身事故。

轮齿折断有疲劳折断和过载折断两种类型。

① 疲劳折断:齿轮工作时,轮齿根部将产生相当大的交变弯曲应力,并且在齿根的过渡圆角处存在较大的应力集中。因此,在载荷多次作用下,当应力值超过弯曲疲劳极限时,将产生疲劳裂纹。随着裂纹的不断扩展,最终将引起轮齿折断,如图4-36所示,这种折断称为弯曲疲劳折断。这种失效形式经常发生在闭式硬齿面齿轮传动中,发生部位在齿根。

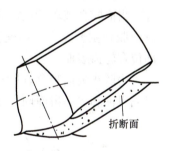

图 4-36 轮齿折断

② 过载折断:由于短时的严重过载或冲击载荷过大,轮齿因静强度不足突然折断。这种失效形式常发生在淬火钢或铸铁制成的齿轮传动中。

为提高齿轮抗折断的能力,可采用提高材料的疲劳强度和轮齿芯部的韧性,加大齿根圆角半径,提高齿面制造精度,采用齿面喷丸处理等方法来实现。

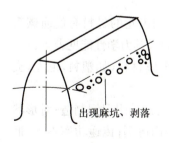

图 4-37 齿面疲劳点蚀

(2) 齿面点蚀。齿面承受脉动的接触应力,当接触应力超过接触疲劳极限时,齿面表层产生细小的微裂纹,裂纹扩展从而导致齿面金属以甲壳状的小微粒剥落,形成磨点(如图4-37所示),这种现象称为齿面点蚀。齿面出现点蚀后,会因齿面不平滑而引起振动和噪声,严重时导致失效。齿面点蚀主要发生在闭式软齿面齿轮传动中,而开式齿轮传动因齿面磨粒磨损比齿面点蚀发展得快,因而不会发生齿面点蚀失效。

齿面点蚀发生部位在齿根表面靠近节线处。

为防止过早出现疲劳点蚀,可采用增大齿轮直径,提高齿面硬度,降低齿面的表面粗糙度值和增加润滑油的黏度等方法。

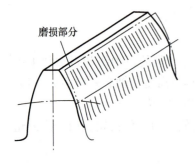

图 4-38 齿面磨粒磨损

(3) 齿面磨粒磨损。由于金属微粒、灰尘、污物等进入齿轮的工作表面,在齿轮运转时,将齿面材料逐渐磨损,如图 4-38 所示。磨损不仅使轮齿失去正确的齿形,还会使轮齿变薄,严重时引起轮齿折断。齿面磨粒磨损是开式齿轮传动的主要失效形式。发生部位在轮齿表面。

为防止磨粒磨损,可采用闭式传动,提高齿面硬度,降低齿面的粗糙度,保持良好清洁的润滑等方法。

(4) 齿面胶合。高速重载的齿轮传动,因滑动速度高而产生的瞬时高温会使油膜破裂,造成齿面间的黏焊现象,黏焊处被撕脱后,轮齿表面沿滑动方向形成沟痕(如图 4-39 所示),这种现象称为齿面胶合。齿面胶合破坏了正常的齿廓,严重时导致失效。齿面胶合主要发生在高速重载的齿轮传动中,发生部位在轮齿表面。

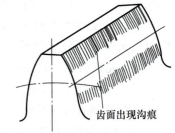

图 4-39 齿面胶合

为防止齿面胶合,可采用良好的润滑方式,限制油温,采用抗胶合添加剂的合成润滑油和提高齿面硬度,降低齿面粗糙度等方法。

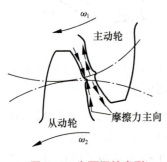

图 4-40 齿面塑性变形

(5) 齿面塑性变形。在严重过载,启动频繁或重载传动中,较软齿面会发生塑性变形(如图 4-40 所示),破坏正确齿形,致使啮合不平稳,产生较大噪声和振动。齿面塑性变形主要发生在启动频繁,有大的过载齿轮传动中。发生部位在轮齿表面的节线附近。

为防止齿面塑性变形,可通过提高齿面硬度,采用黏度较高的润滑油等方法。

2) 齿轮材料选择

(1) 齿轮的材料。常用齿轮的材料有优质碳素钢、合金结构钢、铸钢、铸铁、非金属材料等。常用齿轮材料及其力学性能见表 4-14。

除精度要求不高的齿轮,为减少噪声,也可采用非金属材料(如塑料、尼龙、夹布胶木等)做成小齿轮,大齿轮仍用钢或铸铁制造。

尺寸较小普通用途的齿轮采用圆轧钢外,大多数齿轮都采用锻钢制造;对形状复杂、直径较大($d_a \geqslant 500$ mm)和不易锻造的齿轮,才采用铸钢;传递功率不大,低速、无冲击及开式齿轮,可采用灰铸铁。

表 4-14 常用齿轮材料及其力学性能

类别	材料牌号	热处理方法	抗拉强度 σ_b/MPa	屈服点 σ_s/MPa	硬度 HBS 或 HRC
优质碳素钢	35	正火	500	270	150～180 HBS
		调质	550	294	190～230 HBS
	45	正火	588	294	169～217 HBS
		调质	647	373	229～286 HBS
		表面淬火			40～50 HRC
	50	正火	628	373	180～220 HBS
合金结构钢	40Cr	调质	700	500	240～258 HBS
		表面淬火			48～55 HRC
	35SiMn	调质	750	450	217～269 HBS
		表面淬火			45～55 HRC
	40MnB	调质	735	490	241～286 HBS
		表面淬火			45～55 HRC
	20Cr	渗碳淬火后回火	637	392	56～62 HRC
	20CrMnTi		1 079	834	56～62 HRC
	38CrMnAl	渗氮	980	834	850 HV
铸钢	ZG45	正火	580	320	156～217 HBS
	ZG55		650	350	169～229 HBS
灰铸铁	HT300	—	300		185～278 HBS
	HT350		350		202～304 HBS
球墨铸铁	QT600-3	—	600	370	190～270 HBS
	QT700-2		700	420	225～305 HBS
非金属	夹布胶木	—	100		25～35 HBS

有色金属仅用于制造有特殊要求(如抗腐蚀、防磁性等)的齿轮。

对高速、轻载及精度要求不高的齿轮,为减少噪声,也可采用非金属材料(如塑料、尼龙、夹布胶木等)做成小齿轮,大齿轮仍用钢或铸铁制造。

(2) 齿轮的热处理。

① 渗碳淬火。

材料:低碳钢,低碳合金钢;如 20,20CrMnTi 等。

特点:齿面硬度 56～62 HRC,芯部韧性较高,接触强度高,耐磨性好,抗冲击载荷能力强。

应用:对尺寸和重量有严格要求的重要设备中。

② 表面淬火。

材料:中碳钢,中碳合金钢;如 45,45Cr 等。

特点:齿面硬度 53～56 HRC,芯部未淬硬有较高的韧性;接触强度高,耐磨性好,能承受一定的冲击载荷。

③ 调质。

材料:中碳钢,中碳合金钢。

特点:齿面硬度 220～280 HBS。

应用:对尺寸和重量没有严格限制的一般机械设备中。

④ 正火。

材料:中碳钢,铸钢,铸铁。

特点:承受能力低,制造成本低。

(3) 齿轮材料的组合。通常齿轮材料采用软齿面组合和硬齿面组合两种形式。

① 软齿面组合:齿轮材料常用优质碳素钢。为了使小齿轮的承载能力能与大齿轮接近,小齿轮的材料要优于大齿轮。对于直齿轮,小齿轮的齿面硬度一般要高于大齿轮齿面硬度 20～25 HBS;对于斜齿轮,则要高于 40～50 HBS。一般齿轮传动多采用这种组合。

② 硬齿面组合:齿轮的材料选用合金钢。小齿轮材料优于大齿轮,两齿轮的齿面硬度可大致相同。一般传动尺寸受结构限制的齿轮采用这种组合方式。

8. 齿轮的结构和精度

1) 齿轮的结构

齿轮的结构设计通常是先按齿轮的直径大小选定合适的结构型式,然后再根据推荐的经验公式和数据进行结构设计。

齿轮常用的结构型式有以下几种。

(1) 齿轮轴。对于直径较小的钢制齿轮,当齿轮的齿顶圆直径 d_a 小于轴孔直径的 2 倍,或圆柱齿轮齿根圆至键槽底部的距离 $X \leqslant 2.5 \text{ m}$(斜齿轮为 m_n),将齿轮与轴做成一整体,称为齿轮轴(如图 4-41 所示)。

(2) 锻造齿轮。齿轮与轴分开制造时,齿轮采用锻造结构。当 $d_a \leqslant 200 \text{ mm}$ 时,圆柱齿轮采用实心式(如图 4-42 所示);当 $d_a \leqslant 500 \text{ mm}$ 时,齿轮采用辐板式(如图 4-43 所示)。

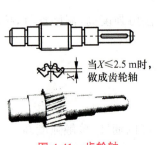

图 4-41 齿轮轴

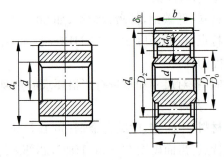

图 4-42 实心式齿轮

（3）铸造齿轮。当齿轮的齿顶圆直径 $d_a>400\sim500$ mm，由于齿轮尺寸大且重，齿轮毛坯因受锻造设备的限制，往往采用铸造结构。当 400 mm$<d_a\leqslant500$ mm 时，采用辐板式结构，当 $d_a=500\sim1\,000$ mm 时，采用轮辐式结构（如图 4-44 所示）。

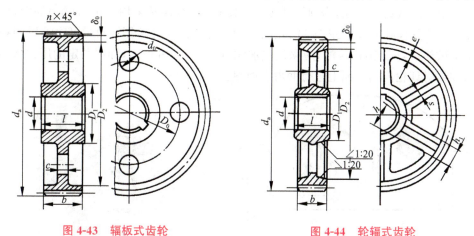

图 4-43　辐板式齿轮　　　　　　图 4-44　轮辐式齿轮

2）齿轮传动精度简介

国家标准 GB/T 10095.1—2001 对渐开线圆柱齿轮及齿轮副规定了 13 个精度等级。精度从 0 级到 12 级依次降低。常用的精度等级为 6～9 级。齿轮精度的选择应根据传动的用途，工作条件，传递功率的大小，圆周速度的高低以及经济性和其他技术要求等决定。具体选择可参考表 4-15。

表 4-15　齿轮传动精度

精度等级	齿面硬度 HBS	圆周速度 $v/(m \cdot s^{-1})$			应用举例
		直齿圆柱齿轮	斜齿圆柱齿轮	直齿圆锥齿轮	
6	≤350	≤18	≤36	≤9	高速重载的齿轮传动，如机床、汽车中的重要齿轮，分度机构的齿轮，高速减速器的齿轮等
	>350	≤15	≤30		
7	≤350	≤12	≤25	≤6	高速中载或中速重载的齿轮传动，如标准系列减速器的齿轮，机床和汽力变速箱中的齿轮等
	>350	≤10	≤20		
8	≤350	≤6	≤12	≤3	一般机械中的齿轮传动，如机床、汽车和拖拉机中的一般齿轮，起重机械中的齿轮，农业机械中的重要齿轮等
	>350	≤5	≤9		
9	≤350	≤4	≤8	≤2.5	低速重载的齿轮，低精度机械中的齿轮等
	>350	≤3	≤6		

9. 齿轮传动的润滑与维护

1）齿轮传动的润滑

齿轮传动由于啮合时齿面间有相对滑动，会产生摩擦和磨损，所以润滑对于齿轮传动十分重要。润滑可以减少摩擦损失，减少磨损，降低噪声，散热和防锈，提高使用寿命等作用。

齿轮传动的润滑方式,主要由齿轮圆周速度的大小和工作条件决定。

对于开式齿轮传动,由于速度较低,通常采用人工定期润滑或润滑脂润滑。

对于闭式齿轮传动,当圆周速度 $v<10$ m/s 时,通常采用浸油(油池)润滑,如图 4-45 所示,运转时,大齿轮将润滑油带入啮合面上进行润滑,同时可将油甩到箱壁上散热;当 $v\geqslant 10$ m/s 时,应采用喷油润滑,如图 4-46 所示,即以一定的压力将润滑油喷射到轮齿啮合面上进行润滑和散热。

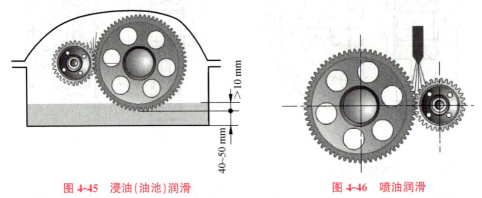

图 4-45 浸油(油池)润滑   图 4-46 喷油润滑

2)齿轮传动的维护

(1)使用齿轮传动时,在启动、加载、卸载及换挡的过程中力求平稳,避免产生冲击载荷,以防引起断齿等故障。

(2)经常检查润滑系统的状况。如浸油润滑的油面高度,油面过低则润滑不良,油面过高会增加搅油功率损失。对于喷油润滑,需检查油压状况,油压过低会造成供油不足,油压过高则可能由油路不畅通所致,需及时调整油压,还应按照使用规则定期更换或补充规定牌号的润滑油。

(3)注意检查齿轮传动的工作状况,检查有无不正常的声音或箱体过热现象。润滑不良和装配不合要求是齿轮失效的重要原因。声响监测和定期检查是发现齿轮损伤的主要办法。

拓展延伸

1. 标准直齿圆柱齿轮传动的设计计算

1)轮齿受力分析和计算载荷

一对渐开线齿轮啮合,若忽略摩擦力,则轮齿间相互作用的法向压力 F_n 的方向,始终沿啮合线方向且大小不变。对于渐开线标准齿轮啮合,按在节点 C 接触处进行受力分析。

法向力 F_n 可分解为圆周力 F_t 和径向力 F_r,如图 4-47 所示,则:

$$F_n = \frac{F_t}{\cos\alpha} \quad F_t = \frac{2T_1}{d_1} \quad F_r = F_t\tan\alpha \tag{4-27}$$

式中　T_1——小齿轮转矩，$T_1=9.55\times10^6 P/n_1$ (N·mm)；
　　　P——齿轮传递功率(kW)；
　　　n_1——小齿轮转速(r/min)；
　　　d_1——小齿轮分度圆直径(mm)；
　　　α——压力角。
力的单位均为 N。

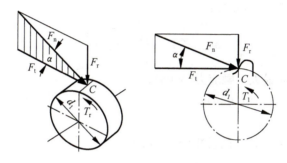

图 4-47　直齿圆柱齿轮受力分析

主、从动轮上各对应的力，大小相等、方向相反。径向力方向由作用点指向各自圆心；圆周力 F_{t1} 与节点 C 的速度方向相反，F_{t2} 与节点 C 的速度方向相同。

上述求得的法向力 F_n 为理想状况下的名义载荷。实际上，由于齿轮、轴、支承等的制造、安装误差以及载荷下的变形等因素的影响，轮齿沿齿宽的作用力并非均匀分布，存在着载荷局部集中的现象。此外，由于原动机与工作机的载荷变化，以及齿轮制造误差和变形所造成的啮合传动不平稳等，都将引起附加动载荷。因此，齿轮强度计算时，通常用考虑了各种影响因素的计算载荷 F_{nc} 代替名义载荷 F_n，计算载荷按下式确定：

$$F_{nc}=KF_n \tag{4-28}$$

式中　K——载荷系数，其值可由表 4-16 查得。

表 4-16　载荷系数 K

载荷状态	工作机举例	原动机		
		电动机	多缸内燃机	单缸内燃机
平稳轻微冲击	均匀加料的运输机、发电机、透平鼓风机和压缩机、机床辅助传动等	1～1.2	1.2～1.6	1.6～1.8
中等冲击	不均匀加料的运输机、重型卷扬机、球磨机、多缸往复式压缩机等	1.2～1.6	1.6～1.8	1.8～2.0
较大冲击	冲床、剪床、钻机、轧机、挖掘机、重型给水泵、破碎机、单缸往复式压缩机等	1.6～1.8	1.9～2.1	2.2～2.4
注：斜齿、圆周速度低、传动精度高、齿宽系数小时，取小值；直齿、圆周速度高、传动精度低时，取大值；齿轮在轴承间不对称布置时取大值。				

2) 齿面接触疲劳强度计算

为避免齿面发生点蚀失效,应进行齿面接触疲劳强度计算。一对渐开线齿轮啮合传动,齿面接触近似于一对圆柱体接触传动,轮齿在节点工作时往往是一对齿传力,是受力较大的状态,容易发生点蚀。所以设计时以节点处的接触应力作为计算依据,限制节点处接触应力 $\sigma_H \leqslant [\sigma_H]$。

(1) 接触应力计算:

齿面最大接触应力 σ_H 为:

$$\sigma_H = 335 \sqrt{\frac{KT_1(u \pm 1)^3}{a^2 bu}} \tag{4-29}$$

式中　σ_H——齿面最大接触应力(MPa);

a——齿轮中心距(mm);

K——载荷系数;

T_1——小齿轮传递的转矩(N·mm);

b——齿宽(mm);

u——大轮与小轮的齿数比;

"+""−"——分别表示外啮合和内啮合。

(2) 接触疲劳许用应力$[\sigma_H]$:

$$[\sigma_H] = \frac{\sigma_{Hlim}}{S_H} \tag{4-30}$$

式中　σ_{Hlim}——试验齿轮的接触疲劳极限(MPa),与材料及硬度有关,如图 4-48 所示的数据为可靠度 99% 的试验值。

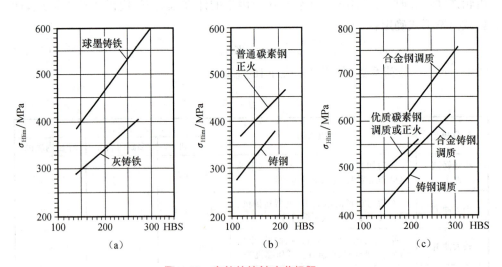

图 4-48　齿轮的接触疲劳极限 σ_{Hlim}

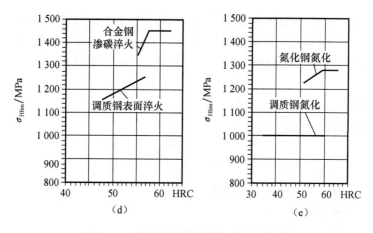

图 4-48 齿轮的接触疲劳极限 σ_{Hlim}(续)

S_H——齿面接触疲劳安全系数,由表 4-17 查取。

表 4-17 齿轮强度的安全系数 S_H 和 S_F

安全系数	软齿面	硬齿面	重要的传动、渗碳淬火齿轮或铸造齿轮
S_H	1.0～1.1	1.1～1.2	1.3
S_F	1.3～1.4	1.4～1.6	1.6～2.2

(3) 接触疲劳强度公式:

校核公式:

$$\sigma_H = 335\sqrt{\frac{KT_1(u\pm 1)^3}{a^2 bu}} \leqslant [\sigma_H] \tag{4-31}$$

引入齿宽系数 $\varphi_a = b/a$ 代入上式消去 b 可得设计公式。

设计公式:

$$a \geqslant (u\pm 1)\sqrt[3]{\left(\frac{335}{[\sigma_H]}\right)^2 \frac{KT_1}{\varphi_a u}} \tag{4-32}$$

上式只适用于一对钢制齿轮,若为钢对铸铁或一对铸铁齿轮,系数 335 应分别改为 285 和 250。

一对齿轮啮合,两齿面接触应力相等,但两轮的许用接触应力 $[\sigma_H]$ 可能不同,计算时应代入 $[\sigma_H]_1$ 与 $[\sigma_H]_2$ 中的较小值。

影响齿面接触疲劳的主要参数是中心距 a 和齿宽 b,a 的效果更明显些。决定 $[\sigma_H]$ 的因素主要是材料及齿面硬度。所以提高齿轮齿面接触疲劳强度的途径是加大中心距,增大齿宽或选强度较高的材料,提高轮齿表面硬度。

3) 齿根弯曲疲劳强度计算

进行齿根弯曲疲劳强度计算的目的,是防止轮齿疲劳折断。根据一对轮齿啮合时,力作用于齿顶的条件,限制齿根危险截面拉应力边的弯曲应力 $\sigma_F \leqslant [\sigma_F]$。轮齿受弯时其力学模型如悬臂梁,受力后齿根产生最大弯曲应力,而圆角部分又有应力集中,故齿根是弯曲强度的薄弱环节。齿根受拉应力边裂纹易扩展,是弯曲疲劳的危险区。

(1) 齿根弯曲应力计算:

齿根最大弯曲应力 σ_F 为

$$\sigma_F = \frac{2KT_1 Y_{FS}}{bm^2 z_1} \tag{4-33}$$

式中 σ_F——齿根最大弯曲应力(MPa);

K——载荷系数;

T_1——小齿轮传递的转矩(N·mm);

Y_{FS}——复合齿形系数,反映轮齿的形状对抗弯能力的影响,同时考虑齿根部应力集中的影响。见表 4-18 外齿轮的复合齿形系数 Y_{FS};

b——齿宽(mm);

m——模数(mm);

z_1——小轮齿数。

表 4-18　外齿轮的复合齿形系数 Y_{FS}

$Z(Z_V)$	17	18	19	20	21	22	23	24	25	26	27	28	29
Y_{Fa}	4.514	4.452	4.389	4.340	4.306	4.270	4.237	4.187	4.166	4.147	4.112	4.106	4.099
$Z(Z_V)$	30	35	40	45	50	60	70	80	90	100	150	200	∞
Y_{Fa}	4.163	4.043	4.008	3.948	3.944	3.944	3.920	3.929	3.916	3.902	3.916	3.954	4.058

(2) 弯曲疲劳许用应力 $[\sigma_F]$:

$$[\sigma_F] = \frac{\sigma_{Flim}}{S_F} \tag{4-34}$$

式中 σ_{Flim}——试验齿轮的弯曲疲劳极限(MPa),(如图 4-49 所示)对于双侧工作的齿轮传动,齿根承受对称循环弯曲应力,应将图中数据乘以 0.7;

S_H——齿轮弯曲疲劳强度安全系数,由表 4-17 查取。

(3) 弯曲疲劳强度公式。

校核公式:

$$\sigma_F = \frac{2KT_1 Y_{FS}}{bm^2 z_1} \leqslant [\sigma_F] \tag{4-35}$$

引入齿宽系数 $\varphi_a = b/a$ 代入上式消去 b 可得设计公式。

设计公式:

$$m \geqslant \sqrt[3]{\frac{4KT_1 Y_{FS}}{\varphi_a (u \pm 1) z_1^2 [\sigma_F]}} \tag{4-36}$$

m 计算后应取标准值。

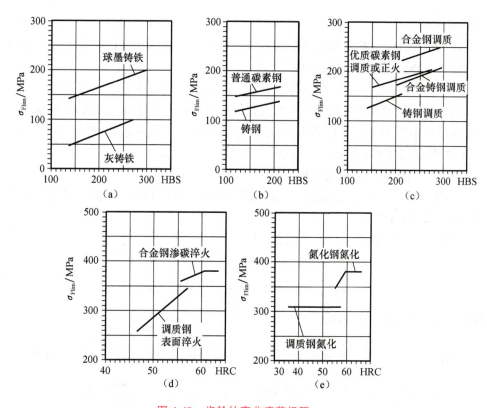

图 4-49　齿轮的弯曲疲劳极限 σ_{Flim}

通常两齿轮的复合齿形系数 Y_{FS1} 和 Y_{FS2} 不相同，材料许用弯曲应力 $[\sigma_F]_1$ 和 $[\sigma_F]_2$ 也不等，$Y_{FS1}/[\sigma_F]_1$ 和 $Y_{FS2}/[\sigma_F]_2$ 比值大者强度较弱，应作为计算时的代入值。

由式(4-35)可知影响齿根弯曲强度的主要参数有模数 m、齿宽 b、齿数 z_1 等，而加大模数对降低齿根弯曲应力效果最显著。

4）齿轮传动设计准则

轮齿的失效形式很多，它们不大可能同时发生，却又相互联系，相互影响。例如：轮齿表面产生点蚀后，实际接触面积减少将导致磨损的加剧，而过大的磨损又会导致轮齿的折断。可是在一定条件下，必有一种为主要失效形式。在进行齿轮传动的设计计算时，应分析具体的工作条件，判断可能发生的主要失效形式，以确定相应的设计准则。

对于软齿面的闭式齿轮传动，由于齿面抗点蚀能力差，润滑条件良好，齿面点蚀将是主要的失效形式。在设计计算时，通常按齿面接触疲劳强度设计，再作齿根弯曲疲劳强度校核。

对于硬齿面的闭式齿轮传动，齿面抗点蚀能力强，但易发生齿根折断，齿根疲劳折断将是主要失效形式。在设计计算时，通常按齿根弯曲疲劳强度设计，再作齿面接触疲劳强度校核。

对于开式传动,其主要失效形式将是齿面磨损。通常按齿根弯曲疲劳强度设计,再考虑磨损,将所求得的模数增大 10%~20%。

当一对齿轮均为铸铁制造时,一般只需作轮齿弯曲疲劳强度设计计算。

例 4-2 试设计两级减速器中的低速级直齿圆柱齿轮传动。已知:用电动机驱动,载荷有中等冲击,齿轮相对于支承位置不对称,单向运转,传递功率 $P=10$ kW,低速级主动轮转速 $n_1=400$ r/min,传动比 $i=3.5$。

解:(1) 选择材料,确定许用应力。

由表 4-14 可知,小轮选用 45 钢,调质,硬度为 220 HBS;大轮选用 45 钢,正火,硬度为 190 HBS。

由图 4-48(c)和图 4-49(c)分别查得:

$$\sigma_{Hlim1} = 555 \text{ MPa} \quad \sigma_{Hlim2} = 530 \text{ MPa}$$
$$\sigma_{Flim1} = 190 \text{ MPa} \quad \sigma_{Flim2} = 180 \text{ MPa}$$

由表 4-17 查得 $S_H=1.1, S_F=1.4$,故

$$[\sigma_H]_1 = \frac{\sigma_{Hlim1}}{S_H} = \frac{555}{1.1} = 504.5 \text{ MPa}, \quad [\sigma_H]_2 = \frac{\sigma_{Hlim2}}{S_H} = \frac{530}{1.1} = 481.8 \text{ MPa}$$

$$[\sigma_F]_1 = \frac{\sigma_{Flim1}}{S_F} = \frac{190}{1.4} = 135.7 \text{ MPa}, \quad [\sigma_F]_2 = \frac{\sigma_{Flim2}}{S_F} = \frac{180}{1.4} = 128.5 \text{ MPa}$$

因硬度小于 350 HBS,属软齿面,按接触强度设计,再校核弯曲强度。

(2) 按接触强度设计。

计算中心距:

$$a \geq (u \pm 1)\sqrt[3]{\left(\frac{335}{[\sigma_H]}\right)^2 \frac{KT_1}{\varphi_a u}}$$

① 取 $[\sigma_H]=[\sigma_H]_2=481.8$ MPa。

② 小轮转矩:

$$T_1 = 9.55 \times 10^6 \times \frac{10}{400} = 2.38 \times 10^5 \text{ N} \cdot \text{mm}$$

③ 取齿宽系数 $\varphi_a=0.4, i=u=3.5$。

由于原动机为电动机,中等冲击,支承不对称布置,故选 8 级精度,由表 4-16 选 $K=1.5$。将以上数据代入,得初算中心距 $a_c=223.7$ mm。

(3) 确定基本参数,计算主要尺寸。

① 选择齿数:

取 $z_1=20$,则 $z_2=u\times z_1=3.5\times 20=70$。

② 确定模数：

由公式 $a=m(z_1+z_2)/2$ 可得：$m=4.98$

由表 4-11 查得标准模数，取 $m=5$。

③ 确定中心距：
$$a = m(z_1+z_2)/2 = 5\times(20+70)/2 = 225 \text{ mm}$$

④ 计算齿宽：
$$b = \varphi_a a = 0.4\times 225 = 90 \text{ mm}$$

为补偿两轮轴向尺寸误差，取 $b_1=95$ mm，$b_2=90$ mm。

⑤ 计算齿轮几何尺寸（按表 4-12 计算，$d_1=mz_1=5\times 20=100$ mm；$d_2=mz_2=5\times 70=350$ mm，其他从略）。

（4）校核弯曲强度：
$$\sigma_{F1} = \frac{2KT_1 Y_{FS1}}{bm^2 z_1}$$

$$\sigma_{F2} = \frac{2KT_1 Y_{FS2}}{bm^2 z_1} = \sigma_{F1}\frac{Y_{FS2}}{Y_{FS1}}$$

按 $z_1=20$，$z_2=70$ 由表 4-18 查得 $Y_{FS1}=4.34$，$Y_{FS2}=3.92$，代入上式得：

$$\sigma_{F1} = 68.8 \text{ MPa} < [\sigma_F]_1, \quad 安全;$$
$$\sigma_{F2} = 62.1 \text{ MPa} < [\sigma_F]_2, \quad 安全。$$

（5）验算齿轮圆周速度：
$$v = \pi d_1 n_1/(60\times 1\,000) = \pi\times 100\times 400/60\,000 = 2.09 \text{ m/s}$$

由表 4-15 可知，选择齿轮精度等级为 8 级是正确的。

（6）设计齿轮结构，绘制齿轮工作图。（略）

2. 斜齿圆柱齿轮传动简介

1）直齿圆柱齿轮和平行轴斜齿轮传动特点

直齿圆柱齿轮啮合时，齿面的接触线均平行于齿轮的轴线，如图 4-50 所示。因此，轮齿是沿整个齿宽同时进入啮合，同时脱离啮合的，载荷沿齿宽突然加上及突然卸下。其传动的平稳性较差，易产生冲击、振动和噪声，不适合高速和重载的传动中。

平行轴斜齿轮的一对轮齿进行啮合时，其齿廓是逐渐进入啮合，逐渐脱离啮合的，如图 4-51 所示。斜齿轮齿廓接触线的长度由零逐渐增到最大值，然后，由最大值逐渐减小到零，载荷不是突然加上及突然卸下；并且由于斜齿轮的螺旋形轮齿使一对轮齿的啮合过程延长，重合度增大，因此，斜齿轮传动工作平稳，承载能力大。

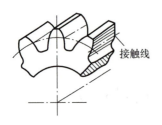 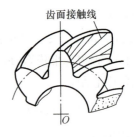

图 4-50　直齿圆柱齿轮接触线　　　　图 4-51　斜齿圆柱齿轮接触线

由于斜齿轮传动有上述特点,因而不论从受力或传动来说都要比直齿轮好,所以在高速大功率的传动中,斜齿轮传动应用广泛。但是,由于斜齿轮的轮齿是螺旋形的,因而比直齿轮传动要多一个轴向力,使得轴承的组合设计变得复杂。

2) 斜齿圆柱齿轮的基本参数

由于斜齿轮的轮齿是螺旋形的,在垂直于轮齿方向,法面上的齿廓曲面及齿形与端面的不同,所以斜齿轮的每一个基本参数都有端面与法面之分。斜齿轮的切制是沿螺旋方向进给的,因此标准刀具的刃形参数必然与斜齿轮的法向参数(下标以 n 表示)相同,即以法向参数为标准值。斜齿轮在端面上具有渐开线齿形,所以计算斜齿轮的几何尺寸大部分是按照端面参数(下标以 t 表示)进行的。

(1) 螺旋角 β。将斜齿圆柱齿轮的分度圆柱展开,如图 4-52 所示,该圆柱上的螺旋线便成为一条斜直线,它与齿轮轴线间的夹角,就是分度圆柱上的螺旋角,简称斜齿轮的螺旋角 β。β 越大,重合度越大,传动越平稳,但轴向力加大,一般 $\beta=8°\sim20°$。

斜齿轮按其轮齿的旋向可分为右旋和左旋,如图 4-53 所示,面对轴线,若齿轮螺旋线左低右高为右旋,反之则为左旋。

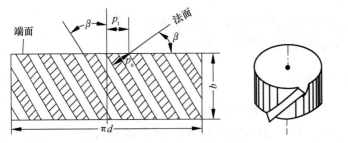 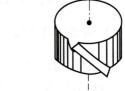

图 4-52　斜齿轮的展开　　　　图 4-53　斜齿轮轮齿的旋向

(2) 模数。由图 4-52 可知,法面齿距与端面齿距的关系为:$p_n = p_t \cos\beta$,而 $p_n = \pi m_n$、$p_t = \pi m_t$。所以法面模数 m_n 与端面模数 m_t 的关系式为

$$m_n = m_t \cos\beta \tag{4-37}$$

式中,法面模数 m_n 为标准值,由表 4-11 查得。

(3) 压力角。法向压力角 α_n 与端面压力角 α_t 之间的关系式为

$$\tan\alpha_n = \tan\alpha_t \cos\beta \qquad (4\text{-}38)$$

法向压力角 α_n 的标准值为 $20°$。

(4) 齿顶高系数和顶隙系数。斜齿轮的齿顶高、齿根高和顶隙,不论从法面或端面来看都是相同的,即

$$h_a = h_{an}^* m_n = h_{tn}^* m_t \qquad (4\text{-}39)$$

$$c = c_n^* m_n = c_t^* m_t \qquad (4\text{-}40)$$

式中,法向齿顶高系数 $h_{an}^* = 1$,法向顶隙系数 $c_n^* = 0.25$。

(5) 斜齿轮的当量齿数。用仿形法加工斜齿轮时,盘状铣刀是沿螺旋线方向切齿的。因此,刀具需按斜齿轮的法向齿形来选择。斜齿轮的齿形较直齿轮复杂,工程中为计算方便,特引入当量齿轮的概念。斜齿轮的当量齿轮为一假想的直齿轮。当量齿轮的齿数为当量齿数 Z_V,可由下式求得:

$$Z_V = \frac{Z}{\cos^3\beta} \qquad (4\text{-}41)$$

用仿形法加工时,应按当量齿数选择铣刀号码;强度计算时,可按一对当量直齿轮传动近似计算一对斜齿轮传动;在计算标准斜齿轮不发生根切的齿数时,可按下式求得

$$Z_{min} = Z_{Vmin}\cos^3\beta = 17\cos^3\beta \qquad (4\text{-}42)$$

由此可见,斜齿轮不根切的最少齿数小于 17,这是斜齿轮传动的优点之一。

3) 重合度

平行轴斜齿轮的重合度随螺旋角 β 和齿宽 b 的增大而增大,较端面参数相同的直齿轮大。这有利于提高承载能力和传动的平稳性。

4) 斜齿圆柱齿轮传动的正确啮合条件

一对外啮合斜齿圆柱齿轮传动的正确啮合条件是:两轮的法面模数和法向压力角必须分别相等,两轮的螺旋角必须大小相等,旋向相反(内啮合时旋向相同)。

即

$$\left.\begin{array}{l} m_{n1} = m_{n2} = m_n \\ \alpha_{n_1} = \alpha_{n_2} = \alpha_n \\ \beta_1 = -\beta_2 \end{array}\right\} \qquad (4\text{-}43)$$

式中,"—"表示旋向相反。

5) 斜齿轮的几何尺寸

由于斜齿圆柱齿轮的端面齿形也是渐开线的,因此将斜齿轮的端面参数代入直齿圆柱齿轮的几何尺寸计算公式,可以得到斜齿圆柱齿轮相应的几何尺寸计算公式,见表 4-19。

表 4-19　标准斜齿圆柱齿轮几何尺寸计算公式

名　称	符　号	计算公式
顶隙	c	$c = c_n^* m_n = 0.25 m_n$
齿顶高	h_a	$h_a = h_{an}^* m_n = m_n$
齿根高	h_f	$h_f = h_a + c = 1.25 m_n$
全齿高	h	$h = h_a + h_f = 2.25 m_n$
分度圆直径	d	$d = m_t z = m_n z / \cos\beta$
齿顶圆直径	d_a	$d_a = d + 2h_a = d + 2m_n$
齿根圆直径	d_f	$d_f = d - 2h_f = d - 2.5 m_n$
中心距	a	$a = (d_1 + d_2)/2 = m_n(z_1 + z_2)/2\cos\beta$

3. 直齿圆锥齿轮传动简介

1）锥齿轮传动的特点和应用

锥齿轮是用于轴线相交的一种齿轮机构，两轴交角可由传动来确定，常用的轴交角 $\Sigma = 90°$；轮齿分布在圆锥面上，齿形由大端到小端逐渐减小，如图 4-54 所示。锥齿轮的轮齿有直齿、斜齿和曲齿三类。其中，直齿锥齿轮设计、制造和安装均较简单，故应用较广。

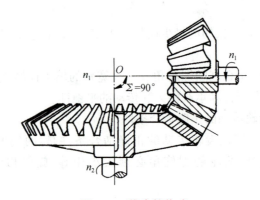

图 4-54　锥齿轮传动

2）直齿锥齿轮的基本参数及几何尺寸

图 4-55 所示为一对标准直齿锥齿轮机构，其节圆锥和分度圆锥重合，轴交角 $\Sigma = \delta_1 + \delta_2 = 90°$。

由于大端轮齿尺寸大，测量时相对误差小，因此，锥齿轮的基本参数以大端为标准值。锥齿轮的基本参数有：大端模数 m 由表 4-20 查取；齿数 z_1、z_2；压力角 $\alpha = 20°$；分度圆锥角 δ_1、δ_2；齿顶高系数 $h_a^* = 1$；顶隙系数 $c^* = 0.2$。

锥齿轮几何尺寸公式见表 4-21。

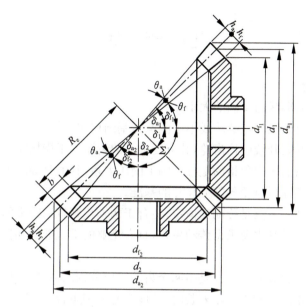

图 4-55 锥齿轮尺寸

表 4-20 锥齿轮模数系列 mm

1	1.125	1.25	1.375	1.5	1.75	2	2.25	2.5	2.75	3
3.25	3.5	3.75	4	4.5	5	5.5	6	6.5	7	8

表 4-21 锥齿轮几何尺寸公式

名 称	符 号	计算公式
分度圆直径	d	$d=mz$
分度圆锥角	δ	$\delta_2=\arctan(z_2/z_1), \delta_1=90°-\delta_2$
锥距	R	$R=mz/(2\sin\delta)=m\sqrt{z_1^2+z_2^2}/2$
齿宽	b	$b \leqslant R/3$
齿顶圆直径	d_a	$d_a=d+2h_a\cos\delta=m(z+2h_a^*\cos\delta)$
齿根圆直径	d_f	$d_f=d-2h_f\cos\delta=m[z-2(h_a^*+c^*)\cos\delta]$
顶圆锥角	δ_a	$\delta_a=\delta+\theta_a=\delta+\arctan(h_a^*m/R)$
根圆锥角	δ_f	$\delta_f=\delta-\theta_f=\delta-\arctan[(h_a^*+c^*)m/R]$

3) 直齿锥齿轮传动的正确啮合条件

一对标准直齿锥齿轮传动的正确啮合条件为：两轮大端的模数和压力角相等，即

$$\left. \begin{array}{l} m_1=m_2=m \\ \alpha_1=\alpha_2=20° \end{array} \right\} \tag{4-44}$$

自 测 题

一、判断题

1. 渐开线的形状与基圆的大小无关。（　）
2. 渐开线上任意一点的法线不可能都与基圆相切。（　）
3. 对于标准渐开线圆柱齿轮,其分度圆上的齿厚等于齿槽宽。（　）
4. 标准齿轮上压力角指的是分度圆上的压力角,其值是30°。（　）
5. 分度圆是计量齿轮各部分尺寸的基准。（　）
6. 齿轮传动的特点是传动比恒定,适合于两轴相距较远距离的传动。（　）
7. 齿轮传动的基本要求是传动平稳,具有足够的承载能力和使用寿命。（　）
8. 渐开线齿轮具有可分性是指两个齿轮可以分别制造和设计。（　）
9. 标准齿轮以标准中心距安装时,分度圆与节圆重合。（　）
10. 用范成法加工标准齿轮时,为了不产生根切现象,规定最小齿数不得小于17。（　）
11. 齿面点蚀经常发生在闭式硬齿面齿轮传动中。（　）
12. 硬齿面齿轮的齿面硬度大于350 HBS。（　）
13. 开式齿轮传动的主要失效形式是胶合和点蚀。（　）
14. 对于闭式齿轮传动,当圆周速度 $v<10$ m/s时,通常采用浸油润滑。（　）
15. 直齿轮传动相对斜齿轮传动工作更平稳,承载能力更大。（　）
16. 标准斜齿圆柱齿轮的正确啮合条件是:两齿轮的端面模数和压力角相等,螺旋角相等,螺旋方向相反。（　）
17. 锥齿轮只能用来传递两正交轴($\Sigma=90°$)之间的运动和动力。（　）
18. 圆锥齿轮的正确啮合条件是:两齿轮的小端模数和压力角分别相等。（　）

二、选择题

1. 用一对齿轮来传递平行轴之间的运动时,若要求两轴转向相同,应采用何种传动？（　）
   A. 外啮合　　　B. 内啮合　　　C. 齿轮与齿条
2. 机器中的齿轮采用最广泛的齿廓曲线是哪一种？（　）
   A. 圆弧　　　　B. 直线　　　　C. 渐开线
3. 在机械传动中,理论上能保证瞬时传动比为常数的是（　）。
   A. 带传动　　　B. 链传动　　　C. 齿轮传动

4. 标准压力角和标准模数均在哪个圆上？（　　）
   A. 分度圆　　　　　B. 基圆　　　　　C. 齿根圆

5. 一对标准渐开线齿轮啮合传动,若两轮中心距稍有变化,则（　　）。
   A. 两轮的角速度将变大一些　　B. 两轮的角速度将变小一些
   C. 两轮的角速度将不变

6. 基圆越小渐开线越（　　）。
   A. 平直　　　　　　B. 弯曲　　　　　C. 不变化

7. 对于齿数相同的齿轮,模数越大,齿轮的几何尺寸、齿形及齿轮的承载能力则（　　）。
   A. 越大　　　　　　B. 越小　　　　　C. 不变

8. 齿轮传动的重合度为多少时,才能保证齿轮机构的连续传动。（　　）
   A. $\varepsilon \leqslant 0$　　　B. $0 < \varepsilon < 1$　　　C. $\varepsilon \geqslant 1$

9. 一对渐开线齿轮啮合时,啮合点始终沿着谁移动。（　　）
   A. 分度圆　　　　　B. 节圆　　　　　C. 基圆内公切线

10. 高速重载齿轮传动,当润滑不良时,最可能出现的失效形式是（　　）。
    A. 齿面胶合　　　　B. 齿面磨损　　　C. 轮齿疲劳折断

11. 设计一般闭式齿轮传动时,齿根弯曲疲劳强度主要针对的失效形式是（　　）。
    A. 轮齿疲劳折断　　B. 齿面点蚀　　　C. 磨损

12. 设计一对材料相同的软齿面齿轮传动时,一般使小齿轮齿面硬度 HBS_1 和大齿轮齿面硬度 HBS_2 的关系为（　　）。
    A. $HBS_1 < HBS_2$　　B. $HBS_1 = HBS_2$　　C. $HBS_1 > HBS_2$

13. 选择齿轮精度等级的依据是（　　）。
    A. 传动功率　　　　B. 圆周速度　　　C. 中心距

14. 一减速齿轮传动,小齿轮1选用45钢调质;大齿轮选用45钢正火,它们的齿面接触应力应该是（　　）。
    A. $\sigma_{H1} > \sigma_{H2}$　　B. $\sigma_{H1} < \sigma_{H2}$　　C. $\sigma_{H1} = \sigma_{H2}$

15. 对于硬度≤350 HBS 的闭式齿轮传动,设计时一般是（　　）。
    A. 先按接触强度计算　　　　　B. 先按弯曲强度计算
    C. 先按磨损条件计算

16. 为了提高齿轮传动的接触强度,主要可采取什么样的方法。（　　）
    A. 增大传动中心距　　B. 减少齿数　　　C. 增大模数

17. 利用一对齿轮相互啮合时,其共轭齿廓互为包络线的原理来加工齿轮的方法是（　　）。
    A. 仿形法　　　　　B. 范成法　　　　C. 成形法

18. 斜齿圆柱齿轮较直齿圆柱齿轮的重合度(   )。
  A. 大   B. 小   C. 相等
19. 一般斜齿圆柱齿轮的螺旋角值应在(   )。
  A. $16°\sim 15°$ B. $8°\sim 20°$ C. $8°\sim 25°$
20. 渐开线直齿锥齿轮的当量齿数 z_v(   )其实际齿数 z。
  A. 小于   B. 等于   C. 大于

三、设计计算题

1. 某镗床主轴箱中有一正常齿渐开线标准齿轮,其参数为:$\alpha = 20°$,$m = 3$ mm,$z = 50$,试计算该齿轮的齿顶高、齿根高、及齿厚、分度圆直径、齿顶圆直径及齿根圆直径。

2. 已知一对标准的直齿圆柱齿轮传动,主动轮齿数为 $z_1 = 20$,从动轮齿数 $z_2 = 60$,试计算传动比 i_{12} 的值;若主动轮转速 $n_1 = 900$ r/min,试求从动轮转速 n_2 的值。

3. 已知 C6150 车床主轴箱内一对外啮合标准直齿圆柱齿轮,其齿数 $z_1 = 21$、$z_2 = 66$,模数 $m = 3.5$ mm,压力角 $\alpha = 20°$,正常齿。试确定这对齿轮的传动比、分度圆直径、齿顶圆直径、全齿高、中心距、分度圆齿厚和分度圆齿槽宽。

4. 已知一标准渐开线直齿圆柱齿轮,其齿顶圆直径 $d_{a1} = 77.5$ mm,齿数 $z_1 = 29$。现要求设计一个大齿轮与其相啮合,传动的安装中心距 $a = 145$ mm,试计算这对齿轮的主要参数及大齿轮的主要尺寸。

5. 已知一对外啮合标准直齿圆柱齿轮的标准中心距 $a = 120$ mm,传动比 $i_{12} = 3$,小齿轮齿数 $z_1 = 20$,试确定这对齿轮的模数和齿数。

6. 已知一正常齿标准渐开线直齿轮,其齿数为 39,外径为 102.5 mm,欲设计一大齿轮与其相啮合,现要求安装中心距为 116.25 mm,试求这对齿轮主要尺寸。

7. 设计一直齿圆柱齿轮传动,原用材料的许用接触应力为 $[\sigma_H]_1 = 700$ MPa,$[\sigma_H]_2 = 600$ MPa,求得中心距 $a = 100$ mm;现改用 $[\sigma_H]_1 = 600$ MPa,$[\sigma_H]_2 = 400$ MPa 的材料,若齿宽和其他条件不变,为保证接触疲劳强度不变,试计算改用材料后的中心距。

8. 设计用于螺旋输送机的减速器中的一对直齿圆柱齿轮。已知传递的功率 $P = 10$ kW,小齿轮由电动机驱动,其转速 $n_1 = 960$ r/min,$n_2 = 240$ r/min。单向传动,载荷比较平稳。

9. 已知一对正常齿标准斜齿圆柱齿轮的模数 $m_n = 3$ mm,齿数 $z_1 = 23$、$z_2 = 76$,分度圆螺旋角 $\beta = 8°6'34''$。试求其中心距、端面压力角、当量齿数、分度圆直径、齿顶圆直径和齿根圆直径。

任务4 蜗杆传动

活动情景

装拆蜗杆减速器。

任务要求

掌握蜗轮蜗杆传动的特点,学会正确装拆。

任务引领

1) 蜗杆传动的常用类型有哪些?
2) 蜗杆传动的失效形式有哪些?
3) 蜗杆、蜗轮的材料如何选择?
4) 蜗杆传动机构的散热方式?

归纳总结

在运动转换中,常需要进行空间交错轴之间的运动转换,在要求大传动比的同时,又希望传动机构的结构紧凑,采用蜗杆传动机构则可以满足上述要求。蜗杆传动广泛应用于机床、汽车、仪器、起重运输机械、冶金机械以及其他机械制造工业中,如图4-56所示蜗杆减速器即是其中的一种。

图4-56 蜗杆减速器

1. 蜗杆传动的类型

蜗杆传动由蜗杆和蜗轮组成,常见于传递空间两垂直交错轴间的运动和动力(如图4-57所示),通常两轴交错角为90°,蜗杆为主动件,蜗轮为从动件。

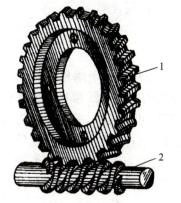

图4-57 蜗杆传动

1—蜗轮;2—蜗杆

根据蜗杆的形状,蜗杆传动可分为圆柱蜗杆传动(如图4-58(a)所示)、环面蜗杆传动(如图4-58(b)所示)、锥面蜗杆传动(如图4-58(c)所示)三类。圆柱蜗杆传动制造简单,应用广泛。

圆柱蜗杆按其螺旋面的形状不同,可分为普通圆柱蜗杆(又称阿基米德蜗杆)和圆弧圆柱蜗杆。

按蜗杆的螺旋线方向不同,蜗杆可分为右旋和左旋,一般多用右旋。

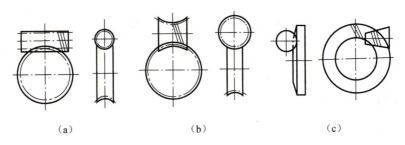

(a)　　　　　　　(b)　　　　　　　(c)

图 4-58　蜗杆传动类型

2. 蜗杆传动的特点和应用

1）传动比大、结构紧凑

单级传动比一般为 10～40（＜80）。只传递运动时（如分度机构），传动比可达 1 000。

2）传动平稳、噪声小

蜗杆上的齿是连续的螺旋齿，蜗轮轮齿和蜗杆是逐渐进入啮合又逐渐退出啮合的。

3）具有自锁性

当蜗杆升程角小于当量摩擦角时，蜗轮不能带动蜗杆传动，呈自锁状态。手动葫芦和浇铸机械常采用蜗杆传动以满足自锁要求。

4）传动效率较低

蜗杆传动中齿面间存在较大的相对滑动，摩擦剧烈发热量大，故效率低，一般为 0.7～0.9。自锁时，效率仅为 0.4 左右。

5）蜗轮造价高

为了减摩和耐磨，蜗轮齿冠需贵重金属青铜制造，故成本较高。

由上述可知，蜗杆传动适用于传动比大，功率不太大的场合。

3. 蜗杆传动的正确啮合条件

图 4-59 所示为阿基米德蜗杆传动。通过蜗杆轴线并垂直于蜗轮轴线的平面称为中间平面。在中间平面上蜗轮与蜗杆的啮合相当于渐开线齿轮和齿条的啮合。在设计蜗杆传动时，均取中间平面上的参数和尺寸为标准，并可沿用齿轮传动的计算方法。因此，蜗杆传动的正确啮合条件为：蜗杆的轴向模数 m_{a1} 等于蜗轮的端面模数 m_{t2}，蜗杆的轴向压力角 α_{a1} 等于蜗轮的端面压力角 α_{t2}，当两轴交角 $\Sigma=90°$ 时，还应保证蜗杆分度圆柱导程角 γ 等于蜗轮的螺旋角 β，且旋向相同。即

$$\left.\begin{array}{l}m_{a1}=m_{t2}=m\\ \alpha_{a1}=\alpha_{t2}=\alpha\\ \gamma=\beta\end{array}\right\} \qquad (4\text{-}45)$$

式中，m、α 为标准值。

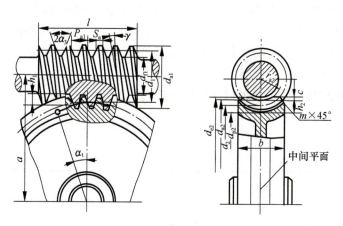

图 4-59 阿基米德蜗杆传动

4. 蜗杆传动的基本参数及基本尺寸计算

1) 蜗杆头数 z_1，蜗轮齿数 z_2

蜗杆头数 z_1 一般取 1、2、4、6。头数 z_1 增大，可以提高传动效率，但加工制造难度增加。

蜗轮齿数一般取 $z_2=28\sim 80$。若 $z_2<28$，传动的平稳性会下降，且易产生根切；若 z_2 过大，蜗轮的直径 d_2 增大，与之相应的蜗杆长度增加、刚度降低，从而影响啮合的精度。

2) 传动比

$$i=\frac{n_1}{n_2}=\frac{z_2}{z_1} \qquad (4\text{-}46)$$

3) 蜗杆分度圆直径 d_1 和蜗杆直径系数 q

加工蜗轮时，用的是与蜗杆具有相同尺寸的滚刀，因此加工不同尺寸的蜗轮，就需要不同的滚刀。为限制滚刀的数量，并使滚刀标准化，对每一标准模数，规定了一定数量的蜗杆分度圆直径 d_1。

蜗杆分度圆直径与模数的比值称为蜗杆直径系数，用 q 表示，即

$$q=\frac{d_1}{m} \qquad (4\text{-}47)$$

模数一定时，q 值增大则蜗杆的直径 d_1 增大、刚度提高。因此，为保证蜗杆有

足够的刚度,小模数蜗杆的 q 值一般较大。

4) 蜗杆导程角 γ

$$\tan\gamma = \frac{L}{\pi d_1} = \frac{z_1 \pi m}{\pi d_1} = \frac{z_1 m}{d_1} = \frac{z_1}{q} \tag{4-48}$$

式中　L——螺旋线的导程,$L = z_1 p_{x1} = z_1 \pi m$,其中 p_{x1} 为轴向齿距。

通常螺旋线的导程角 $\gamma = 3.5° \sim 27°$,导程角在 $3.5° \sim 4.5°$ 范围内的蜗杆可实现自锁,升角大时传动效率高,但蜗杆加工难度大。

5) 蜗杆传动的基本尺寸计算

标准圆柱蜗杆传动的几何尺寸计算公式见表 4-22。

蜗杆基本参数配置见表 4-23。

表 4-22　标准普通圆柱蜗杆传动几何尺寸计算公式

名　称	计算公式	
	蜗　杆	蜗　轮
齿顶高	$h_a = m$	$h_a = m$
齿根高	$h_f = 1.2m$	$h_f = 1.2m$
分度圆直径	$d_1 = mq$	$d_2 = mz_2$
齿顶圆直径	$d_{a1} = m(q+2)$	$d_{a2} = m(z_2+2)$
齿根圆直径	$d_{f1} = m(q-2.4)$	$d_{f2} = m(z_2-2.4)$
顶隙	$c = 0.2m$	
蜗杆轴向齿距 蜗轮端面齿距	$p = m\pi$	
蜗杆分度圆柱的导程角	$\tan\gamma = \dfrac{z_1}{q}$	
蜗轮分度圆上轮齿的螺旋角	$\beta = \lambda$	
中心距	$a = m(q+z_2)/2$	
蜗杆螺纹部分长度	$z_1 = 1、2, b_1 \geqslant (11 + 0.06z_2)m$ $z_1 = 4, b_1 \geqslant (12.5 + 0.09z_2)m$	
蜗轮咽喉母圆半径		$r_{g2} = a - d_{a2}/2$
蜗轮最大外圆直径		$z_1 = 1, d_{e2} \leqslant d_{a2} + 2m$ $z_1 = 2, d_{e2} \leqslant d_{a2} + 1.5m$ $z_1 = 4, d_{e2} \leqslant d_{a2} + m$
蜗轮轮缘宽度		$z_1 = 1、2, b_2 \leqslant 0.75 d_{a1}$ $z_1 = 4, b_2 \leqslant 0.67 d_{a1}$
蜗轮轮齿包角		$\theta = 2\arcsin(b_2/d_1)$ 一般动力传动 $\theta = 70° \sim 90°$ 高速动力传动 $\theta = 90° \sim 130°$ 分度传动 $\theta = 45° \sim 60°$

表 4-23 蜗杆基本参数配置表

模数 m/mm	分度圆直径 d_1/mm	蜗杆头数 z_1	直径系数 q	$m^3 d_1$	模数 m/mm	分度圆直径 d_1/mm	蜗杆头数 z_1	直径系数 q	$m^3 d_1$
1	18	1	18.000	18.0	6.3	(80)	1,2,4	12.698	3 175
1.25	20	1	16.000	31		112	1	17.798	4 445
	22.4	1	17.920	35	8	(63)	1,2,4	7.875	4 032
1.6	20	1,2,4	12.500	51		80	1,2,4,6	10.000	5 120
	28	1	17.500	72		(100)	1,2,4	12.500	6 400
2	18	1,2,4	9.000	72		140	1	17.500	8 960
	22.4	1,2,4,6	11.200	90	10	71	1,2,4	7.100	7 100
	(28)	1,2,4	14.000	112		90	1,2,4,6	9.000	9 000
	35.5	1	17.750	142		(112)	1,2,4	11.200	11 200
2.5	(22.4)	1,2,4	8.960	140		160	1	16.000	16 000
	28	1,2,4,6	11.200	175	12.5	(90)	1,2,4	7.200	14 062
	(35.5)	1,2,4	14.200	222		112	1,2,4	8.960	17 500
	45	1	18.000	281		(140)	1,2,4	11.200	21 875
3.15	(28)	1,2,4	8.889	278		200	1	16.000	31 250
	35.5	1,2,4,6	11.270	352	16	(112)	1,2,4	7.000	28 672
	(45)	1,2,4	14.286	447		140	1,2,4	8.750	35 840
	56	1	17.778	556		(180)	1,2,4	11.250	46 080
4	(31.5)	1,2,4	7.875	504		250	1	15.625	64 000
	40	1,2,4,6	10.000	640	20	(140)	1,2,4	7.000	56 000
	(50)	1,2,4	12.500	800		160	1,2,4	8.000	64 000
	71	1	17.750	1 136		(224)	1,2,4	11.200	89 600
5	(40)	1,2,4	8.000	1 000		315	1	15.750	126 000
	50	1,2,4,6	10.000	1 250	25	(180)	1,2,4	7.200	112 500
	(63)	1,2,4	12.600	1 575		200	1,2,4	8.000	125 000
	90	1	18.000	22 500		(280)	1,2,4	11.200	175 000
6.3	(50)	1,2,4	7.936	1 984		400	1	16.000	250 000
	63	1,2,4,6	10.000	2 500					

注：表中分度圆直径 d_1 的数字，带（ ）的尽量不用；黑体的为 $\gamma < 3°30'$ 的自锁蜗杆。

5. 蜗杆传动的失效形式及设计准则

由于蜗杆传动中的蜗杆表面硬度比蜗轮高，所以蜗杆的接触强度、弯曲强度都比蜗轮高；而蜗轮齿的根部是圆环面，弯曲强度也高、很少折断。蜗杆传动的失效主要发生在蜗轮轮齿上。

蜗杆传动的主要失效形式有胶合、疲劳点蚀和磨损。

由于蜗杆传动在齿面间有较大的滑动速度，发热量大，若散热不及时，则油温升高、黏度下降，油膜破裂，更易发生胶合。开式传动中，蜗轮轮齿磨损严重，所以蜗杆传动中,要考虑润滑与散热问题。

蜗杆轴细长,弯曲变形大,会使啮合区接触不良。

蜗杆传动的设计要求:计算蜗轮接触强度;计算蜗杆传动热平衡,限制工作温度,必要时验算蜗杆轴的刚度。

6. 蜗杆、蜗轮的材料选择

基于蜗杆传动的失效特点,选择蜗杆和蜗轮材料组合时,不但要求有足够的强度,而且要有良好的减摩、耐磨和抗胶合的能力。实践表明,较理想的蜗杆副材料是:青铜蜗轮齿圈匹配淬硬磨削的钢制蜗杆。

1) 蜗杆材料

对高速重载的传动,蜗杆常用低碳合金钢(如 20Cr、20CrMnTi)经渗碳后,表面淬火使硬度达 56～62 HRC,再经磨削。对中速中载传动,蜗杆常用 45 钢、40Cr、35SiMn 等,表面经高频淬火使硬度达 45～55 HRC,再磨削。对一般蜗杆可采用 45、40 等碳钢调质处理(硬度为 210～230 HBS)。

2) 蜗轮材料

常用的蜗轮材料为铸造锡青铜(ZCuSnl0Pl,ZCuSn6Zn6Pb3)、铸造铝铁青铜(ZCuAl10Fe3)及灰铸铁 HTl50、HT200 等。锡青铜的抗胶合、减摩及耐磨性能最好,但价格较高,常用于相对滑动速度 $v_s \geq 3$ m/s 的重要传动;铝铁青铜具有足够的强度,并耐冲击,价格便宜,但抗胶合及耐磨性能不如锡青铜,一般用于 $v_s \leq 6$ m/s 的传动;灰铸铁用于 $v_s \leq 2$ m/s 的不重要场合。

7. 蜗轮转向的判断

蜗杆传动中,蜗杆为主动件,蜗轮为从动件。已知蜗杆的旋向和转动方向,则可判断出蜗轮的转向。如图 4-60 所示。右旋蜗杆用右手,左旋蜗杆用左手进行判断,四指弯曲方向代表蜗杆的旋转方向,则蜗轮的转向与伸直的大拇指指向相反。

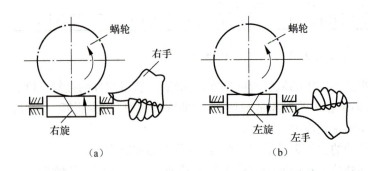

图 4-60 蜗轮转向的判断

8. 蜗杆传动的结构

1) 蜗杆的结构

如图 4-61 所示，一般将蜗杆和轴作成一体，称为蜗杆轴。

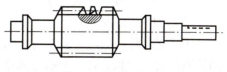

图 4-61　蜗杆的结构

2) 蜗轮的结构

如图 4-62 所示，一般为组合式结构，齿圈用青铜，轮芯用铸铁或钢。

图 4-62(a)所示为组合式过盈连接，这种结构常由青铜齿圈与铸铁轮芯组成，多用于尺寸不大或工作温度变化较小的地方。

图 4-62(b)所示为组合式螺栓连接，这种结构装拆方便，多用于尺寸较大或易磨损的场合。

图 4-62(c)所示为整体式，主要用于铸铁蜗轮或尺寸很小的青铜蜗轮。

图 4-62(d)所示为拼铸式，将青铜齿圈浇铸在铸铁轮芯上，常用于成批生产的蜗轮。

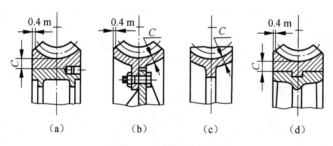

图 4-62　蜗轮的结构

(a) 组合式过盈连接；(b) 组合式螺栓连接；(c) 整体式；(d) 拼铸式

拓展延伸

蜗杆传动的散热计算

1) 蜗杆传动时的滑动速度

蜗杆和蜗轮啮合时，齿面间有较大的相对滑动，相对滑动速度的大小对齿面的润滑情况、齿面失效形式及传动效率有很大影响。相对滑动速度愈大，齿面间愈容易形成油膜，则齿面间摩擦系数愈小，当量摩擦角也愈小；但另一方面，由于啮合处的相对滑动，加剧了接触面的磨损，因而应选用恰当的蜗轮蜗杆的配对材料，并注意蜗杆传动的润滑条件。

滑动速度计算公式为

$$v_s = \frac{\pi d_1 n_1}{60 \times 1\,000 \cos\gamma} \tag{4-49}$$

式中　γ——普通圆柱蜗杆分度圆上的导程角；

n_1——蜗杆转速(r/min);

d_1——普通圆柱蜗杆分度圆上的直径。

2) 蜗杆传动的效率

闭式蜗杆传动的功率损失包括:啮合摩擦损失、轴承摩擦损失和润滑油被搅动的油阻损失。因此总效率为啮合效率 η_1、轴承效率 η_2、油的搅动和飞溅损耗效率 η_3 的乘积,其中啮合效率 η_1 是主要的。总效率为

$$\eta = \eta_1 \eta_2 \eta_3 \tag{4-50}$$

当蜗杆主动时,啮合效率 η_1 为

$$\eta_1 = \frac{\tan\gamma}{\tan(\gamma+\rho_v)} \tag{4-51}$$

式中 γ——普通圆柱蜗杆分度圆上的导程角;

ρ_v——当量摩擦角,可按蜗杆传动的材料及滑动速度查表 4-24 得出。

表 4-24 当量摩擦系数 f_v、当量摩擦角 ρ_v

蜗轮材料	锡青铜				无锡青铜	
蜗杆齿面硬度	>45 HRC		≤350 HBS		>45 HRC	
滑动速度 v_s/(m·s^{-1})	f_v	ρ_v	f_v	ρ_v	f_v	ρ_v
1.00	0.045	2°35′	0.055	3°09′	0.07	4°00′
2.00	0.035	2°00′	0.045	2°35′	0.055	3°09′
3.00	0.028	1°36′	0.035	2°00′	0.045	2°35′
4.00	0.024	1°22′	0.031	1°47′	0.04	2°17′
5.00	0.022	1°16′	0.029	1°40′	0.035	2°00′
8.00	0.018	1°02′	0.026	1°29′	0.03	1°43′

注:① 蜗杆齿面粗糙度 $Ra=0.8\sim0.2$。
② 蜗轮材料为灰铸铁时,可按无锡青铜查取 f_v、ρ_v。

由于轴承效率 η_2、油的搅动和飞溅损耗时的效率 η_3 不大,一般取 $\eta_2\eta_3=0.95\sim0.97$。

3) 散热计算

对于效率不高又连续工作的闭式蜗杆传动,会因为油温不断升高而导致胶合失效。为此,应进行散热计算,限制润滑油工作的最高温度。

按热平衡条件,可导得箱体内的工作温度为

$$t_1 = 1000P_1(1-\eta)/hA + t_0 \leq 80° \tag{4-52}$$

式中 P_1——蜗杆传动的功率(kW);

η——传动效率;

h——箱体表面传热系数,可取 $h=(8\sim17)R/m^2\cdot\text{℃}$,当周围空气流通较好时,取大值

A——散热面积(m^2)。指内壁能被润滑油飞溅到,而外壁又可被周围空气所冷却的箱体表面面积;

t_0——周围环境温度,常温情况下,可取 20 ℃;

t_1——箱体内油的工作温度(℃)。一般限制在 60 ℃~70 ℃,最高不超过 80 ℃。

4) 散热措施

在连续传动,若油温 $t_1>$ 80 ℃时,采用下列措施增加散热能力。

(1) 增加箱体的散热面积或加散热片,如图 4-63 所示;

(2) 在蜗杆轴上装风扇,进行人工通风,如图 4-63 所示;

(3) 在箱体油池内安装循环冷却管路,如图 4-64 所示。

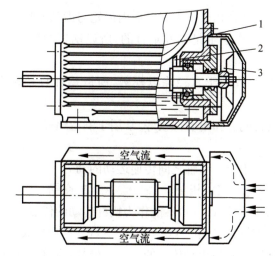

图 4-63 加散热片和风扇的蜗杆传动

1—散热片;2—溅油轮;3—风扇

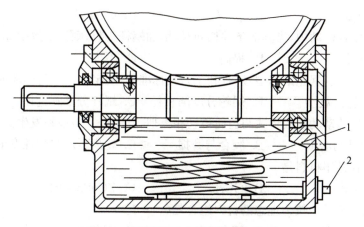

图 4-64 装循环冷却管路的蜗杆传动

1—蛇形管;2—冷却水出入口

自 测 题

一、判断题

1. 蜗杆传动一般适用于传递大功率,大速比的场合。( )

2. 蜗轮蜗杆传动的中心距 $a=\dfrac{1}{2}m(z_1+z_2)$。( )

3. 蜗杆机构中,蜗轮的转向取决于蜗杆的旋向。( )

4. 利用蜗杆传动可获得较大的传动比,且结构紧凑,传动平稳,但效率较低,又易发热。( )

5. 蜗杆与蜗轮的啮合相当于中间平面内齿轮与齿条的啮合。( )

6. 在蜗杆传动中,由于轴是相互垂直的,所以蜗杆的螺旋升角应与蜗轮的螺旋角互余。( )

7. 蜗杆的直径系数等于直径除以模数,所以蜗杆直径越大,其直径系数就越大。( )

8. 青铜的抗胶合能力和耐磨性较好,常用于制造蜗杆。( )

二、选择题

1. 蜗杆传动常用于( )轴之间传递运动的动力。
   A. 平行   B. 相交   C. 交错

2. 与齿轮传动相比较,( )不能作为蜗杆传动的优点。
   A. 传动平稳,噪声小 B. 传动效率高   C. 传动比大

3. 阿基米德圆柱蜗杆与蜗轮传动的( )模数,应符合标准值。
   A. 法面   B. 端面   C. 中间平面

4. 蜗杆直径系数 $q=$( )。
   A. $q=d_1/m$ B. $q=d_1 m$ C. $q=a/d_1$

5. 在蜗杆传动中,当其他条件相同时,增加蜗杆头数,则传动效率 η( )。
   A. 降低   B. 提高   C. 不变

6. 为了减少蜗轮滚刀型号,有利于刀具标准化,规定( )为标准值。
   A. 蜗轮齿数   B. 蜗轮分度圆直径   C. 蜗杆分度圆直径

7. 蜗杆传动的失效形式与齿轮传动相类似,其中( )最易发生。
   A. 点蚀与磨损   B. 胶合与磨损   C. 轮齿折断与塑性变形

8. 蜗轮常用材料是( )。
   A. 40Cr   B. GCr15   C. ZCuSn10P1

9. 蜗杆传动中较为理想的材料组合是( )。
   A. 钢和铸铁   B. 钢和青铜   C. 钢和钢

10. 闭式蜗杆连续传动时,当箱体内工作油温大于( )时,应加强散热措施。

A. 80° B. 120° C. 50°

三、分析计算题

1. 已知某蜗杆传动,蜗杆为主动件,转动方向及螺旋线方向如题图三-1所示。试将蜗杆的转向,螺旋线方向标在图中。

2. 题图三-2所示为简单手动起重装置。若按图示方向转动蜗杆,提升重物G,试确定:蜗杆和蜗轮齿的旋向。

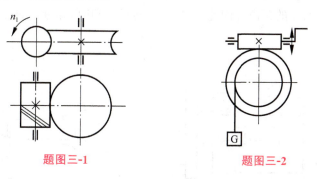

题图三-1 题图三-2

任务5 螺旋传动

活动情景

观察台虎钳的工作过程。

任务要求

理解台虎钳的工作原理,掌握运动方向的判断方法,学会计算螺杆或螺旋运动速度、移动距离。

任务引领

(1) 螺旋传动有哪些特点?
(2) 螺旋传动都应用在哪些场合?应如何安装它?

归纳总结

螺旋传动由螺杆、螺母和机架组成,能够将回转运动转换为直线运动,同时具有增力性能。由于螺旋传动具有结构简单、工作连续平稳、承受载荷大、能实现自锁等优点,在各种机械设备中得到了广泛的应用。按螺旋副间摩擦状态的不同,螺旋传动可分为滑动螺旋传动、滚动螺旋传动和静压螺旋传动。

1. 滑动螺旋传动

1) 滑动螺旋传动的类型和应用

按传动中所含螺旋副的数目,滑动螺旋传动可分为单螺旋传动和双螺旋传动。

(1) 单螺旋传动。根据其组成和运动方式不同,单螺旋传递又分为以下两种形式。

① 由螺杆1、螺母2和机架3组成的单螺旋传动,如图4-65所示,螺杆1转动,螺母2移动,这种螺旋传动以传递运动为主,故又称为传导螺旋。一般用于转速高,连续工作,要求高效率、高精度的场合。图4-66所示为单螺旋传动在车床丝杠传动中的应用。按照导程的定义,螺杆相对于螺母转动一周,则螺母相对于螺杆轴向移动一个导程 s 的距离。因此,当螺杆1转过 φ 角时,螺母2的位移 l 为

$$l = s \frac{\varphi}{2\pi} \tag{4-53}$$

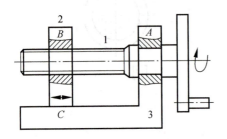

图4-65 单螺旋传动
1—螺杆;2—移动螺母;3—机架

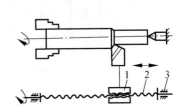

图4-66 车床丝杆传动

② 由螺杆1、螺母2组成的单螺旋传动,螺母与机架固联,如图4-67所示螺旋千斤顶和图4-68所示螺旋压力机,螺杆转动并移动,这种螺旋传动以传递动力为主,并具有增力性,故又称为传力螺旋。常用在工作时间短,适度较低,要求自锁的场合。

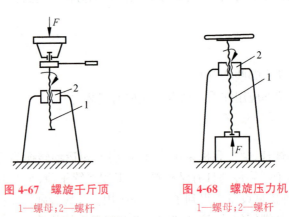

图4-67 螺旋千斤顶
1—螺母;2—螺杆

图4-68 螺旋压力机
1—螺母;2—螺杆

螺旋传动中螺杆或螺母的相对移动方向可以按左(右)手定则判别:左旋螺纹用左手,右旋螺纹用右手。以四指弯曲方向代表转动方向,则大拇指指向即为移动方向。

(2) 双螺旋传动。将图4-65中的转动副 A 也改为螺旋副,便可得到图4-69所

示的双螺旋传动。设 A 和 B 处螺旋副的导程分别为 s_A 和 s_B，则当螺杆 1 转过 φ 角时，螺母 2 的位移为 l

$$l = (s_A \mp s_B)\frac{\varphi}{2\pi} \quad (4-54)$$

式中，"一"号用于两螺旋副旋向相同时，"+"号用于两螺旋副旋向相反时。

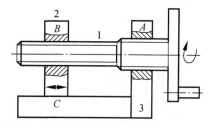

图 4-69　双螺旋传动

由上式可知，当两螺旋副旋向相同时，若 s_A 和 s_B 相差很小，则螺母 2 的位移可以达到很小，因此可以实现微调。这种螺旋传动称为差动螺旋传动(或微动螺旋传动)。如图 4-70 所示镗床镗刀的微调机构就利用了这种微调功能。

当图 4-69 所示双螺旋传动中两处螺旋副的旋向相反时，则螺母 2 可实现快速移动。这种螺旋传动称为复式螺旋传动。如图 4-71 所示的台虎钳定心夹紧机构就利用这种特性来实现工作的快速夹紧。

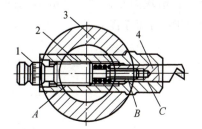

图 4-70　镗床镗刀的微调机构
1—螺杆；2—固定螺母；3—镗杆；
4—镗刀(移动螺母)

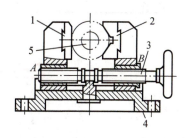

图 4-71　台虎钳定心夹紧机构
1—左螺母；2—右螺母；3—螺杆；
4—机架；5—工件

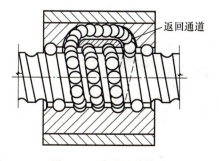

图 4-72　滚动螺旋传动

2. 滚动螺旋传动

如图 4-72 所示。滚动螺旋传动是将螺杆和螺母的螺纹做成滚道的形状，在滚道内装满滚动体，使得螺旋机构工作时，螺杆和螺母间转化为滚动摩擦。滚道中有附加的滚动体返回通道及装置，以使滚动体在滚道内能循环滚动。

滚动螺旋传动摩擦阻力小，动作灵敏度高，传动效率高，可达 90% 以上；用调整的方法可消除间隙，故传动精度高；可变直线运动为螺旋运动，其效率也可达 80% 以上。但是，结构复杂，制造困难，且不能自锁，抗冲击能力也差，成本较高。主要用于对传动精度要求较高的场合，如数控机床的进给机构、汽车的转向机构、飞机机翼及机轮起落架的控制机构中。

自 测 题

一、填空题

1. 快速夹具的双螺旋机构中,两处螺旋副的螺纹旋向_____。
2. 螺旋千斤顶利用了螺旋传动的_____特性。
3. 螺旋传动能将螺旋运动转换为_____运动。
4. 千分尺的微调装置采用_____传动。
5. 数控机床等精度要求高的设备中,多采用_____螺旋传动。

二、计算题

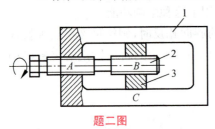

题二图

题二图所示为实现微调的差动螺旋机构,1 为机架,2 为螺杆,3 为滑块。A 处螺旋副为右旋,导程 $s_A = 2.8$ mm,现要求当螺杆转一周时,滑块向左移动 0.2 mm,试问 B 处螺旋副的旋向和导程 s_B。

任务 6 轮 系

活动情景

观察车床主轴箱内齿轮的分布及工作情况,如图 4-73 所示。

图 4-73 CA6140 普通车床主轴传动系统图

任务要求

熟悉轮系的特点,理解轮系的工作原理,掌握传动比的计算方法。会根据输入轴的转向判断输出轴的转向。

常用传动 项目四

任务引领

(1) 主轴箱内各齿轮是怎样工作的？传动过程中是否每个齿轮都参与啮合？
(2) 主轴箱是怎样进行变速的？共可输出几种转速？都是怎样实现的？
(3) 怎样确定传动比？
(4) 各啮合齿轮之间的转向有什么特点？当输入轴的转向确定之后，如何确定最后一级轴的转动方向？
(5) 轮系还有哪些类型？各有什么特点？

归纳总结

在主轴箱工作过程中，通过齿轮传动可以将主动轴的较快转速变换成从动轴的较慢转速，也可以将主动轴的一种转速转换成从动轴的多种转速。这种由一系列相互啮合齿轮（包括蜗杆、蜗轮）所组成的传动系统称为轮系。如图4-74所示的桑塔纳轿车变速器就是轮系的一种。

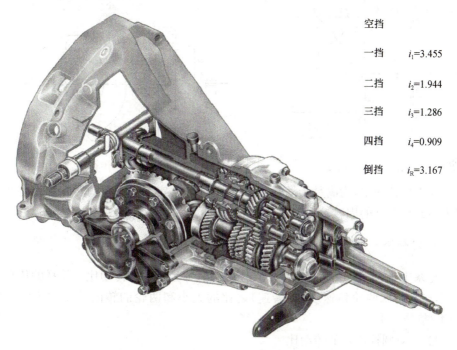

空挡
一挡　$i_1=3.455$
二挡　$i_2=1.944$
三挡　$i_3=1.286$
四挡　$i_4=0.909$
倒挡　$i_R=3.167$

图4-74　桑塔纳轿车变速器

1. 轮系的分类及功用

由一对齿轮所组成的传动是齿轮传动最简单的形式。但在机械设备中，只用一对齿轮进行传动往往难以满足工作要求。为了获得较大的传动，或变速和换向等，一般需要采用轮系进行传动。

177

1) 轮系的作用

轮系有多种功能：减速或增速；变速、换向；多路输出；运动的合成与分解；较远距离的传动。

2) 轮系的分类

轮系的形式很多，通常根据轮系在运动过程中各个齿轮的几何轴线在空间的位置是否固定，将轮系分为定轴轮系和周转轮系两大类。

(1) 定轴轮系。轮系在传动中，所有齿轮轴线都是固定不动的轮系，称为定轴轮系，如图 4-75 所示。

(2) 周转轮系。轮系在传动中，至少有一个齿轮的轴线可以绕另一个齿轮的固定轴线转动的轮系，称为周转轮系（又称行星轮系）。如图 4-76 所示的轮系中，齿轮 2 除绕自身轴线回转外，还随同构件 H 一起绕齿轮 1 的固定几何轴线回转，该轮系即为周转轮系。

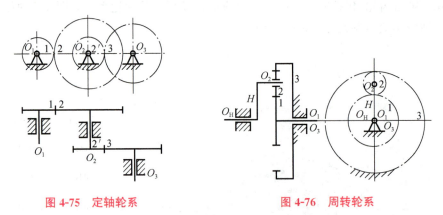

图 4-75　定轴轮系　　　　　　图 4-76　周转轮系

在机械传动中，为满足传动的功能要求，还常将定轴轮系和周转轮系或者 2 个以上不共用系杆的周转轮系组成更复杂的轮系，称为混合轮系。

2. 定轴轮系传动比计算

轮系中，首末两轮的角速度（或转速）之比，称为轮系的传动比。轮系的传动比计算，包括首末两轮角速度（或转速）之比的大小和两轮的转向关系的确定两个方面。

1) 一对圆柱齿轮的传动比

如图 4-77 中，一对圆柱齿轮传动的传动比为

$$i_{12} = \frac{\omega_1}{\omega_2} = \frac{n_1}{n_2} = \pm \frac{z_2}{z_1} \tag{4-55}$$

式中，外啮合时（如图 4-77(a) 所示），主、从动齿轮转向相反，取"－"号；内啮合时（如图 4-77(b) 所示），主、从动齿轮转向相同，取"＋"号。主、从动齿轮的转动方向也可用箭头表示。

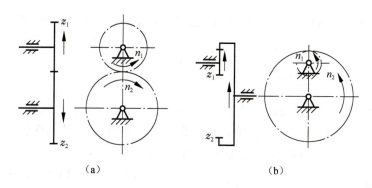

图 4-77 一对圆柱齿轮的传动比
(a) 外啮合传动；(b) 内啮合传动

2）平行轴定轴轮系的传动比

图 4-78 中所示为所有齿轮轴线均相互平行的定轴轮系，设齿轮 1 为主动首轮，齿轮 5 为从动末轮，z_1、z_2、z_3、$z_{3'}$、z_4、$z_{4'}$、z_5 为各轮齿数，n_1、n_2、n_3、$n_{3'}$、n_4、$n_{4'}$、n_5 为各轮的转速，该轮系的传动比表示为 $n_{15}=\dfrac{n_1}{n_5}$，而各对齿轮的传动比分别为：$i_{12}=\dfrac{n_1}{n_2}=-\dfrac{z_2}{z_1}$，$i_{23}=\dfrac{n_2}{n_3}=$

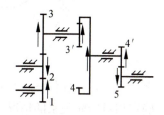

图 4-78 平行轴定轴轮系的传动比

$-\dfrac{z_3}{z_2}$，$i_{3'4}=\dfrac{n_{3'}}{n_4}=+\dfrac{z_4}{z_{3'}}$，$i_{4'5}=\dfrac{n_{4'}}{n_5}=-\dfrac{z_5}{z_{4'}}$，如何确定 i_{15} 的大小及 n_5 的转向呢？不难看出，我们将平行轴定轴轮系中各对齿轮的传动比相乘恰为首末两轮的传动比 i_{15}。

$$i_{15}=\frac{n_1}{n_5}=i_{12}\cdot i_{23}\cdot i_{3'4}\cdot i_{4'5}$$

$$=\frac{n_1\cdot n_2\cdot n_{3'}\cdot n_{4'}}{n_2\cdot n_3\cdot n_4\cdot n_5}$$

$$=\left(-\frac{z_2}{z_1}\right)\left(-\frac{z_3}{z_2}\right)\left(+\frac{z_4}{z_{3'}}\right)\left(-\frac{z_5}{z_{4'}}\right)$$

$$=(-1)^3\frac{z_2\cdot z_3\cdot z_4\cdot z_5}{z_1\cdot z_2\cdot z_{3'}\cdot z_{4'}}$$

$$=(-1)^3=-\frac{z_3\cdot z_4\cdot z_5}{z_1\cdot z_{3'}\cdot z_{4'}}$$

$$=-\frac{z_3\cdot z_4\cdot z_5}{z_1\cdot z_{3'}\cdot z_{4'}}$$

（负号说明 n_5 与 n_1 转向相反）

由上可知：

(1) 平行轴定轴轮系的传动比等于轮系中各对齿轮传动比连乘积，也等于轮系中所有从动轮齿数乘积与所有主动轮齿数乘积之比。设定轴轮系中轮 1 为主动轮

（首轮），轮 K 为从动轮（末轮），则可得平面平行轴定轴轮系传动比的一般表达式为：

$$i_{1k} = \frac{n_1}{n_k} = (-1)^m \frac{\text{所有从动轮齿数的乘积}}{\text{所有主动轮齿数的乘积}} \quad (4-56)$$

式中　m——外啮合圆柱齿轮的对数。

（2）传动比的符号决定于外啮合齿轮的对数 m，当 m 为奇数时，i_{1k} 为负号，说明首末两轮转向相反；当 m 为偶数时，i_{1k} 为正号，说明首末两轮转向相同。定轴轮系的转向关系也可用箭头在图上逐对标出（如图 4-78 所示）。

（3）图 4-78 中的齿轮 2 既是主动轮又是从动轮，它对传动比不起作用，但改变了传动装置的转向。这种齿轮称为惰轮。

3）非平行轴定轴轮系的传动

定轴轮系中若有锥齿轮、蜗杆等传动时，如图 4-79 所示，其传动比的大小仍可用式 (4-56) 计算，但其转动方向只能用箭头在图上标出，而不能用 $(-1)^m$ 来确定。表 4-25 给出了常用的几种一对啮合齿轮传动时确定相对转向关系的情况。

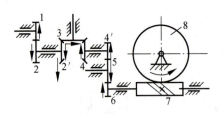

图 4-79　非平行轴定轴轮系

表 4-25　一对啮合齿轮传动相对转向关系确定

两轴平行的齿轮传动		两轴不平行的齿轮传动		
圆柱齿轮传动		锥齿轮传动	蜗杆传动	
外啮合	内啮合		蜗杆为右旋	蜗杆为左旋
$i_{12} = \frac{\omega_1}{\omega_2} = -\frac{z_2}{z_1}$	$i_{12} = \frac{\omega_1}{\omega_2} = +\frac{z_2}{z_1}$		$i_{12} = \frac{\omega_1}{\omega_2} = \frac{z_2}{z_1}$	

例 4-3　图 4-79 所示的定轴轮系中，已知 $z_1=15, z_2=25, z_{2'}=z_4=14, z_3=24, z_{4'}=20, z_5=24, z_6=40, z_7=2, z_8=60$；若 $n_1=800$ r/min，转向如图所示，求传动比 i_{18}，蜗轮 8 的转速和转向。

解：此轮系为非平行轴定轴轮系，其传动比大小由式 4-56 计算

$$i_{18} = \frac{n_1}{n_8} = \frac{z_2 \cdot z_3 \cdot z_4 \cdot z_5 \cdot z_6 \cdot z_8}{z_1 \cdot z_{2'} \cdot z_3 \cdot z_{4'} \cdot z_5 \cdot z_7}$$

$$= \frac{25 \times 14 \times 40 \times 60}{15 \times 14 \times 20 \times 2}$$

$$= 100$$

$$n_8 = \frac{n_1}{i_{18}} = \frac{800}{100} \text{ r/min} = 8 \text{ r/min}$$

首末两轮不平行,故传动比不加符号,各轮转向用画箭头的方法确定,蜗轮 8 的转向最后确定。如图 4-79 所示。

3. 周转轮系传动比计算

1) 周转轮系的组成

若轮系中,至少有一个齿轮的几何轴线不固定,而绕其他齿轮的固定几何轴线回转,则称为周转轮系。如图 4-80(a)所示轮系即为周转轮系,图中轮 2 既绕本身的轴线自转,又绕 O_1 或 O_H 的轴线公转,称为行星轮;轮 1 与轮 3 的轴线固定不动,称为太阳轮(又称中心轮);构件 H 称为系杆(又称行星架)。

2) 周转轮系传动比计算

在图 4-80(a)所示周转轮系中,行星轮 2 既绕本身的轴线自转,又绕 O_1 或 O_H 公转,因此不能直接用定轴轮系传动比计算

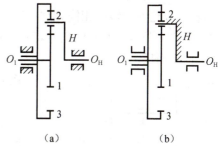

图 4-80 周转轮系传动比分析
(a) 周转轮系;(b) 转化轮系

公式求解周转轮系的传动比,而通常采用反转法来间接求解其传动比。

根据相对运动原理,假想给周转轮系加上一个与系杆转速 n_H 大小相等而方向相反的公共转速$-n_H$,则系杆 H 被固定,而原构件之间的相对运动关系保持不变,齿轮 1、2、3 则成为绕定轴转动的齿轮,这样,原来的周转轮系就变成了假想的定轴轮系,这个经过一定条件转化得到的假想定轴轮系,称为原周转轮系的转化轮系,如图 4-80(b)所示。

转化机构中,各构件的转速如表 4-26 所示。

表 4-26 周转轮系及其转化轮系各构件转速

构件名称	原来的转速	转化轮系中的转速
太阳轮 1	n_1	$n_1^H = n_1 - n_H$
行星轮 2	n_2	$n_2^H = n_2 - n_H$
太阳轮 3	n_3	$n_3^H = n_3 - n_H$
行星架(系杆)H	n_H	$n_H^H = n_H - n_H = 0$

既然转化轮系是假想的定轴轮系,可利用定轴轮系传动比的计算方法,列出转化轮系中任意两个齿轮的传动比。

轮 1 和轮 3 间的传动比可表达为

$$i_{13}^H = \frac{n_1^H}{n_3^H} = \frac{n_1 - n_H}{n_3 - n_H} = (-1)^1 \frac{z_2 z_3}{z_1 z_2} = -\frac{z_3}{z_1}$$

式中，i_{13}^H 表示转化轮系中轮 1 与轮 3 相对于行星架 H 的传动比。其中"$(-1)^1$"号表示在转化轮系中有一对外啮合齿轮传动，传动比为负说明：轮 1 与轮 3 在转化轮系中的转向相反。

一般情况下，若某单级周转轮系由多个齿轮构成，则传动比求法如下。

（1）求传动比大小：

$$i_{1k}^H = \frac{n_1^H}{n_k^H} = \frac{n_1 - n_H}{n_k - n_H} = \frac{\text{从 1 轮到 } k \text{ 轮之间所有从动轮齿数的连乘积}}{\text{从 1 轮到 } k \text{ 轮之间所有主动轮齿数的连乘积}} \quad (4-57)$$

（2）确定传动比符号。标出转化轮系中各个齿轮的转向，来确定传动比符号。当轮 1 与轮 k 的转向相同，取"+"号，反之取"−"号。将已知转速带入公式时，注意"+""−"号，一方向代正号，另一方向代负号。求得的转速为正，说明与正方向一致，反而反之。

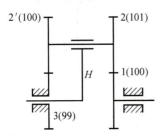

图 4-81 大传动比行星轮系

例 4-4 图 4-81 所示的大传动比行星轮系中，已知 $z_1=100, z_2=101, z_{2'}=100, z_3=99$，均为标准齿轮传动。试求 i_{H1}。

解：由式（4-57）得

$$i_{13}^H = \frac{n_1^H}{n_3^H} = \frac{n_1 - n_H}{n_3 - n_H} = \frac{z_2 z_3}{z_1 z_{2'}}$$

因为 $n_3 = 0$

$$\frac{n_1 - n_H}{0 - n_H} = \frac{z_2 z_3}{z_1 z_{2'}}$$

所以 $i_{1H} = \frac{n_1}{n_H} = 1 - \frac{z_2 z_3}{z_1 z_{2'}} = 1 - \frac{101 \times 99}{100 \times 100} = \frac{1}{10\ 000}$

$$i_{H1} = \frac{n_H}{n_1} = \frac{1}{i_{1H}} = 10\ 000$$

例 4-5 图 4-82 所示的轮系中，已知 $z_1=40, z_2=40, z_3=40$，均为标准齿轮传动。试求 i_{13}^H。

解：由式（4-52）得

$$i_{13}^H = \frac{n_1^H}{n_3^H} = \frac{n_1 - n_H}{n_3 - n_H} = -\frac{z_2 z_3}{z_1 z_2} = -\frac{z_3}{z_1} = -1$$

其"−"号表示轮 1 与轮 3 在转化机构中的转向相反。

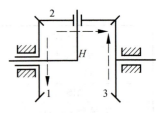

图 4-82 锥齿轮周转轮系

4. 轮系的功用

由上述可知，轮系广泛用于各种机械设备中，其功用如下。

1) 传递相距较远的两轴间的运动和动力

当两轴间的距离较大时,用轮系传动,则减少齿轮尺寸,节约材料,且制造安装都方便。如图 4-83 所示。

2) 可获得大的传动比

一般一对定轴齿轮的传动比不宜大于 5～7。为此,当需要获得较大的传动比时,可用几个齿轮组成行星轮系来达到目的。不仅外廓尺寸小,且小齿轮不易损坏。如例 4-4 所述的简单周转轮系。

3) 可实现变速传动

在主动轴转速不变的条件下,从动轴可获得多种转速。汽车、机床、起重设备等多种机器设备都需要变速传动。图 4-84 所示为最简单的变速传动。

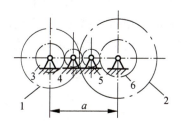

图 4-83 相距较远的两轴间的运动

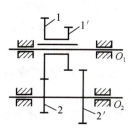

图 4-84 变速传动

图 4-84 中主动轴 O_1 转速不变,移动双联齿轮 1-1′,使之与从动轴上两个齿数不同的齿轮 2、2′ 分别啮合,即可使从动轴 O_2 获得两种不同的转速,达到变速的目的。

4) 变向传动

当主动轴转向不变时,可利用轮系中的惰轮来改变从动轴的转向。如图 4-78 中的轮 2,通过改变外啮合的次数,达到使从动轮 5 变向的目的。

5) 运动合成、分解

如例 4-5 所示

$$i_{13}^H = \frac{n_1^H}{n_3^H} = \frac{n_1 - n_H}{n_3 - n_H} = -\frac{z_2 z_3}{z_1 z_2} = -\frac{z_3}{z_1} = -1$$

$$2n_H = n_1 + n_3$$

上式表明,1、3 两构件的运动可以合成为 H 构件的运动;也可以在 H 构件输入一个运动,分解为 1、3 两构件的运动。这类轮系称为差速器。

图 4-85 所示为船用航向指示器传动装置,它是运动合成的实例。

太阳轮 1 的传动由右舷发动机通过定轴轮系 4-1′ 传过来;太阳轮 3 的传动由左舷发动机通过定轴轮系 5-3′ 传过来。当两发动机转速相同,航向指针不变,船舶直线行驶。当两发动机的转速不同时,船舶航向发生变化,转速差越大,指针 M 偏转越大,即航向转角越大,航向变化越大。

图 4-86 所示汽车差速器是运动分解的实例。

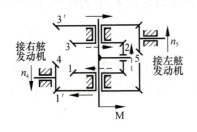

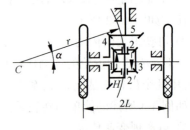

图 4-85　船用航向指示器传动装置　　　图 4-86　汽车差速器运动

当汽车直线行驶时,左、右两轮转速相同,行星轮不发生自转,齿轮 1、2、3 作为一个整体,随齿轮 4 一起转动,此时 $n_1=n_3=n_4$。当汽车拐弯时,为了保证两车轮与地面作纯滚动,显然左、右两车轮行走的距离应不相同,即要求左、右轮的转速也不相同。此时,可通过差速器(1、2、3)轮和(1、2′、3)轮将发动机传到齿轮 5 的转速分配给后面的左、右轮,实现运动分解。

6) 其他应用

(1) 图 4-87 所示为时钟系统轮系。

(2) 图 4-88 所示为机械式运算机构。

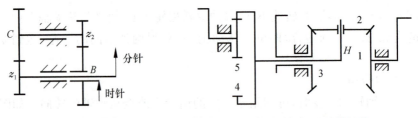

图 4-87　时钟系统轮系　　　　　图 4-88　机械式运算机构

在图 4-87 所示的齿轮系中,C、B 两轮的模数相等,均为标准齿轮传动。当给出适当的 z_1、z_2 及 C、B 各轮的齿数时,可以实现分针转 12 圈,而时针转 1 圈的计时效果。

图 4-88 所示的机构,利用差动轮系,由轮 1、轮 3 输入两个运动,合成轮 5 的一个运动输出。

拓展延伸

减速器简介

减速器是由封闭在刚性箱体内的齿轮传动或蜗杆传动所组成的独立传动部件。

减速器常用来降低转速,增大转矩,少数场合也用作增速装置。由于结构紧凑,传动效率高,使用寿命长并且维护使用简单方便,故在机械中应用广泛。

减速器许多形式和主要参数已标准化,并由专业工厂进行生产,使用时可根据传递的功率、转速、传动比、工作条件和总体布置要求从产品目录或有关手册中选用，必要时也可自行设计制造。

减速器按传动原理可分为普通减速器和行星减速器两类。常用减速器的主要形式和分类见表 4-27。

表 4-27 常用减速器的主要形式和分类

		单级减速器	二级减速器	三级减速器
齿轮减速器	圆柱齿轮	直齿 $i\leqslant 5$ 斜齿、人字齿 $i\leqslant 10$	（a）展开式 （b）分流式　（c）同轴式 $i=8\sim 40$	$i=40\sim 400$
	圆锥或圆锥—圆柱齿轮	直齿 $i\leqslant 3\sim 4$ 斜齿、曲齿 $i\leqslant 6$	$i=8\sim 15$	$i=25\sim 75$
蜗杆减速器		蜗杆下置式 $i=10\sim 80$	$i=43\sim 3\,600$	—
蜗杆—齿轮减速器		—	$i=15\sim 480$	
行星齿轮减速器		$i=2\sim 12$	$i=25\sim 2\,500$	$i=100\sim 1\,000$

自 测 题

一、填空题

1. 由若干对齿轮组成的齿轮机构称为_____。
2. 对平面定轴轮系,始末两齿轮转向关系可用传动比计算公式中_____的符号来判定。
3. 周转轮系由_____、_____和_____三种基本构件组成。
4. 在定轴轮系中,每一个齿轮的回转轴线都是_____的。
5. 惰轮对_____并无影响,但却能改变从动轮的_____方向。
6. 如果在齿轮传动中,其中有一个齿轮和它的_____绕另一个_____旋转,则这轮系就叫周转轮系。
7. 轮系中_____两轮_____之比,称为轮系的传动比。
8. 定轴轮系的传动比,等于组成该轮系的所有_____轮齿数连乘积与所有_____轮齿数连乘积之比。
9. 在周转转系中,凡具有_____几何轴线的齿轮,称中心轮,凡具有_____几何轴线的齿轮,称为行星轮,支持行星轮并和它一起绕固定几何轴线旋转的构件,称为_____。
10. 采用周转轮系可将两个独立运动_____为一个运动,或将一个独立的运动_____成两个独立的运动。

二、判断题

1. 至少有一个齿轮和它的几何轴线绕另一个齿轮旋转的轮系,称为定轴轮系。( )
2. 定轴轮系首末两轮转速之比,等于组成该轮系的所有从动齿轮齿数连乘积与所有主动齿轮齿数连乘积之比。( )
3. 在周转轮系中,凡具有旋转几何轴线的齿轮,就称为中心轮。( )
4. 在周转轮系中,凡具有固定几何轴线的齿轮,就称为行星轮。( )
5. 轮系传动比的计算,不但要确定其数值,还要确定输入输出轴之间的运动关系,表示出它们的转向关系。( )
6. 对空间定轴轮系,其始末两齿轮转向关系可用传动比计算方式中的$(-1)^m$的符号来判定。( )
7. 计算行星轮系的传动比时,把行星轮系转化为一假想的定轴轮系,即可用定轴轮系的方法解决行星轮系的问题。( )
8. 定轴轮系和行星轮系的主要区别,在于系杆是否转动。( )

三、分析计算题

1. 在题三-1图所示的定轴轮系中,已知各齿轮的齿数分别为 z_1、z_2、$z_{2'}$、z_3、

z_4、$z_{4'}$、z_5、$z_{5'}$、z_6,求传动比 i_{16}。

2. 题三-2 图所示的轮系中,已知各齿轮的齿数 $z_1=20$,$z_2=40$,$z_{2'}=15$,$z_3=60$,$z_{3'}=18$,$z_4=18$,$z_7=20$,齿轮 7 的模数 $m=3\text{ mm}$,蜗杆头数为 1(左旋),蜗轮齿数 $z_6=40$。齿轮 1 为主动轮,转向如图所示,转速 $n_1=100\text{ r/min}$,试求齿条 8 的速度和移动方向。

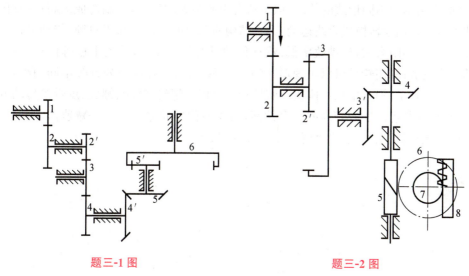

题三-1 图　　　　　　　　题三-2 图

3. 已知题三-3 图所示轮系中各齿轮的齿数分别为 $z_1=20$、$z_2=18$、$z_3=56$。求传动比 i_{1H}。

4. 图三-4 所示是由圆锥齿轮组成的行星轮系。已知 $z_1=60$,$z_2=40$,$z_{2'}=z_3=20$,$n_1=n_3=120\text{ r/min}$。设中心轮 1、轮 3 的转向相反,试求 n_H 的大小与方向。

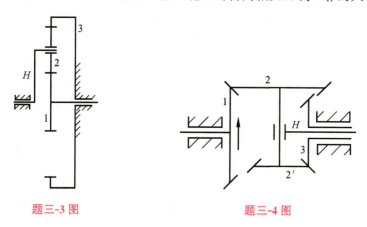

题三-3 图　　　　　　　　题三-4 图

项目小结

传动装置可以把机械能由原动装置传递到工作装置,根据工作环境和具体要求的不同,可以有针对性地选择传动装置的种类。带传动可以实现较远距离的传送,传动平稳、噪声小,可利用"打滑"避免过载损坏,起到安全保护的作用。但是具有传动比不准确、效率低、传力小的缺点;链传动能够传递较大的力矩,平均传动比准确,效率高,能适应恶劣工作环境,但瞬时传动比不能保持恒定,且传动时有冲击和振动;齿轮传动能保证瞬时传动比恒定,平稳性高,安全可靠,可实现平行轴、相交轴、交错轴等不同形式的传动,但不适合中心距大的场合,且制造成本高;螺旋传动可将回转运动转换成直线运动,具有结构简单、加工方便、易于自锁、传动平稳等优点,但摩擦阻力大,传动效率低;蜗杆传动具有传动比大,传动平稳等优点,但传动效率较低;利用轮系可以实现增速、减速、换向、运动合成与分解等不同的组合,极大地节省了空间,增加了速比。而且轮系可以与蜗轮、链轮、螺旋、皮带等传动方式组合应用,可以实现较高的综合性能,对于专门的轮系产品——减速器,国家标准已经规范化、系列化,设计时可以直接选用。

项目五 常用机构

【项目描述】

　　常见的机构虽然大小、样式千差万别,但其构件组成与运动轨迹之间有很多相似之处。同一种机构,它们的运动特征是相同的。工程应用中常见的机构有铰链四杆机构、凸轮机构和间歇运动机构等。熟悉它们的结构与特性。可给分析、设计、安装与维护机器带来极大的便利。

【学习目标】

　　(1) 掌握铰链四杆机构的基本组成。
　　(2) 能够判断铰链四杆结构的基本类型。
　　(3) 掌握铰链四杆机构的基本特征。
　　(4) 熟悉凸轮机构的基本结构和分类。
　　(5) 了解间歇机构的结构及工作特征。

【能力目标】

　　(1) 能辨别各种机构。
　　(2) 会分析各种机构。
　　(3) 能运用机构的特征解决日常生活中的难题。

【情感目标】

　　(1) 懂得各种事物的运行都有其内在的规律性,只有研究和掌握事物的内在规律,才能正确地认识事物,并进行改造和创新。
　　(2) 理解从不同的角度去观察和思索问题,常常会有意想不到的收获。如:"死点"是有害的,但我们可以加以利用。

任务1　平面连杆机构

活动情景

观察缝纫机踏板机构的工作过程。

任务要求

绘制缝纫机踏板机构的构成简图,分析其组成及运动特点。

任务引领

(1) 缝纫机踏板机构主要由几个构件组成?各构件之间通过什么方式相互连接?
(2) 缝纫机踏板机构的各构件都呈现出什么样的运动规律?
(3) 缝纫机踏板机构为什么有时踩不动?
(4) 你还在什么场合见过类似的结构?

归纳总结

观察发现,缝纫机踏板机构主要由四个构件通过销轴连接而成。一个固定不动的,对其他构件起支承作用的构件 4,称为机架;两个绕机架转动或摆动的构件 1、3,称为连架杆;还有一个与机架相对应,对两个连架杆起连接作用的可动构件 2,称为连杆。在缝纫机的两个连架杆中,一个可以绕机架做整周连续转动的构件,称为曲柄;另一个仅能做往复摆动(脚踏板)的构件,称为摇杆,如图 5-1 所示。

1. 铰链四杆机构的类型及应用

铰链四杆机构的基本形式

四个构件都用转动副(铰链)连接的四杆机构,称为铰链四杆机构,如图 5-2 所示。铰链四杆机构按两连架杆的运动形式,分为三种基本形式:曲柄摇杆机构、双曲柄机构和双摇杆机构。

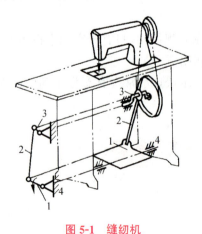

图 5-1 缝纫机
1,3—连架杆;2—连杆;4—机架

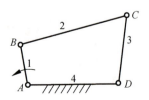

图 5-2 铰链四杆机构

（1）曲柄摇杆机构。铰链四杆机构的两连架杆中，如果一个是曲柄，另一个是摇杆，则称为曲柄摇杆机构，如图5-3所示。曲柄摇杆机构的运动特点是：改变传动形式，可将曲柄的回转运动转变为摇杆的摆动（如图5-4所示的雷达天线），或将摆动转变为回转运动（如图5-1所示的缝纫机踏板机构），或实现所需的运动轨迹（如图5-5所示的搅拌器）。

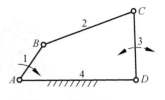

图5-3 曲柄摇杆机构

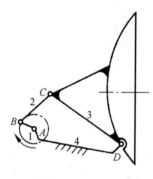

图5-4 雷达天线

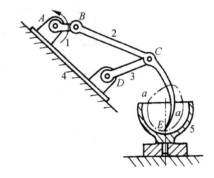

图5-5 搅拌器

（2）双曲柄机构。铰链四杆机构的两个连架杆均为曲柄时，称为双曲柄机构，如图5-6所示。双曲柄机构的运动特点是：当主动曲柄做匀速转动时，从动曲柄做周期性的变速转动，以满足机器的工作要求（如图5-7所示的惯性筛）。

图5-6 双曲柄机构

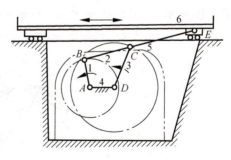

图5-7 惯性筛

双曲柄机构中，当两曲柄长度相等，连杆与机架的长度也相等时，称为平行双曲柄机构（平行四边形机构）。其中，若两个曲柄长度相等且转向相同称为正平行四边形机构，如图5-8所示的机车车轮联动机构，就是正平行四边形机构的具体应用。它能保证被联动的各轮与主动轮作相同的运动。

此外，还有反平行四边形机构。如公共汽车车门启闭机构，如图5-9所示。

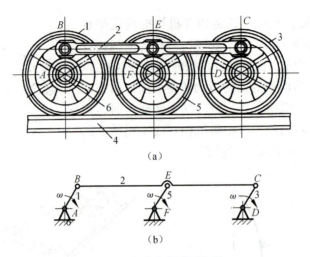

图 5-8 机车车轮联动机构

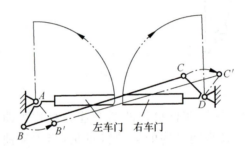

图 5-9 公共汽车车门启闭机构

(3) 双摇杆机构。铰链四杆机构的两个连架杆均为摇杆时,称为双摇杆机构(如图 5-10 所示)。图 5-11 所示的港口起重机、图 5-12 所示的飞机起落架、图 5-13 所示的可逆式座椅以及电风扇摇头机构等,都是双摇杆机构的应用实例。

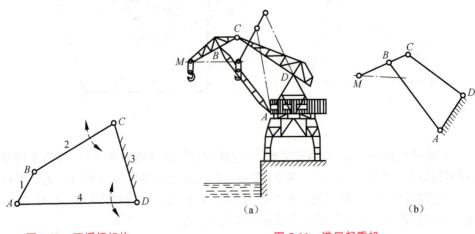

图 5-10 双摇杆机构　　　　图 5-11 港口起重机

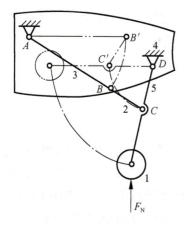

图 5-12 飞机起落架

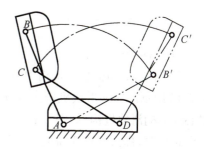

图 5-13 可逆式座椅

2. 铰链四杆机构类型的判别

由上可见,铰链四杆机构三种基本形式的主要区别,就在于连架杆是否为曲柄。而机构是否有曲柄存在,则取决于机构中各构件的相对长度以及最短构件所处的位置。对于铰链四杆机构,可按下述方法判别其类型。

(1) 当铰链四杆机构中最长构件的长度 L_{max} 与最短构件的长度 L_{min} 之和,小于或等于其他构件长度 L'、L'' 之和(即 $L_{max}+L_{min} \leqslant L'+L''$)时:

① 若最短构件为连架杆,则该机构一定是曲柄摇杆机构(图 5-14(a))。

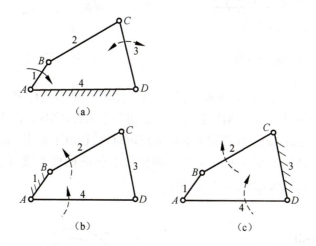

图 5-14 铰链四杆机构类型的判别

(a) 最短构件为连架杆;(b) 最短构件为机架;(c) 最短构件为连杆

② 若最短构件为机架,则该机构一定是双曲柄机构(图 5-14(b))。
③ 若最短构件为连杆,则该机构一定是双摇杆机构(图 5-14(c))。

（2）当铰链四杆机构中最长构件的长度 L_{max} 与最短构件的长度 L_{min} 之和，大于其他两构件长度 L'、L'' 之和（即 $L_{max}+L_{min}>L'+L''$）时：

不论取哪个构件为机架，都无曲柄存在，机构只能是双摇杆机构。

3. 铰链四杆机构的演化

1）曲柄滑块机构

若将图 5-3 曲柄摇杆机构中的摇杆 CD 变成滑块，并将导路变为直线，则成为图 5-15 所示的曲柄滑块机构。当滑块的移动导路中线通过曲柄转动中心时，称为对心式曲柄滑块机构，如图 5-15 所示；当滑块的移动导路中线与曲柄转动中心有一定距离时，称为偏置式曲柄滑块机构，如图 5-16 所示，其距离为偏心距 e。曲柄滑块机构在自动送料机构、冲孔钳和内燃机等机构中得到了广泛的应用。

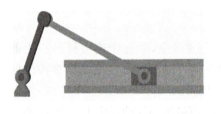

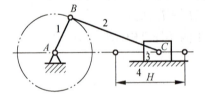

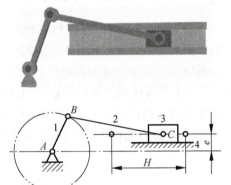

图 5-15　对心式曲柄滑块机构　　　　图 5-16　偏置式曲柄滑块机构

图 5-17 所示自动送料的装置，当曲柄 AB 转动时，通过连杆 BC 使活塞作往复移动。曲柄每转一周，滑块则往复一次，即推出一个工件，实现自动送料。

当曲柄滑块或曲柄摇杆机构中的曲柄较短时，往往由于结构、工艺和强度方面的需要，须将转动副 B 的半径增大超过曲柄长 1，使曲柄成为绕 A 点转动的偏心轮，即成为偏心轮机构，如图 5-18 所示。

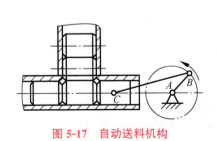

图 5-17　自动送料机构　　　　图 5-18　偏心轮机构

2）导杆机构

如图 5-19 所示，曲柄滑块机构如取构件 2 为机架，构件 3 为原动件，则当构件 3 作圆周转动时，导杆 1 也做整周回转（其条件为 $l_2 \leqslant l_3$），此机构称为转动导杆机构。例如，简易刨床的主运动就利用了这种机构（图 5-20）。

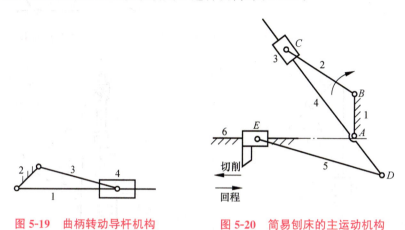

图 5-19　曲柄转动导杆机构　　图 5-20　简易刨床的主运动机构

如图 5-21 所示，当 $l_2 \geqslant l_3$ 时，仍以构件 3 为原动件转动时，导杆 1 只能往复摆动，故称为摆动导杆机构，如图 5-22 所示为牛头刨床中的主运动机构。

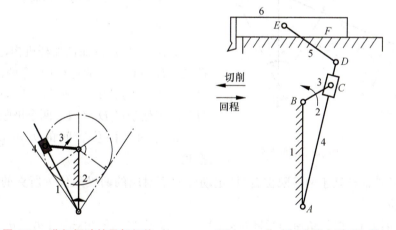

图 5-21　曲柄摆动的导杆机构　　图 5-22　牛头刨床的主运动机构

3）摇块机构

曲柄滑块机构中，如取构件 2 为机架，构件 1 作整周运动，则滑块 3 成了绕机架上 C 点做往复摆动的摇块（图 5-23），故称为摇块机构。这种机构常用于摆动液压泵和液压驱动装置中。自卸汽车的翻斗机构（图 5-24），也是摇块机构的实际应用。

4）定块机构

曲柄滑块机构中，如取滑块为机架，即得定块机构（图 5-25）。手动压水机（图 5-26）是定块机构的实际应用。

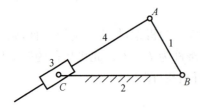

图 5-23 摇块机构

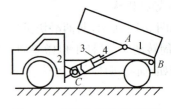

图 5-24 自卸汽车的翻斗机构

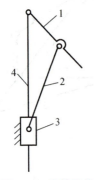

图 5-25 定块机构

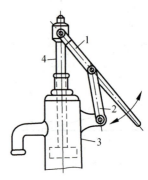

图 5-26 手动压水机

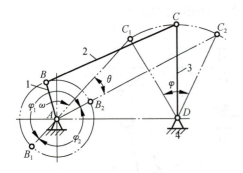

图 5-27 急回特性和行程速比系数

4. 铰链四杆机构的运动特性

1) 急回特性

如图 5-27 所示曲柄摇杆机构,主动件曲柄 AB 回转一周的过程中,有两次与连杆 BC 共线(为 AB_1C_1 和 AB_2C_2),此时摇杆 CD 正处于 C_1D、C_2D 两个极限位置。

摇杆两极限位置间的夹角 φ 称为摆角。

从动件摇杆处于两极限位置时,主动件曲柄对应的两极限位置所夹的锐角 θ 称为极位夹角。

当曲柄 AB 以匀角速顺时针转动,由 AB_1 转到 AB_2,转角 $\varphi_1=180°+\theta$,摇杆由 C_1D 摆到 C_2D,C 点走过弧长 $\overparen{C_1C_2}$,设所用时间为 t_1。

曲柄继续由 AB_2 转到 AB_1,转过角 $\varphi_2=180°-\theta$,摇杆由 C_2D 摆回到 C_1D,C 点走过弧长 $\overparen{C_2C_1}$,设所用时间为 t_2。

则 C 点的平均速度为:

去程　$v_1=\overparen{C_1C_2}/t_1$

回程　$v_2=\overparen{C_2C_1}/t_2$

因为 θ 为不等于 0 的锐角,则 $180°+\theta>180-\theta$

又因为 $\widehat{C_1C_2}=\widehat{C_2C_1}$

所以 $v_1<v_2$

即主动件曲柄匀速转动,从动件摇杆去程速度慢,而回程速度快,这种现象称为急回特性。

由上分析可见,曲柄摇杆机构之所以有急回特性,是因为极位夹角 θ 不等于 0。如果 $\theta=0$,则 $\varphi_1=\varphi_2$, $v_1=v_2$,即无急回特性。

工程上常用从动件往返时间的比值来表示机构急回特性的大小,即

$$k=\frac{v_2}{v_1}=\frac{C_2C_1/t_2}{C_1C_2/t_1}=\frac{t_1}{t_2}=\frac{\varphi_1}{\varphi_2}=\frac{180°+\theta}{180°-\theta} \quad (5-1)$$

式中 k——行程速比系数。

上式表明,机构有无急回特性,取决于机构的极位夹角 θ 是否为零。当 $\theta>0$ 时,$k>1$,则机构有急回特性;θ 越大,k 也越大,急回特性越显著。

当需要设计有急回特性的机构时,通常先选定 k 值,然后根据 k 求出 θ 角,其公式为

$$\theta=180°\frac{k+1}{k-1} \quad (5-2)$$

然后,根据 θ 值来确定各构件的尺寸。

除曲柄摇杆机构外,摆动导杆机构、偏置曲柄滑块机构等也具有急回特性。

在往复工作的机械(如插床、插齿机、刨床等)中,常利用机构的急回特性来缩短空行程的时间,以提高劳动生产率。

2) 压力角和传动角

在图 5-28 所示的曲柄摇杆机构中,设曲柄 AB 为主动件,如不计各杆质量和运动副中的摩擦,则连杆 BC 为二力杆,它作用于摇杆 CD 上的力 F 是沿 BC 方向的。作用在从动件(摇杆 CD)上的驱动力 F 与该作用点的绝对速度 v_C 之间所夹锐角称为压力角,以 α 表示。由图可见,力 F 在 v_C 方向的有效分力 $F_t=F\cos\alpha$。压力角越小,有效分力就越大。压力角可作为

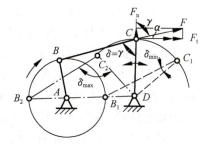

图 5-28 压力角和传动角分析

判断机构传力性能的标志。在连杆机构设计中,为了度量方便,常用压力角 α 的余角 γ 来判断传力性能,γ 称为传动角。因 $\gamma=90°-\alpha$,故压力角 α 越小,γ 越大,机构传力性能越好;反之,压力角 α 越大,γ 越小,机构传力性能越差。压力角(或传动角)的大小反应了机构对驱动力的有效利用程度。

在机构运动过程中,传动角 γ 是变化的。为了保证机构有良好的传力性能,设计时,要求 $\gamma_{\min}\geqslant[\gamma]$,$[\gamma]$ 为许用传动角。对一般机械来说,$[\gamma]=40°$;传递功率较大时,$[\gamma]=50°$。

最小传动角的位置:铰链四杆机构在曲柄 AB 与机架 AD 共线的两位置,出现最小传动角(如图 5-28 所示)。对于曲柄滑块机构,当主动件为曲柄时,最小传动角出现在曲柄与机架垂直的位置。对于摆动导杆机构由于在任何位置时主动曲柄通过滑块传给从动杆的力的方向,与从动杆上受力点的速度方向始终一致,所以传动角等于 90°。

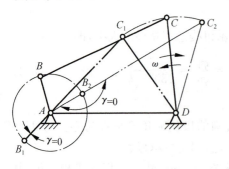

图 5-29 死点位置分析

3) 死点位置

图 5-1 所示缝纫机踏板机构(曲柄摇杆机构)在工作时,是以摇杆(脚踏板)为主动件,曲柄为从动件的。当曲柄 AB 与连杆 BC 共线时,连杆作用于曲柄上的力 F 正好通过曲柄的回转中心 A(此时压力角 $\alpha = 90°, \gamma = 0°$),该力对 A 点不产生力矩,因而曲柄不能转动,机构所处的这种位置,称为死点位置(图 5-29)。

显然,只要从动件与连杆存在共线位置时,该机构就存在死点位置。因此,以滑块为主动件的曲柄滑块机构、以导杆为主动件的摆动导杆机构以及平行双曲柄机构等,都存在死点位置。

对于机械的运动,死点位置会使从动件处于静止或运动方向不定的状态,因而需设法加以克服,工程上常借助安装在曲柄上的飞轮的惯性,将机构带过死点位置(如缝纫机曲轴上的大轮,就兼有飞轮的作用);也可采用相同机构错位排列的方法来渡过死点位置。还有机车两边的车轮联动机构,就是利用错位排列的方法,使两边机构的死点位置互相错开,即利用位置差来顺利通过各自机构的死点位置。

除此之外,工程上也常利用机构的死点位置来实现一定的工作要求。例如铣床快动夹紧机构,如图 5-30 所示,当工件被夹紧后,无论反力 F_N 有多大,因夹具 BCD 成一直线,机构(夹具)处于死点位置,不会使夹具自动松脱,从而保证了夹紧工件的牢固性;再如飞机起落架机构(如图 5-12 所示),当飞机着陆时,虽然机轮受很大的反作用力,但因杆 3 与杆 2 共线,机构处于死点位置,机轮也不会折回,从而提高了机轮起落架工作的可靠性。

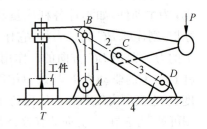

图 5-30 铣床快动夹紧机构

拓展延伸

铰链四杆机构的设计

平面连杆机构设计的主要任务:根据机构的工作要求和设计条件选定机构形式,并确定各构件的尺寸参数。

四杆机构的设计方法有：图解法、实验法和解释法三种。图解法直观，实验法简便，但精度较低，可满足一般设计要求。解析法精确度高，适用于计算机计算。设计时有按给定从动件的位置设计四杆机构，有按给定的运动轨迹设计四杆机构，下面只讨论用图解法按给定的行程速比系数 K 设计四杆机构。

设计具有急回特性的四杆机构，一般是根据实际运动要求选定行程速比系数 K 的数值，然后根据机构极位夹角 θ 的几何特点，结合其他辅助条件进行设计。具有急回特性的四杆机构有曲柄摇杆机构、偏置滑块机构和摆动导杆机构等。

1）按给定行程速比系数设计曲柄摇杆机构（图5-31）

已知条件：行程速比系数 k、摇杆长度 l_{CD}、最大摆角 φ。

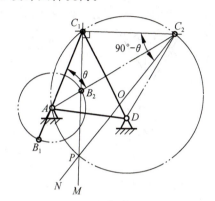

图 5-31　按行程速比系数设计曲柄摇杆机构

设计步骤：

(1) 求极位夹角：$\theta = 180° \dfrac{k+1}{k-1}$；

(2) 任取固定铰链中心 D 的位置，选取适当的长度比例尺 μ_1，根据已知摇杆长度 l_{CD} 和摆角 φ，作出摇杆的两个极限位置 C_1D 和 C_2D。

(3) 连接 C_1、C_2 两点，做 $C_1M \perp C_1C_2$，$\angle C_1C_2N = 90° - \theta$，直线 C_1M 与 C_2N 交于 P 点，$\angle C_1PC_2 = \theta$。

(4) 以 PC_2 为直径作辅助圆。在该圆周上任取一点 A，连接 AC_1、AC_2，则 $\angle C_1AC_2 = \theta$。

(5) 量出 AC_2、AC_1 的长度。由此可求得曲柄和连杆的图示长度：

$$\left. \begin{aligned} AB &= \dfrac{AC_2 - AC_1}{2} \\ BC &= \dfrac{AC_2 + AC_1}{2} \end{aligned} \right\} \quad (5-3)$$

量出机架 AD 图示长度。

(6) 计算曲柄、连杆和机架的实际长度。

$$l_{AB} = \mu_1 AB$$
$$l_{BC} = \mu_1 BC$$
$$l_{AD} = \mu_1 AD$$

注意，由于 A 为辅助圆上任选的一点，所以有无穷多的解，当给定一些其他辅助条件，如机架长度、最小传动角等，则有唯一解。

2）按给定行程速比系数设计曲柄滑块机构（图 5-32）

已知条件：行程速比系数 k，冲程 H，偏心距 e。

设计步骤：

（1）求极位夹角：$\theta = 180° \dfrac{k+1}{k-1}$。

（2）作一直线 $C_1C_2 = H$，做 $C_1M \perp C_1C_2$，$\angle C_1C_2N = 90° - \theta$，直线 C_1M 与 C_2N 交于 P 点，$\angle C_1PC_2 = \theta$。

（3）以 PC_2 为直径作辅助圆。

（4）作一直线与 C_1C_2 平行，使其间距等于给定偏距 e，交圆弧于 A，即为所求。

（5）连接 AC_1、AC_2，并量其长度。根据公式（5-3），由此可求得曲柄和连杆的长度。

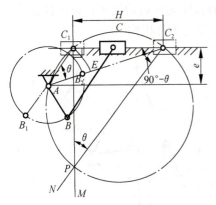

图 5-32　按行程速比系数设计曲柄滑块机构

自 测 题

一、填空题

1. 四杆机构中，压力角越_____，机构的传力性能越好。
2. 在平面四杆机构中，从动件的行程速比系数的表达式为_____。
3. 铰链四杆机构中曲柄存在的条件是_____、_____。
4. 铰链四杆机构的三种基本类型是_____、_____、_____。
5. 机构的压力角是指从动件上_____和该点_____之间所夹的锐角。
6. 在曲柄滑块机构中，当_____为原动件时，该机构具有死点位置。

二、选择题

1. 有急回特性的平面四杆机构，其极位夹角（　　）。
   A. $\theta = 0°$　　　　　B. $\theta < 0°$　　　　　C. $\theta > 0°$
2. 曲柄滑块机构可把曲柄的连续转动转化成滑块的（　　）。
   A. 摆动　　　　　　B. 转动　　　　　　C. 移动
3. 曲柄摇杆机构中，行程速比系数 $k = 1.25$，则其极位夹角 θ 为（　　）。
   A. 20°　　　　　　B. 30°　　　　　　C. 40°
4. 当曲柄为主动件时，下述哪些机构有急回特性。（　　）
   A. 曲柄摇杆机构　　B. 对心曲柄滑块机构　　C. 摆动导杆机构
5. 机构具有急回运动，其行程速比系数 k 为（　　）。
   A. $k = 1$　　　　　B. $k < 1$　　　　　C. $k > 1$

6. 为使机构能顺利通过死点,常采用高速轴上安装什么轮来增大惯性?（ ）
   A. 齿轮　　　　　　　B. 飞轮　　　　　　　C. 凸轮

三、判断题

1. 四杆机构有无死点位置,与何构件为主动件无关。　　　　　　（　）
2. 根据铰链四杆机构各杆的长度,即可判断其类型。　　　　　　（　）
3. 曲柄为原动件的摆动导杆机构,一定具有急回作用。　　　　　（　）
4. 四杆机构的死点位置即为该机构最小传动角的位置。　　　　　（　）
5. 摆动导杆机构的压力角始终为 0°。　　　　　　　　　　　　（　）
6. 极位夹角就是从动件在两个极限位置时的夹角。　　　　　　　（　）

四、设计计算题

1. 题四-1图所示铰链四杆机构,已知各杆长度为:$l_{AB}=20$ mm,$l_{BC}=80$ mm,$l_{CD}=40$ mm,$l_{AD}=70$ mm,杆 1 为主动件,要求：
   （1）判断该机构类型。
   （2）判断该机构有无急回特性。

2. 设计一铰链四杆机构,已知 $l_{CD}=75$ mm,$l_{AD}=100$ mm,摇杆 CD 的一个极限位置与机架 AD 的夹角 $\varphi=45°$,行程速比系数 $k=1.4$,求曲柄 l_{AB} 和连杆 l_{BC} 长。

3. 已知一偏置曲柄滑块机构,滑块的行程 $S=100$ mm,偏心距 $e=10$ mm,行程速比系数 $k=1.4$。设计该机构。

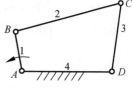

题四-1图　铰链四杆机构

任务 2　凸 轮 机 构

活动情景

观察内燃机配气机构。

任务要求

分析内燃机的气门结构及工作原理。

任务引领

（1）气门开启是怎样实现的,气门由几个构件组成?
（2）气门启闭的过程有什么要求? 凸轮机构是如何实现这些要求的?
（3）气门顶杆是如何运动的? 气门顶杆与凸轮是以什么方式接触的?
（4）凸轮是什么形状?
（5）在家中,你见过什么样的凸轮机构? 请举例。

归纳总结

观察发现,内燃机气门的启闭是由一个圆盘形凸轮来控制的。其启闭过程刚

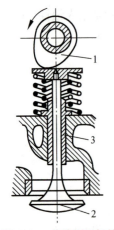

图 5-33 内燃机配气的凸轮机构

1—凸轮；2—气门挺杆；3—导套

好与内燃机的活塞运动相配合。它主要由凸轮、从动件和机架三个构件组成。凸轮机构能实现复杂的运动要求，广泛用于各种自动化机器和自动控制中。

1. 凸轮机构的应用及特点

凸轮机构是由凸轮、从动件和机架三个基本构件所组成的一种高副机构。凸轮机构是将凸轮的转动（或移动）变换成从动件的移动或摆动，并在其运动转换中，实现从动件不同的运动规律，完成力的传递。

图 5-33 所示为用于内燃机配气的凸轮机构。盘形凸轮 1 等速回转时，由于其轮廓向径不同，迫使从动件 2（气门挺杆）上、下移动，从而实现控制气门挺杆运动规律的要求。

与平面连杆机构相比，凸轮机构的特点是：结构简单、紧凑，工作可靠，容易设计，因而在自动和半自动机械中得到了广泛的应用；但是，由于从动件与凸轮间为高副接触，易磨损，因而凸轮机构只宜用于传力不大的场合。

2. 凸轮机构的分类

凸轮机构的类型很多，常用的分类方法如下。

1）按凸轮形状不同分类

按凸轮形状不同可分为盘形凸轮（图 5-33）、移动凸轮（图 5-34）和圆柱凸轮（图 5-35）。

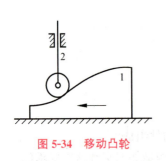

图 5-34 移动凸轮

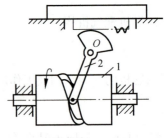

图 5-35 圆柱凸轮

2）按从动件的端部形状不同分类

按从动件的端部形状不同可分为尖底从动件（图 5-36（a））、滚子从动件（图 5-36（b））和平底从动件（图 5-36（c））三种凸轮机构。其中，尖底从动件与凸轮间是点接触条件下的滑动摩擦，阻力大、磨损快，多用于仪器仪表中受力不大的低速凸轮的控制机构中；滚子从动件与凸轮间是线接触条件下的滚动摩擦，阻力小，故在机械中应用广泛；平底从动件与凸轮接触处易形成油膜，有利于润滑，且传力性能好、效率高,故常用于转速较高的凸轮机构中。

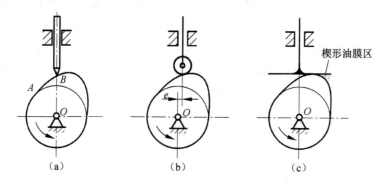

图 5-36　从动件的端部形状
(a) 尖底从动件；(b) 滚子从动件；(c) 平底从动件

3) 按从动件的运动方式不同分类

直动从动件(图 5-36(a)、(b)、(c))和摆动从动件(图 5-35)两种凸轮机构。

4) 按从动件与凸轮保持接触的方式不同分类

按从动件与凸轮保持接触的方式不同分为力锁合和形锁合两种凸轮机构。力锁合是靠重力、弹簧力或其他外力，使从动件与凸轮保持接触(图 5-33、图 5-34)。这种结构简单、易制造，因而被广泛采用；形锁合是依靠凸轮上的沟槽等特殊结构形式，使从动件与凸轮保持接触(图 5-35)，它避免了使用弹簧产生的附加力，但结构与设计较复杂。

3. 凸轮机构的工作过程

图 5-37 所示为一对心式尖底直动从动件盘形凸轮机构。凸轮的轮廓曲线由非圆曲线 $\overset{\frown}{BC}$ 和 $\overset{\frown}{DE}$ 以圆弧曲线 $\overset{\frown}{CD}$ 和 $\overset{\frown}{EB}$ 所组成。以凸轮轮廓曲线的最小向径 r_b 为半径所作的圆称为凸轮的基圆，r_b 称为基圆半径。凸轮轮廓曲线与基圆相切于 B、E 两点。如图 5-35 所示，当从动件尖底与凸轮轮廓曲线在 B 点接触时，从动件处于最低位置。当凸轮以等角速度顺时针方向转动时，从动件首先与凸轮轮廓曲线的非圆曲线 $\overset{\frown}{BC}$ 段接触，此时从动件将在凸轮轮廓曲线的作用下由最低位置 B 被推到最高位置 C，从动件的这一行程称为推程，凸轮相应的转角 Φ 称为推程运动角。当凸轮继续运转时，从动件与凸轮轮廓曲线的 $\overset{\frown}{CD}$ 圆弧段接触，故从动件处于最高位置而静止不动，从动件的这一行程称为远休止；凸轮相应的转角 Φ_s 称为远休止角。凸轮再继续转动，从动件与凸轮轮廓曲线的非圆曲线 $\overset{\frown}{DE}$ 段接触，从动件又由最高位置 D 回到最低 E 位置，从动件的这一行程称为回程，凸轮相应转角 Φ' 称为回程运动角。而后，从动件与凸轮轮廓曲线的圆弧段 $\overset{\frown}{EB}$ 接触时，从动件在最低位置静止不动，从动件的这一行程称为近休止；凸轮相应的转角 Φ'_s 称为近休止角。当凸轮连续转动时，从动件重复上述运动。从动件的推程和回程中移动的距离 h

称为从动件的行程。从动件在运动过程中,其位移 s、速度 v 和加速度 a 随时间 t 的变化规律称为从动件的运动规律。由于凸轮一般以等角速度转动,所以凸轮的转角 Φ 与时间 t 成正比,故从动件的运动规律也可以用从动件的上述运动参数随凸轮转角的变化规律来表示。将这些运动规律在直角坐标系中表示出来,就得到从动件的位移线图、速度线图和加速度线图。图 5-37(b) 所示即为从动件的位移 s 和凸轮转角 $\varphi(t)$ 之间关系的位移线图。

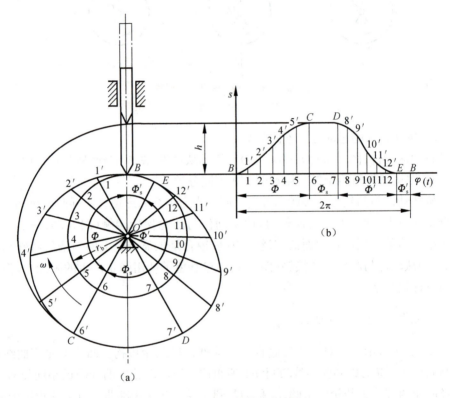

图 5-37 凸轮机构的工作过程

4. 从动件的常用运动规律

从动件的位移、速度和加速度随时间 t (或凸轮转角 $\varphi(t)$) 的变化规律,称为从动件的运动规律。常用的从动件运动规律如下所述。

1) 等速运动规律

从动件的运动速度为定值的运动规律,称为等速运动规律(如金属切削机床进给凸轮的运动规律)。以推程为例,可画出 $s-\varphi(t)$ 线图、$v-\varphi(t)$ 线图和 $a-\varphi(t)$ 线图(图 5-38)。由图可知:从动件按等速规律运动时,在 O、A 两个位置速度发生突变,加速度在理论上趋于无穷大,从动件产生的惯性力也将趋于无穷大,此时所引起的冲击,称为刚性冲击。该冲击力将引起机构振动、机件磨损或损坏,故等速运动规律只能用于低速、轻载的控制机构中。为了降低冲击程度,实际应用时,可将位移曲线的始末两端用圆弧或抛物线过渡(但此时行程的始末不再为等速运动),以缓和冲击。

2) 等加速等减速运动规律

从动件在推程的前半段为等加速,后半段为等减速的运动规律,称为等加速等减速运动规律。通常加速度和减速度的绝对值相等,前半段、后半段的位移 s 也相等。等加速等减速运动规律的 $s\text{-}\varphi(t)$ 线图、$v\text{-}\varphi(t)$ 线图、$a\text{-}\varphi(t)$ 线图如图 5-39 所示。$s\text{-}\varphi(t)$ 线图由两段抛物线组成,简化画法见图 5-39(a)。由图 5-39(c)可知,在 O、A、B 三处,加速度发生有限值的突变。此时,在机构中也会引起一定的冲击,这种冲击称为柔性冲击。与等速运动规律相比,等加速等减速运动规律的冲击次数虽然有所增加,但冲击的程度却大为减小,故多用于中速、中载的场合。

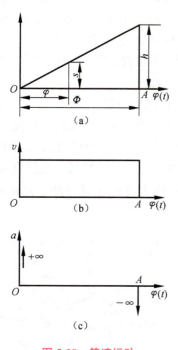

图 5-38 等速运动
(a) $s\text{-}\varphi(t)$ 关系;(b) $v\text{-}\varphi(t)$ 关系;
(c) $a\text{-}\varphi(t)$ 关系

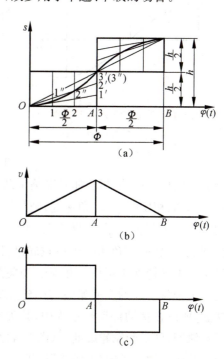

图 5-39 等加速等减速运动规律
(a) $s\text{-}\varphi(t)$ 关系;(b) $v\text{-}\varphi(t)$ 关系;
(c) $a\text{-}\varphi(t)$ 关系

3) 余弦加速度运动(简谐运动)规律

余弦加速度运动规律的加速度曲线为 1/2 个周期的余弦曲线,位移曲线为简谐运动曲线(又称简谐运动规律)。

图 5-40 为余弦加速度运动规律位移线图、速度线图和加速度线图,余弦加速度运动规律在运动起始和终止位置,加速度曲线不连续,存在柔性冲击;用于中速

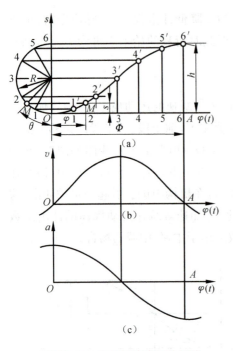

图 5-40 余弦加速度运动规律
(a) s-$\varphi(t)$关系；(b) v-$\varphi(t)$关系；
(c) a-$\varphi(t)$关系

场合。但对于升→降→升型运动的凸轮机构，加速度曲线变成连续曲线，则无柔性冲击。其可用于较高速场合。

随着生产计划的进步，工程中所采用的从动件规律也越来越多，如正弦加速度运动规律，复杂多项式运动规律等。设计凸轮机构时，要根据机器的工作要求，恰当地选择合适的运动规律。

5. 盘形凸轮轮廓的设计

当从动件运动规律确定以后，凸轮轮廓曲线便可以用解析法求解，也可以用作图法绘制。对于精度要求不很高的凸轮，一般采用作图法即可满足使用要求，而且比较简便。本节仅研究如何用作图法绘制凸轮的轮廓曲线。

1) 作图法的原理

为便于绘出凸轮轮廓曲线，应使工作时转动着的凸轮与不动的图纸间保持相对静止。根据相对运动原理，如果给整个凸轮机构加上一个与凸轮转动角速度 ω 数值相等、方向相反的"$-\omega$"角速度，则凸轮处于相对静止状态，而从动件一方面按原定规律在机架导路中作往复移动；另一方面随同机架以"$-\omega$"角速度绕 O 点转动，即凸轮机构中各构件仍保持原相对运动关系不变。由于从动件的尖底始终与凸轮轮廓相接触，所以在从动件反转过程中，其尖底的运动轨迹，就是凸轮轮廓曲线（图 5-41）。这就是凸轮轮廓设计的"反转法"原理。

根据"反转法"原理，设计时可将凸轮视作不动，分别作出从动件在反转运动过程中反转边沿导路移动时尖底的轨迹。光滑连接这些点，即得要求的凸轮轮廓曲线。

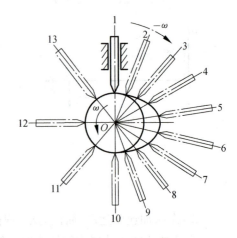

图 5-41 反转法原理

2) 凸轮轮廓曲线的设计

(1) 对心式直动尖底从动件盘形凸轮轮廓的设计。

已知凸轮的基圆半径 r_b，角速度 ω 和从动件的运动规律，设计该凸轮轮廓曲线。

设计步骤：

① 选比例尺 μ_1，根据从动件的运动规律，作出从动件的 s-$\varphi(t)$ 线图，如图 5-42 所示。

② 用与 s-$\varphi(t)$ 相同的长度比例尺，以 r_b 为半径作基圆，此圆与从动件移动导路中心线的交点 B_0，便是从动件尖底的初始位置。

③ 自 OB_0 开始，沿"$-\omega$"方向，在基圆上取 Φ、Φ_s、Φ'、Φ'_s，并将其分成与 s-$\varphi(t)$ 线图中相应的等分，得 C_1、C_2、C_3、…各点，则 OC_1、OC_2、OC_3、…，这一系列向径线的延长线，就是从动件在反转过程中的导路位置线。

④ 在从动件各个位置线上，自基圆向外分别量取 $C_1B_1=11'$、$C_2B_2=22'$、$C_3B_3=33'$、…，由此得 B_1、B_2、B_3、…各点，这就是从动件反转过程中其尖底所处的一系列位置。

⑤ 将 B_1、B_2、B_3、…各点，用曲线板连成光滑的曲线，该曲线即为所求的盘形凸轮的轮廓曲线。

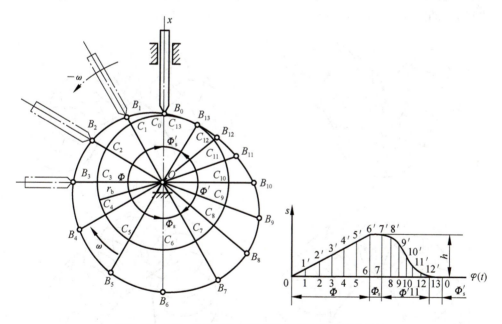

图 5-42　对心式直动尖底从动件盘形凸轮轮廓的设计

（2）对心式直动滚子从动件盘形凸轮轮廓的设计。

已知凸轮的基圆半径 r_b，角速度 ω 和从动件的运动规律，设计该凸轮轮廓曲线。

设计步骤：

① 将滚子中心看做尖底从动件的尖底，按照上述方法先绘制出尖底从动件的凸轮轮廓曲线（即滚子中心的轨迹），如图 5-43 所示，该曲线称为凸轮的理论轮廓

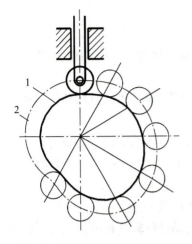

图 5-43 滚子从动件盘形凸轮轮廓
1—实际轮廓;2—理论轮廓

曲线。

② 以理论轮廓曲线上的各点为圆心,以滚子半径 r_b 为半径作一系列的滚子圆。然后,再作这些滚子圆的内包络线即为凸轮的实际工作曲线,该曲线称为凸轮的实际轮廓曲线。

应当指出:在绘制滚子从动件凸轮机构的凸轮轮廓曲线时,其滚子从动件的凸轮基圆半径是指其理论轮廓曲线的最小向径;理论轮廓曲线与实际轮廓曲线是两条法向等距曲线。

6. 凸轮机构的基本尺寸

1) 滚子半径 r_T 的选取

为保证滚子及心轴有足够的强度和寿命,应选取较大的滚子半径 r_T,然而滚子半径 r_T 的增大受到理论轮廓曲线上最小曲率半径 ρ_{min} 的制约,如图 5-44 所示。

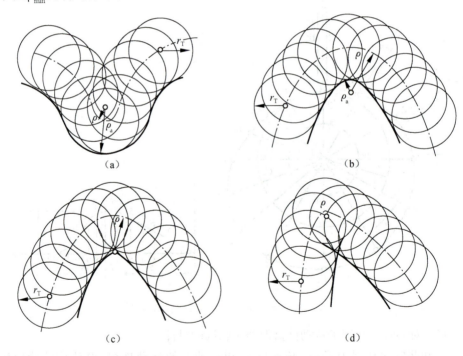

图 5-44 滚子半径的选择

(1) 当理论轮廓内凹时,实际轮廓的曲率半径 $\rho_a = \rho_{min} + r_T$(图 5-44(a)),工作轮廓曲线总可画出。

(2) 当理论轮廓外凸时,$\rho_a = \rho_{min} - r_T$。若 $\rho_{min} > r_T$,$\rho_a > 0$,工作轮廓线为一光

滑曲线(图 5-44(b));若 $\rho_{\min}=r_T$,$\rho_a=0$,工作轮廓线变成尖点(图 5-44(c)),尖点易磨损,磨损后从动件将产生运动"失真";若 $\rho_{\min}<r_T$,$\rho_a<0$,实际轮廓线出现交叉(图 5-44(d)),在交叉点以外的部分,加工凸轮时将被切去,致使从动件不能实现预期的运动规律,出现严重的运动"失真"。

因此,应使滚子半径 r_T 小于理论轮廓最小曲率半径 $\rho_{\min}$,即 $r_T<\rho_{\min}$。通常取 $r_T=0.8\rho_{\min}$。

当轮廓最小曲率半径 $\rho_{\min}$ 很小时,为使 r_T 尺寸不致过小而影响滚子及其心轴的强度,一般可采用加大基圆半径 r_b 重新设计以增大 $\rho_{\min}$ 的办法加以补救;若机器的结构不允许增大凸轮尺寸时,可改用尖底从动件。

在设计凸轮机构时,滚子半径 r_T 一般是按凸轮的基圆半径 r_b 来确定,通常取
$$r_T \leqslant 0.4 r_b$$

2) 凸轮机构的压力角和基圆半径

(1) 凸轮机构的压力角。图 5-45 为偏置直动尖底从动件盘形凸轮机构。凸轮以等角速度 ω 逆时针转动,从动件沿导路上下移动,若凸轮与从动件在图示位置 B 点接触,这时凸轮对从动件的法向作用力 F_n 与从动件上受力点 B 的速度方向 v_B 之间所夹的锐角 α 称为凸轮机构的压力角。凸轮机构工作时,其压力角 α 的大小是变化的。

力 F_n 分解为两个分力:与从动件线速度 v_B 方向一致的分力 F_x 和垂直的分力 F_y。F_x 是使从动件的有效分力;F_y 只是使从动件运动与导路间的正压力增大,从而使摩擦力增大,因而是有害分力。当压力角 α 增大到某一值时,从动件将发生自锁(卡死)现象。

由以上分析看出:从改善受力情况、提高效率、避免自锁的观点看,压力角 α 越小越好。通常可用加大凸轮基圆半径 r_b 的方法使 α 减小。

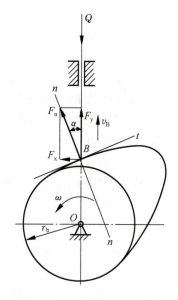

图 5-45 凸轮机构的压力角

因此,设计凸轮机构时,根据经验,压力角不能过大,也不能过小,应有一定的许用值,用【α】表示,且应使 $\alpha\leqslant$【α】。一般规定压力角的许用值如下:

直动从动件取【α】$=30°$;
摆动从动件取【α】$=45°$;
在回程时常不会自锁,故均取【α】$=70°\sim 80°$。

(2) 凸轮机构的基圆半径。
一般可根据经验公式选择,即
$$r_b \geqslant 0.9 d_s + (7\sim 9)\text{ mm}$$
式中 d_s——凸轮轴的直径(mm)。

依据选定的 r_b 设计出凸轮轮廓后,应进行压力角的检验,若发现 $\alpha_{max}>$【α】,则应适当增大 r_b,重新进行设计。

3) 凸轮材料

凸轮机构主要的失效形式是磨损和疲劳点蚀,这就要求凸轮应具有较高的强度和耐磨性,载荷不大、低速时可选用 HT250、HT300 等作为凸轮的材料,轮廓表面需经热处理,以提高其耐磨性;中速、中载的凸轮常用 45、40Cr、20Cr、20CrMn 等材料,并经表面淬火,使硬度达 55~60 HRC;高速、重载凸轮可用 40Cr,表面淬火至 56~60 HRC。

自 测 题

一、填空题

1. 等加速等减速运动规律在运动的 _____ 点、_____ 点和 _____ 点产生 _____ 冲击,该运动适合 _____ 速场合。
2. 凸轮机构中,按凸轮的形状分为 _____、_____ 和 _____。
3. 凸轮基圆半径越大 _____,压力角 _____,传力性能 _____。
4. 在设计凸轮机构时,凸轮基圆半经取得越 _____,所设计的机构越紧凑,但机构的压力角变 _____,使机构的工作性能变坏。

二、选择题

1. 凸轮机构的从动件选用等速运动规律时,其从动件的运动( )。
   A. 将产生刚性冲击   B. 将产生柔性冲击
   C. 没有冲击
2. 设计凸轮轮廓时,若基圆半径取得越大,则机构压力角( )。
   A. 变小   B. 变大   C. 不变
3. 凸轮机构中,从动件在推程时按等速运动规律上升,( )将发生刚性冲击。
   A. 推程开始点   B. 推程结束点   C. 推程开始点和结束点
4. 设计凸轮时,若工作行程中的最大压力角 $\alpha_{max}>$【α】时,选择( )可减小压力角。
   A. 减小基圆半径 r_b B. 增大基圆半径 r_b C. 加大滚子半径 r_T

三、判断题

1. 凸轮轮廓确定后,其压力角的大小会因从动件端部形状的改变而改变。
   ( )
2. 凸轮机构的压力角越大,机构的传力性能就越差。 ( )
3. 凸轮机构中,从动件按等加速等减速运动规律运动时会引起柔性冲击。
   ( )
4. 滚子从动件盘形凸轮的基圆半径是指凸轮理论轮廓曲线上的最小回转

半径。 ( )
5. 凸轮工作时,从动件的运动规律与凸轮的转向无关。 ( )
6. 凸轮机构出现自锁是因为驱动的转矩不够大造成的。 ( )
7. 同一凸轮与不同端部形式的从动件组合运动时,其从动件运动规律是一样的。 ( )

任务3　间歇运动机构

活动情景

观察牛头刨床的工作过程及进给机构的工作原理。

任务要求

掌握典型间歇机构及工作原理。

任务引领

(1) 刨刀进给有什么特点?
(2) 刨床是怎样实现预定功能的?

归纳总结

观察可以发现,刨刀每往复一次,刨床给出一个横向进给,这个进给是间歇的,在刨削过程中都不允许有横向进给,仅在回刀结束时才应及时给出横向进给量,以便下次刨削。

在机械中,特别是在各种自动和半自动机械中,常常需要把原动件的连续运动变为从动件的周期性间歇运动,实现这种间歇运动的机构称为间歇运动机构,例如机床的进给机构、分度机构、自动进料机构,电影机的卷片机构和计数器的进位机构等。

1. 棘轮机构

1) 棘轮机构的组成及工作原理

棘轮机构主要由棘轮、棘爪、摇杆及机架组成,如图5-46(a)所示。曲柄摇杆机构将曲柄的连续转动转换成摇杆的往复摆动;当摇杆4顺时针摆动时,装在摇杆4上的主动棘爪2啮入棘轮1的齿槽中,从而推动棘轮顺时针转动;当摇杆逆时针摆动时,主动棘爪2在棘轮的齿背上滑过,此时,棘轮1在止回棘爪5的

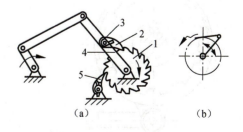

图5-46　外啮合棘轮机构
1—棘轮;2—棘爪;3—扭簧;4—摇杆;5—止回棘爪

作用下停止不动,扭簧3的作用是将棘爪2贴紧在棘轮1上。在摇杆4做往复摆动时,棘轮1作单向间歇运动,其运动简图如图5-46(b)所示。

棘轮机构按工作原理可分为齿式棘轮机构和摩擦式棘轮机构两大类。

(1) 齿式棘轮机构。齿式棘轮机构有外啮合(图5-47(a))、内啮合(图5-47(b))两种形式。按棘轮齿形分,可分为锯齿形齿(图5-47(a)、图5-47(b))和矩形齿(图5-47(c))两种。矩形齿用于实现双向转动的棘轮机构。

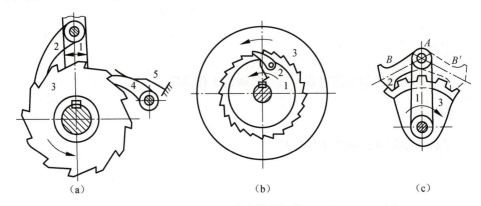

图5-47 齿式棘轮机构
(a) 外啮合棘轮机构;(b) 内啮合棘轮机构;(c) 矩形齿棘轮机构

图5-48是控制牛头刨床工作台进与退的棘轮机构,棘轮齿为矩形齿,棘轮2可用作实现双向间歇转动。需变向时,只要提起棘爪1,并将棘爪转动180°后再放下就可以了。变向也可用图5-47(c)转动棘爪来实现,其棘爪1设有对称爪端,通过转动棘爪1,棘轮2即可实现反向的间歇运动。

(2) 摩擦式棘轮机构。图5-49为外摩擦式棘轮机构,其工作过程与棘轮机构

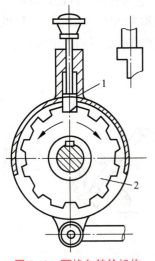

图5-48 可换向棘轮机构
1—棘爪;2—棘轮

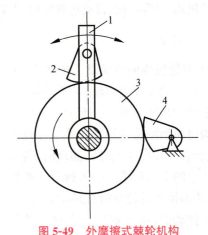

图5-49 外摩擦式棘轮机构
1—摇杆;2—主动棘爪;3—棘轮;4—止回棘爪

相似,棘爪2靠它与棘轮3间产生的摩擦力来驱使棘轮作间歇运动。与齿式棘轮机构相比,摩擦式棘轮机构能无极调节棘轮转角的大小,而且降低了机构的冲击和噪声。

2) 棘轮机构的特点及应用

棘轮机构具有结构简单,制造方便,工作可靠,棘轮每次转动的转角等于棘轮齿矩角的整数倍,故广泛用于各类机械中。但是棘轮机构也有一些缺点:工作时冲击较大,棘爪在齿背上滑过时会发出噪声。适用与低速、轻载和棘轮转角不大的场合。棘轮机构在机械中,常用来实现送进、制动、超越和转位分度等要求。

(1) 送进。图 5-50 所示为牛头刨床工作台的横向进给棘轮机构,当摇杆 4 摆动时,棘爪 3 推动棘轮 5 作间歇运动。此时,与棘轮 5 固连的丝杠 6 便带动工作台 7 做横向进给运动。

(2) 制动。图 5-51 所示为起重设备安全装置中的棘轮机构。当起吊重物时,止回棘爪 3 将防止棘轮倒转,从而避免重物因机械发生故障可能出现自由下落的危险,即起到制动作用。

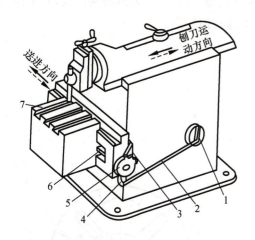

图 5-50 牛头刨床工作台的横向进给棘轮机构
1—曲柄;2—连杆;3—棘爪;4—摇杆;
5—棘轮;6—丝杠;7—工作台

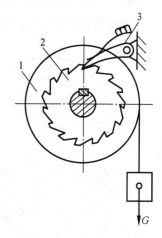

图 5-51 用于制动的棘轮机构
1—鼓轮;2—棘轮;3—止回棘爪

(3) 超越。图 5-52 所示为自行车后轴上的内啮合棘轮机构,当链条带动飞轮 1 做逆时针转动时,飞轮又通过棘爪 4 带动后轮转动,自行车前进。当自行车下坡或滑行时,链条静止,链轮停止转动,此时因自行车的惯性作用后轮继续带动棘爪转动,棘爪将沿棘轮齿背滑过,从而实现了从动件转速超越主动件转速的超越作用。

3) 棘轮转角大小的调节方法

(1) 改变曲柄长度:改变曲柄长度,可改变摇杆的最大摆角的大小,从而调节棘轮转角。

（2）用覆盖罩调节转角：在摇杆摆角 φ 不变的前提下，转动覆盖罩遮挡部分棘轮，可调节棘轮转角的大小。

（3）用双动棘爪调节机构转角。

2．槽轮机构

1）槽轮机构的组成和工作原理

槽轮机构由带圆销的主动拨盘 1、具有径向槽的从动槽轮 2 和机架组成。如图 5-53 所示，当拨盘 1 以 ω_1 作等角速转动，圆销 C 由左侧进入轮槽时，拨动槽轮

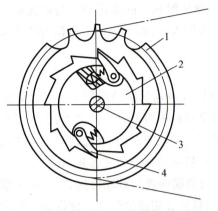

图 5-52　自行车后轴上的内啮合棘轮机构

1—飞轮；2—后轮轴；3—后轴；4—棘爪

顺时针转动，然后由右侧脱离轮槽，槽轮静止不动，并由拨盘凸弧通过槽轮凹弧，将槽轮锁住。当拨盘 1 继续转动时，两者又重复上述的运动循环。

槽轮机构可分为外啮合和内啮合两种类型。图 5-54 为内槽轮机构，其工作原理与外槽轮机构相似，只是从动槽轮与拨盘转向相同。

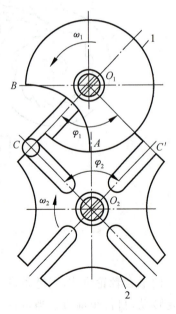

图 5-53　外槽轮机构

1—拨盘；2—槽轮

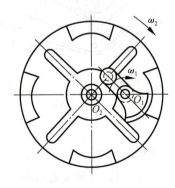

图 5-54　内槽轮机构

2）槽轮机构的特点和应用

槽轮机构的特点是结构简单，工作可靠，传动平稳性好，能准确控制槽轮转动的角度。缺点是槽轮的转角大小不能调整，且在槽轮转动的始、末位置存在冲击。

槽轮机构的应用：一般应用于转速较低、要求间歇地转动一定角度的分度装置中。

图 5-55 所示为六角车床刀架转位机构，刀架 3 上装有六种刀具，与刀架一体的槽轮 2 有六个径向槽，当拨盘转动一周时，圆销拨动槽轮转过 60°，将下一工序所需刀具转换到工作位置。

图 5-56 所示为电影放映机的卷片机构，拨盘 1 转一周，槽轮 2 转过 1/4 周，胶片移动一个画面，并停留一定时间，以适应人眼的视觉暂留现象。

图 5-55 六角车床刀架转位机构
1—拨盘；2—槽轮；3—刀架

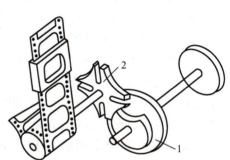

图 5-56 电影放映机的卷片机构
1—拨盘；2—槽轮

3. 不完全齿轮机构

不完全齿轮机构是由渐开线齿轮机构演变而成的间歇运动机构。属于间歇运动机构。

1）工作原理

它与普通渐开线齿轮机构的主要区别在于该机构中的主动轮仅有一个或几个齿。

如图 5-57 所示，当主动轮 1 的有齿部分与从动轮轮齿结合时，推动从动轮 2 转动；当主动轮 1 的有齿部分与从动轮脱离啮合时，从动轮停歇不动。因此，当主动轮连续转动时，从动轮获得时动时停的间歇运动。为防止从动齿轮反过来带动主动齿轮转动，应设置锁止弧。

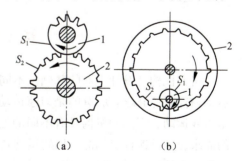

图 5-57 不完全齿轮机构
1—主动轮；2—从动轮

2）特点及应用

优点：结构简单，工作可靠，传递力大，从动轮转动和停歇的次数、时间、转角大小等的变化范围较大。

缺点：工艺复杂，从动轮的开始和结束的瞬时，会造成较大冲击。

应用:低速、轻载。如多工位自动、半自动机械中用作工作台的间歇转位机构,以及某些间歇进给机构、计数机构等。

自 测 题

一、多项选择题

1. 可实现间歇运动的机构有(　　)。
   A. 棘轮机构　　　　　　B. 槽轮机构　　　　　　C. 凸轮机构
2. 棘轮机构的特点是(　　)。
   A. 结构简单、制造方便　　B. 冲击小　　　　　　　C. 棘轮转角可调
3. 调整棘轮转角的方法有(　　)。
   A. 改变摇杆的摆角　　　　B. 改变覆盖罩的位置　　C. 改变棘轮的齿数
4. 槽轮机构的特点是(　　)。
   A. 结构简单、工作可靠　　B. 槽轮转角可调　　　　C. 传动平稳
5. 不完全齿轮机构的特点是(　　)。
   A. 结构简单、工作可靠　　B. 传递力较大　　　　　C. 冲击较大

二、填空题

1. 棘轮机构主要由_____、_____、_____和_____组成。
2. 棘轮机构在生产中可满足_____、_____、_____和_____等要求。
3. 齿式棘轮机构的棘轮转角只能_____调节,摩擦棘轮机构的棘轮转角可_____调节。
4. 槽轮机构主要由_____、_____和_____组成。
5. 外槽轮机构从动槽轮与拨盘转向_____,内槽轮机构从动槽轮与拨盘转向_____。

项 目 小 结

研究机构是设计机器的基础。不同的机器具有不同的运动规律:有的是连续运动,有的是间歇运动;有的是匀速运动,有的是变速运动;有的是圆弧运动,有的是直线运动。不同的机构具有不同的运动特点和不同的功能,能满足不同的机器的需求。铰链四杆机构能把回转运动转化为往复摆动,或反之,具有急回特性和死点等运动特性;凸轮机构能实现比较复杂的运动规律;棘轮机构和槽轮机构能产生间歇运动规律。熟知它们的特性和规律,运用时才会有的放矢,灵活自如。

项目六　液压传动

【项目描述】

　　液压传动相对于机械传动来说,是一门新的学科,它具有结构紧凑、传动平稳、输出功率大、易于实现无级调速及自动控制等特点,因此发展很快。几十年来,随着我国工业水平的不断提高,液压传动技术被广泛应用在机械制造、工程建筑、石油化工、交通运输、军事器械、矿山冶金、航空航海、轻工、农机、渔业、林业等各个方面,也被应用在宇宙航行、海洋开发、核能建设、地震预测等新的技术领域中。从1795年英国制造出世界上第一台水压机至今,液压传动已有二三百年的历史了,但广泛的应用和推广仅有五六十年。19世纪末,德国制造出液压龙门刨床,美国制成液压六角车床和磨床,但因当时没有成熟的液压元件以及机械制造工艺水平的限制,液压传动技术的应用仍不普遍。第二次世界大战期间,某些兵器采用了反应快、精度高、功率大的液压传动装置,推动了液压技术的发展。战后,其迅速转向民用,在机床、工程机械、农业机械、汽车、船舶等行业中逐步推广。20世纪60年代后,随着原子能、空间技术、计算机技术的发展,液压技术的应用更加广泛。目前,正在向高压、高速、高效、大流量、大功率、低噪声、长寿命、高度集成化等方向发展。同时,液压元件和液压系统的计算机辅助设计、计算机仿真和优化、微机控制等工作,又使液压技术的发展进入了一个新的阶段。

【学习目标】

　　(1) 理解液压传动的基本原理和液压传动的优缺点。
　　(2) 掌握常用液压元件的结构及工作原理,熟悉其简化符号。
　　(3) 掌握液压基本回路及其应用。

【能力目标】

　　(1) 能识别液压系统的常用元件。
　　(2) 能分析典型液压系统。
　　(3) 会组装常见的液压元件和简单的液压回路。

液压注塑机

任务1 液压传动的基本知识

活动情景

观察、操纵液压千斤顶。

任务要求

(1) 理解液压传动的基本原理。
(2) 掌握液压油的基本知识和选用方法。
(3) 学习流体力学的基本原理。

任务引领

(1) 液压系统由哪几部分组成?各起什么作用?
(2) 液压传动与机械传动、电气传动和气压传动相比较,有哪些优缺点?
(3) 液压油有哪几种类型?如何选用液压油?
(4) 帕斯卡原理是什么?其有什么物理意义?

归纳总结

1. 液压传动的基本概念

1) 基本概念

(1) 液压传动的工作原理。

液压传动是以液体作为工作介质以压力能的方式来进行能量传递和控制的一种传动形式。图6-1是液压千斤顶的工作原理图。图中大液压缸9和大活塞8组成举升液压缸。杠杆手柄1、小液压缸2、小活塞3、单向阀4和7组成手动液压泵。如提起手柄使小活塞向上移动,小活塞下端油腔容积增大,形成局部真空,这时单向阀4打开,通过吸油管5从油箱吸油;用力压下手柄,小活塞下移,小活塞下端油腔压力升高,单向阀4关闭,单向阀7打开,下腔的油液经管道6输入举升缸(大液压缸9)的下腔,迫使大活塞8向上移动,顶起重物。再次提起手柄吸油时,单向阀7自动关闭,使油液不能倒流,从而保证了重物不会自行下落。不断地往复扳动手柄,就能不断地把油液压入举升缸下腔,使重物逐渐地升起。如果打开截止阀11,举升缸下腔的油液通过管道10、截止阀11流回油箱,重物就向下移动。

通过对液压千斤顶工作过程的分析,得出这样的结论:密封容积中的液体既可以传递力,又可以传递运动。因此液压传动又称容积式液压传动。液压传动是利用有压力的油液作为传递动力的工作介质,先通过动力元件(液压泵)将原动机(电

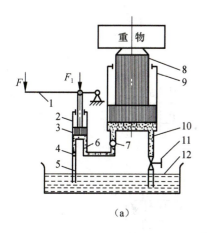 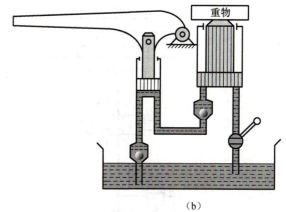

图 6-1　液压千斤顶
(a) 工作原理图；(b) 示意图
1—杠杆手柄；2—小液压缸；3—小活塞；4,7—单向阀；5—吸油管；6,10—管道；8—大活塞；
9—大液压缸；11—截止阀；12—油箱

动机）输入的机械能转换为液体压力能，再经过密封管道和控制原件等输送至执行元件，将液体压力能又转换为机械能，以驱动工作部件。由此可见，液压传动是一个不同能量的转换的过程。

（2）液压系统的组成。

从以上实例可看出，液压系统由以下五部分组成：

动力元件——液压泵是将机械能转换为液压能的装置，给整个系统提供压力油；

执行元件——液压缸或液压马达是将液压能转换为机械能的装置，可克服负载做功；

控制元件——各种阀类可控制和调节液压系统的压力、流量及液流方向，以改变执行元件输出的力（或转矩）、速度（或转速）及运动方向；

辅助元件——油管、管接头、油箱、滤油器、蓄能器和压力表等起连接、储油、过滤、储存压力能和测量油压力等作用的辅助元件；

工作介质——通常为液压油传递压力的工作介质，同时还可起润滑、冷却和防锈的作用。

（3）液压系统图的职能符号。

图 6-1 所示的液压传动系统图为结构原理图，它比较直观，易于理解，在系统发生故障时按此类图来检查和判断故障原因比较方便。但其图形复杂，特别是在系统元件较多时不便绘制。为了简化液压原理图的绘制，我国国家标准（GB 786—1976）规定了"液压及气动图形符号"。这些符号只表示元件的职能，不表示元件的结构和参数。一般液压传动系统图均应按标准规定的职能符号绘制。如果有些元件无法用职能符号表示，或需着重说明系统中某一重要元件的结构和动作原理时，允许采用结构原理图表示。图 6-2 为采用液压系统的职能符号表示的磨床工作台液压原理图。

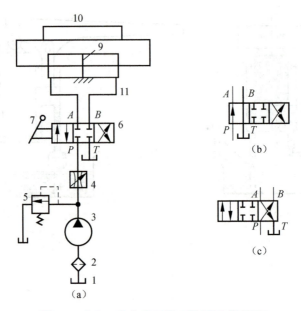

图 6-2　磨床工作台液压原理图(职能符号图)

（4）液压传动的优缺点和液压新技术。

① 液压传动的优缺点。

液压传动与机械传动、电气传动、气压传动相比较有以下优点。

a. 在相同功率的情况下，体积小、质量轻、结构紧凑，从而惯性小，可快速启动和频繁换向，且能传递较大的力和转矩。

b. 能方便地实现无级调速，且调速范围大，可达 100∶1 至 2 000∶1。而最低稳定转速可低至每分钟几转，即可实现低速强力或低速大扭矩传动，不需减速器。

c. 传递运动均匀平衡、方便可靠，负载变化时速度较稳定。

d. 控制调节比较方便、省力，易于实现自动化，当与电气控制或气动控制配合使用时，能实现各种复杂的自动工作循环，还可远程控制。

e. 易于实现过载保护。同时液压元件可自行润滑，使用寿命较长。

f. 液压元件易于实现标准化、通用化、系列化。便于设计制造和推广使用。元件之间用管路连接时，在系统中的排列布置有较大的机动性。

g. 用液压传动实现直线运动一般比机械传动简单。

液压传动同时存在如下缺点：

a. 由于采用液体传递压力，系统不可避免地存在泄漏，因而传动效率较低，不宜于做远距离传动。

b. 液压装置对油温变化比较敏感，运动件的速度不易保持稳定，同时对油液的清洁程度要求也很高。

c. 液压元件制造精度高，加工工艺复杂，因而成本较高。

d. 系统发生故障时，不易查找原因和维修。

e. 系统或元件的噪声较大。

总的来说,液压传动的优点是主要的,随着科学技术和设计、制造工艺水平的发展,其缺点正逐步得到改善,因此,液压传动有着广阔的发展前途。

② 液压新技术。

液压新技术主要是指微电子技术和计算机技术在液压系统中的应用。微电子技术与液压技术相结合,形成机-电-液一体化,一体化元件如电液数字控制阀、数字液压缸等,由于其具有结构简单,工艺性好,价格低廉,抗污染性强,功耗小,工作稳定可靠等优点,且可直接与计算机接口,不需 D/A 数-模转换器,是今后液压技术发展的重要趋向之一。

计算机与液压技术的结合包括三个方面:计算机控制系统、计算机辅助设计(液压元件 CAD 和液压系统 CAD)和液压产品的计算机辅助试验(CAT)。利用计算机进行控制具有模拟量系统无法比拟的优越性,其方式有逻辑控制、开环比例控制、计算机闭环控制、最优控制和自适应控制以及灵活的多余度控制等。计算机辅助设计的基本特点是利用计算机的图形功能,由设计者通过人机对话控制设计过程以得到最优设计结果,并能通过动态仿真对设计结果进行检测。计算机辅助试验则可运用计算机技术对液压元件及液压系统的静、动态性能进行测试,对液压设备故障进行诊断和对液压元件和系统的数学模型辨识等。

此外,高压大流量小型化与液压集成技术、液压节能与能量回收技术也成为近年研究的重要课题。

总之,随着科学技术的进步,液压新技术也随之发展,拓宽范围,以适应各行各业新技术的发展需求。

2. 工作介质

1) 工作介质的种类

液压传动所用工作介质的种类很多,主要可分为石油型、合成型和乳化型三大类,其品种及其主要性质见表 6-1。

表 6-1　工作介质的主要类型及其性质

性能 \ 种类	可燃性液压油			抗燃性液压油			
	石油型			合成型		乳化型	
	通用液压油	抗磨液压油	低温液压油	磷酸酯液	水-乙二醇液	油包水乳化液	水包油乳化液
	L-HL	L-HM	L-HV	L-HFDR	L-HFC	L-HFB	L-HFA
密度/(kg·m^{-3})	850~900			1 120~1 200	1 040~1 100	920~940	1 000
黏度	小至大					小	小
黏度指数 V 不小于	90	95	130	130~180	140~170	130~150	极高
润滑性	优			良			可
防腐蚀性	优			良			可
闪点/℃(不低于)	170~200	170	150~170	难燃			不燃
凝点/℃(不高于)	−10	−25	−35~−50	−20~−50	−50	−25	−5

目前,90%以上的液压设备采用石油型液压油。石油型液压油根据精制的程度和添加剂的不同,有很多的种类,其常用种类和适用范围见表6-2。

表6-2 石油型液压油的适用范围

工作介质	黏度等级	应用场合
通用液压油 L-HL	32、46、68	7～14 MPa 的液压系统及精密机床液压系统
液压导轨油 L-HG	22、32、46、68	液压与导轨合用的系统,如万能磨床、轴承磨床、螺纹磨床、齿轮磨床等
抗磨液压油 L-HM	32、46、68	−15℃～70℃的高压、高速工程机械和车辆等的液压系统
低温液压油 L-HV	32、46、68	−25℃以上的高压、高压工程机械、农业机械和车辆等的液压系统
高黏度指数液压油 L-HR	22、32、46	数控机床及高精密机床的液压系统,如高精度坐标镗床
机械油 L-HH	15、22、32、46、68	7 MPa 以下的液压系统,如普通机床液压系统

石油型液压油的黏度较高、润滑性能较好,但其抗燃性较差。在一些高温、易燃、易爆的工作场合,为安全起见,其液压系统常使用合成型和乳化型工作介质,其抗燃性较好。

2) 工作介质的主要性质

(1) 密度、重度。

单位体积的油所具有的质量称为密度,用 ρ 表示;

单位体积的油所具有的重量称为重度,用 γ 表示:

$$\rho = \gamma/g \tag{6-1}$$

(2) 黏度。

液体在外力作用下流动时,液体分子间的内聚力阻碍其分子间的相对运动而产生一种摩擦力,这种现象叫做液体的黏性。液体只有在流动时才会呈现黏性。表示液体黏性大小程度的物理量称为黏度。液压传动中常用的黏度有动力黏度、运动黏度和相对黏度。

a. 动力黏度 μ。动力黏度是表示面积各为 $1\,m^2$、相距 $1\,m$ 的两层液体,当其中一液体层对另一液体层以 $1\,m/s$ 的速度,做相对运动时所产生的内摩擦阻力值,用 μ 表示,单位为 $Pa \cdot s$。

b. 运动黏度 υ。运动黏度是动力黏度与该液体在同一温度下密度的比值,用 υ 表示。$\upsilon = \mu/\rho$,单位 m^2/s,也常用单位 $St(泡)(cm^2/s)$,它们之间的关系是:

$$1\,m^2/s = 10^4\,cm^2/s(St) = 10^6\,mm^2/s(cSt)$$

运动黏度无明确的物理意义,因为其单位类似运动学的量纲,故称为运动黏度。它是液体性质及其力学特性研究、计算中常用的一个物理量。各类液压油的牌号,就是按油的运动黏度来标定的。液压油的牌号,采用它在40℃温度下运动黏度平均 cSt(厘泊)值来标号,例如 L-HL32 号液压油,指这种油在 40 ℃时的运动黏度平均值为 32 cSt。

c. 相对黏度(我国采用恩氏黏度)。恩氏黏度是将 200 cm³ 的液压油,在规定温度下,流经恩氏黏度计的时间与 20 ℃或 40 ℃时蒸馏水流经时间的比值,用 °E_{20} 或 °E_{40} 表示。

d. 温度对黏度的影响:液体的黏度都随温度变化而变化,当温度升高时,液压油的黏度降低。工业上常采用黏度指数来评价液压油的黏度受温度影响的大小。黏度指数Ⅵ表示被试油和标准油黏度随温度变化程度比较的相对值。黏度指数越高,表示黏度随温度的变化越小。

e. 压力对黏度的影响:液体的黏度随着压力的增加而加大。

f. 液体的可压缩性:液体受压力作用而使其体积发生变化的性质,称为液体的可压缩性,一般情况下液体的可压缩性可以不计,但在精确计算时尤其在考虑系统的动态特性和远距离操纵的液压机构,液体的可压缩性是一个很重要的因素。液压油的可压缩性比钢的可压缩性大 100~140 倍。当液压油中混有空气时,可压缩性将显著增加,常常使液压系统发生噪声,降低系统的传动刚性和工作可靠性。

3) 液压油的选用

正确、合理地选择工作介质,对液压系统适应各种环境条件和工作状况的能力,延长系统和元件的寿命提高设备运转的可靠性,防止事故发生等方面都有重要影响。

在选用液压油时,应首先考虑液压系统的工作条件、周围环境,同时还应按液压泵所规定许可采用的液压油。

(1) 液压系统的工作条件。如工作压力高,应选用黏度较大的液压油,因高压的液压系统泄漏较突出;工作压力较低时,应选用黏度较小的液压油。

(2) 液压系统的环境条件。如液压系统油温高或环境温度高,应用黏度较大的液压油,反之,应用黏度较小的液压油。

(3) 液压系统中工作机构的运动速度。当液压系统中工作机构的运动速度较高时,液流流速高,压力损失亦大,系统效率低,还可能导致进油不畅,甚至卡住零件。因此,应用黏度较小的液压油,反之,应用黏度较高的液压油。

液压系统的所有元件中,液压泵的转速最高、压力最大、温度也较高。一般应根据液压泵的要求来确定液压油的黏度。表 6-3 是各种液压泵用油的黏度范围及推荐牌号。

表 6-3 各种液压泵选用的液压油

名 称	运动黏度/(mm²·s⁻¹)		工作压力/MPa	工作温度/℃	推荐用油
	允许	最佳			
叶片泵 1 200 r/min	16~220	26~54	7	5~40	L-HH32,L-HH46
				40~80	L-HH46,L-HH68
叶片泵 1 800 r/min	20~220	25~54	>14	5~40	L-HH32,L-HH46
				40~80	L-HH46,L-HH68

续表

名称	运动黏度/(mm²·s⁻¹)		工作压力/MPa	工作温度/℃	推荐用油
	允许	最佳			
齿轮泵	4～220	25～54	<12.5	5～40	L-HH32,L-HH46
				40～80	L-HH46,L-HH68
			10～20	5～40	
				40～80	L-HM46,L-HM68
			16～32	5～40	L-HM32,L-HM68
				40～80	L-HM46,L-HM68
径向柱塞泵	10～65	16～48	14～35	5～40	L-HM32,L-HM46
轴向柱塞泵	4～76	16～47		40～80	L-HM46,L-HM68
			>35	5～40	L-HM32,L-HM68
				40～80	L-HM68,L-HM100
螺杆泵	19～49		>10.5	5～40	L-HL32,L-HL46
				40～80	L-HL46,L-HL68

4) 液压油的污染与防护

液压油是否清洁,不仅影响液压系统的工作性能和液压元件的使用寿命,而且直接关系到液压系统是否能正常工作。液压系统多数故障与液压油受到污染有关,因此控制液压油的污染是十分重要的。

(1) 液压油被污染的原因。液压油被污染的原因主要有以下几方面。

① 液压系统的管道及液压元件内的型砂、切屑、磨料、焊渣、锈片、灰尘等污垢在系统使用前冲洗时未被洗干净,在液压系统工作时,这些污垢就进入到液压油里。

② 外界的灰尘、沙粒等,在液压系统工作过程中通过往复伸缩的活塞杆,流回油箱的漏油等进入液压油里。另外在检修时,稍不注意也会使灰尘、棉绒等进入液压油里。

③ 液压系统本身也不断地产生污垢,而直接进入液压油里,如金属和密封材料的磨损颗粒,过滤材料脱落的颗粒或纤维及油液因油温升高氧化变质而生成的胶状物等。

(2) 油液污染的危害。

液压油污染严重时,直接影响液压系统的工作性能,使液压系统经常发生故障,使液压元件寿命缩短。造成这些危害的原因主要是污垢中的颗粒。对于液压元件来说,由于这些固体颗粒进入到元件里,会使元件的滑动部分磨损加剧,并可能堵塞液压元件里的节流孔、阻尼孔,或使阀芯卡死,从而造成液压系统的故障。水分和空气的混入使液压油的润滑能力降低并使它加速氧化变质,产生气蚀,使液压元件加速腐蚀,使液压系统出现振动、爬行等。

(3) 防止污染的措施。

造成液压油污染的原因多而复杂,液压油自身又在不断地产生脏物,因此要彻底解决液压油的污染问题是很困难的。为了延长液压元件的寿命,保证液压系统可靠地工作,将液压油的污染度控制在某一限度以内是较为切实可行的办法。对液压油的污染控制工作主要是从两个方面着手:一是防止污染物侵入液压系统;二是把已经侵入的污染物从系统中清除出去。污染控制要贯穿于整个液压装置的设计、制造、安装、使用、维护和修理等各个阶段。

为防止油液污染,在实际工作中应采取如下措施。

① 使液压油在使用前保持清洁。液压油在运输和保管过程中都会受到外界污染,新买来的液压油看上去很清洁,其实很"脏",必须将其静放数天后经过滤加入液压系统中使用。

② 使液压系统在装配后、运转前保持清洁。液压元件在加工和装配过程中必须清洗干净,液压系统在装配后、运转前应彻底进行清洗,最好用系统工作中使用的油液清洗,清洗时油箱除通气孔(加防尘罩)外必须全部密封,密封件不可有飞边、毛刺。

③ 使液压油在工作中保持清洁。液压油在工作过程中会受到环境污染,因此应尽量防止工作中空气和水分的侵入,为完全消除水、气和污染物的侵入,采用密封油箱,通气孔上加空气滤清器,防止尘土、磨料和冷却液侵入,经常检查并定期更换密封件和蓄能器中的胶囊。

④ 采用合适的滤油器。这是控制液压油污染的重要手段,应根据设备的要求,在液压系统中选用不同的过滤方式、不同的精度和不同结构的滤油器,并要定期检查和清洗滤油器和油箱。

⑤ 定期更换液压油。更换新油前,油箱必须先清洗一次,系统较脏时,可用煤油清洗,排尽后注入新油。

⑥ 控制液压油的工作温度。液压油的工作温度过高对液压装置不利,液压油本身也会加速化变质,产生各种生成物,缩短它的使用期限,一般液压系统的工作温度最好控制在65 ℃以下,机床液压系统则应控制在55 ℃以下。

3. 液体压力、流量、功率的计算方法

1) 液体静力学

(1) 液体的压力。当液体相对静止时,液体单位面积上所受的作用力称为压力。即

$$p = F/A \tag{6-2}$$

式中　p——压力(N/m^2);

　　　F——作用力(N);

　　　A——作用面积(m^2)。

压力的单位为 N/m^2,称为帕斯卡,简称帕(Pa),$1 N/m^2 = 1 Pa$。由于 Pa 单位太小,工程使用不便,因而常采用 kPa(千帕)和 MPa(兆帕),$1 MPa=10^3 kPa=10^6 Pa$。

压力的表示方法有两种:一种是以绝对真空作为基准表示的压力称为绝对压

力。一种是以大气压作为基准所表示的压力,称为相对压力。由于大多数测压仪表所测得的压力都是相对压力。所以相对压力也称为表压力。通常我们所讲的液压系统的压力就是指大于大气压力的表压力。当绝对压力低于大气压力时。比大气压力小的那部分数值称为真空度。

(2) 静压力的传递——帕斯卡定律。加在密闭容器中液体上的压力,能够等值地被液体向各个方向传递。

根据帕斯卡原理和静压力的特性,液压传动不仅可以进行力的传递,而且能将力放大和改变力的方向。图 6-3 所示是应用帕斯卡原理推导压力与负载关系的实例。图中垂直液压缸(负载缸)的截面积为 A_1,水平液压缸截面积为 A_2,两个活塞上的外作用力分别为 F_1、F_2,则缸内压力分别为 $p_1=F_1/A_1$、$p_2=F_2/A_2$。由于两缸充满液体且互相连接,根据帕斯卡原理有 $p_1=p_2$。因此有:

$$F_1 = F_2 A_1 / A_2 \tag{6-3}$$

上式表明,只要 A_1/A_2 足够大,用很小的力 F_1 就可产生很大的力 F_2。液压千斤顶和水压机就是按此原理制成的。

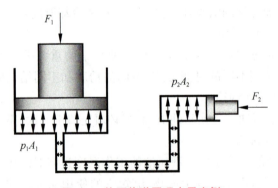

图 6-3 静压传递原理应用实例

如果垂直液压缸的活塞上没有负载,即 $F_1=0$,则当略去活塞质量及其他阻力时,不论怎样推动水平液压缸的活塞也不能在液体中形成压力。这说明液压系统中的压力是由外界负载决定的,这是液压传动的一个基本概念。

2) 液体动力学

(1) 液体的流量。液体在管道中流动时,垂直于液体流动方向的截面称为通流截面。单位时间内流过某通流截面的液体体积称为流量,用 q_v 表示。即:

$$q_v = v/t \tag{6-4}$$

单位为 m³/s 或 L/min,1 m³/s=6×10⁴ L/min。

(2) 液体的流速。假设通流截面上各点的流速均匀分布。流速是指液流质点在单位时间内流过的距离,用 v 表示。即:

$$v = s/t \tag{6-5}$$

若将上式分子分母各乘以通流面积 A 则得 $v=sA/tA=q_v/A$,即:

$$q_v = vA \tag{6-6}$$

(3) 液流的连续性。液体的可压缩性很小,一般可忽略不计。因此,液体在管内作稳定流动(流体液体中任一点的压力、速度和密度都不随时间而变化),根据质量守恒定律,在单位时间内管道中每一个横截面的液体质量是相等的。这就是液流的连续性定律。根据公式 $q_v = vA$ 可得出结论在液体管道中管粗的流速慢,管细的流速快。

(4) 液阻和压力损失。实际液体具有黏性,在流动时就有阻力,为了克服阻力,就必须要消耗能量,这样就有能量损失,在液压传动中,能量损失主要表现为压力损失。

液压系统中的压力损失分为两类,一类是油液沿等直径直管流动时所产生的压力损失,称之为沿程压力损失。这类压力损失是由液体流动时的内、外摩擦力所引起的;另一类是油液流经局部障碍(如弯管、接头、管道截面突然扩大或收缩)时,由于液流的方向和速度的突然变化,在局部形成旋涡引起油液质点间以及质点与固体壁面间相互碰撞和剧烈摩擦而产生的压力损失称之为局部压力损失。

管路系统的总压力损失等于所有沿程压力损失和所有局部压力损失之和,即:

$$\sum \Delta p = \sum \Delta p_{沿} + \sum \Delta p_{局} \tag{6-7}$$

液压传动系统中的压力损失,绝大部分转变为热能,造成油温升高和泄漏增多,使传动的效率降低,影响系统的工作性能,因此尽量注意减少压力损失。布置管路的时候,应该尽量缩短管路长度,减少管路和截面的突然变化,管内壁力求光滑,选取合理的管径,采用较低的流速,以便提高系统效率。

(5) 流量损失。液压元件内各零件间有相对运动,必须要有适当间隙。间隙过大,会造成泄漏,其可以分为内泄漏和外泄漏两种。内泄漏是液压元件内部高、低压区间的泄漏,外泄漏则是系统内部向系统外部的泄漏。内泄漏的损失转换为热能,使油温升高,外泄漏污染环境,两者均影响系统的性能与效率。

3) 功率

在图 6-1 中,若活塞在单位时间 t 内以力 F 推动负载移动距离 s,则所做的功 W 为:

$$W = Fs \tag{6-8}$$

功率是指单位时间内所做的功,用 P 表示。

$$P = W/t = Fs/t = Fv \tag{6-9}$$

因 $F = pA$,$v = q_v/A$,所以 $P = pAq_v/A = pq_v$。

经单位换算后得到:

$$P = pq_v/60 \tag{6-10}$$

式中　p——压力(MPa);

　　　q_v——流量(L/min)。

上式也是液压泵的输出功率 P_{out},液压泵的输出功率等于泵的输出流量和工作压力的乘积。由于液压系统在实际工作过程中存在容积损失 η_v 和机械损失 η_m,

所以，液压泵实际需要输入的功率 P_{in} 为

$$P_{in} = pq_v/60\eta \qquad (6-11)$$

式中　η——泵的总效率，$\eta = P_{out}/P_{in} = \eta_v \eta_m$。

任务2　常用液压元件

活动情景

观察液压试验台的工作过程，记录有哪些液压元件、它们的结构和形态及动作过程。

任务要求

(1) 液压试验台上有哪些液压元件？
(2) 掌握各液压元件的作用和特点。
(3) 掌握各液压元件的工作原理和基本结构。
(4) 用简化表示方法识记各液压元件。

任务引领

液压试验台由哪些部分组成？各部分有哪些元件？各起什么作用？

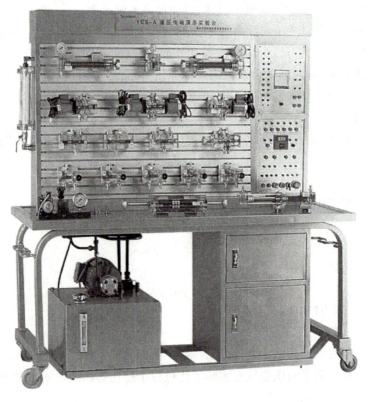

1. 液压泵

1)概述

液压泵在液压系统中属于能量转换装置。液压泵是将电动机输出的机械能(电动机轴上的转矩 T_P 和角速度 ω_P 的乘积)转变为液压能(液压泵的输出压力 p_P 和输出流量 q_P 的乘积),为系统提供一定流量和压力的油液,是液压系统中的动力源。

液压泵的分类如下:

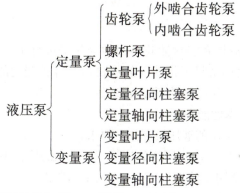

常用液压泵的图形符号如图 6-4 所示。

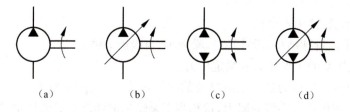

图 6-4　液压泵的图形符号

(a) 单向定量泵;(b) 单向变量泵;(c) 双向定量泵;(d) 双向变量泵

(1) 液压泵的工作原理。

图 6-5 是简单柱塞式液压泵的工作原理图。柱塞 2 在弹簧 3 的作用下紧压在凸轮 1 上。凸轮 1 旋转,使柱塞在泵体中作往复运动。当柱塞向外伸出时,密封油腔 4 的容积由小变大,形成真空,油箱(必须和大气相通或密闭充压油箱)中的油液在大气压力的作用下,顶开单向阀 5(这时向阀 6 关闭)进入油腔 4,实现吸油。当

柱塞向里顶入时,密封油腔4的容积由大变小,其中的油液受到挤压而产生压力,当能克服单向阀6中弹簧的作用力时,油液便会顶开单向阀6(这时单向阀5封住吸油管)进入系统实现压油。凸轮连续旋转,柱塞就不断地进行吸油和压油。

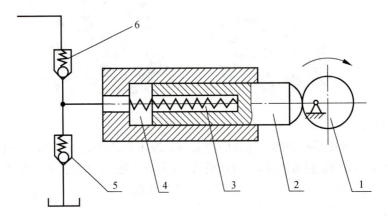

图6-5　液压泵的工作原理

1—凸轮;2—柱塞;3—弹簧;4—油腔;5,6—单向阀

由上可知,液压泵是靠密封油腔容积的变化来进行工作的,所以称为容积式泵。泵的输油量取决于密封工作油腔的数目以及容积变化的大小和频率。阀5、阀6是保证泵正常工作所必需的,称配流装置。

(2) 液压泵的基本性能和要求。

对液压系统中所采用的液压泵有如下要求:

① 结构简单、紧凑,在输出同样的流量下要求泵的体积小、质量轻。

② 密封可靠,泄漏小,要求可承受一定的工作压力。

③ 摩擦损失小,发热小,效率高。

④ 维护方便,对油中杂质不敏感。

⑤ 成本低,使用寿命长。

⑥ 输出流量脉动小,运转平稳,噪声小,自吸能力强。

(3) 液压泵的工作压力和额定压力。

液压泵的工作压力是指泵出口处的实际压力,即油液克服阻力而建立起来的压力。如果液压系统中没有阻力,这相当于泵输出的油液直接流回油箱一样,系统压力就建立不起来。若有负载(包括管道阻力、相对运动件间的摩擦力和外负载等)作用,则系统液体必然会产生一定的压力,这样才能推动工作台等运动。外负载增大,油压也随之升高,泵的工作压力也升高。

液压泵的额定压力是指泵在正常工作条件下,按试验标准规定能连续运转的最高压力,超过此值将使泵过载。泵的额定压力,受泵本身的零件结构强度和泄漏所限制,而主要由泄漏所限制。

因为液压传动的用途不同,系统所需的压力也各不相同,为了便于组织液压元件的设计和生产,将压力分为若干等级,见表6-4。

表6-4 压力分级

压力级	低 压	中 压	中高压	高 压	超高压
压力/MPa	≤2.5	2.5~8	8~16	16~32	>32

(4) 液压泵的排量和流量。

液压泵的排量是指在没有泄漏的情况下,泵轴转一圈所排出的油液体积。排量用 V_P 表示,常用单位为 mL/r。液压泵的理论流量 q_{tP} 是指在没有泄漏的情况下,单位时间内输出的油液体积,它等于排量 V_P 和转速 n_P 的乘积

$$q_{tP} = V_P n_P \tag{6-12}$$

因此液压泵的理论流量只与排量和转速有关,而与压力无关。工作压力为零时,实际测得的流量可近似作为其理论流量。

(5) 液压泵效率。

液压泵在进行能量转换时,实际上总有能量损耗,因此它们各自的输出功率总小于它们各自的输入功率。输出功率和输入功率之比值,称为液压泵的效率 η_P。

液压泵的能量损耗可分两部分:一部分是由于泄漏等原因而引起的流量损耗;另一部分是由于流动液体的黏性摩擦和机件相对运动表面之间机械摩擦而引起的转矩损耗。

由于液压泵有泄漏,存在 Δq_P,使液压泵实际输出流量小于液压泵的理论流量,液压泵的实际流量与理论流量之比值称为液压泵的容积效率 η_{VP},泄漏量和压力有关,它随着压力的增高而加大,所以液压泵的容积效率随工作压力升高而降低。

由于液压泵有转矩损耗 ΔT_R,使液压泵实际输入转矩 T_P 比理论输入转矩 T_{tP} 大,液压泵的理论输入转矩与实际输入转矩之比值,称为液压泵的机械效率 η_{mP}。

由于黏性摩擦和机械摩擦而产生的转矩损失,其大小与油液的黏性、转速以及工作压力有关。油液黏度越大、转速越高和工作压力越高时,转矩损失就越大。

由上可知液压泵和液压发动机的总效率各等于其容积效率和机械效率的乘积。

$$\eta_P = \eta_{VP} \eta_{mP} \tag{6-13}$$

主要液压泵的容积效率和总效率见表6-5。

表6-5 泵的容积效率和总效率

泵的类别	齿轮泵	叶片泵	柱塞泵
容积效率 η_V	0.7~0.95	0.8~0.95	0.85~0.95
总效率 η	0.63~0.87	0.65~0.82	0.81~0.88

2) 齿轮泵

(1) 齿轮泵的工作原理。

图 6-6 所示为普通常用的外啮合齿轮泵的工作原理。一对啮合着的渐开线齿轮安装于壳体内部,齿轮的两端面靠端盖密封,齿轮将泵的壳体内部分隔成左、右两个密封的油腔。当齿轮按图示的箭头方向旋转时,轮齿从右侧退出啮合,使该腔容积增大,形成局部真空,油箱中的油液在大气压力的作用下经泵的吸油管进入右腔——吸油腔,填充齿间。随着齿轮的转动,每个齿轮的齿间把油液从右腔带动左腔,轮齿在左侧进入啮合,齿间被对方轮齿填塞,容积减小,齿间的油液被挤出,使左腔油压升高,油液从压油口输出,所以左腔便是泵的排油腔。齿轮不断转动,泵的吸排油口便连续不断地吸油和排油。

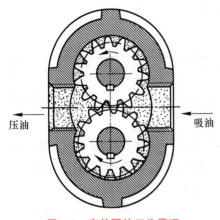

图 6-6 齿轮泵的工作原理

(2) 齿轮泵的流量。

齿轮泵的排量 V,相当于一对齿轮的齿间容积之总和。近似计算时,可假设齿间的容积等于轮齿的体积,且不计齿轮啮合时的径向间隙。泵的排量为:

$$V = \pi Dhb = 2\pi z m^2 b \quad (6\text{-}14)$$

式中 h——有效齿高;
  b——齿轮宽;
  z——齿轮齿数;
  m——齿轮模数。

泵的流量为:

$$q = Vn\eta_V = 2\pi z m^2 b n \eta_V \quad (6\text{-}15)$$

式中 n——齿轮泵转速;
  η_V——齿轮泵的容积效率。

实际上齿间的容积要比轮齿的体积稍大一些,所以齿轮泵的流量应比按式 (6-15) 的计算值大一些,引进修正系数 K(K 值通常为 1.05～1.15)。因此齿轮泵的流量公式为:

$$q = 2\pi K z m^2 b n \eta_V \quad (6\text{-}16)$$

实际上齿轮泵的输油量是有脉动的,故上式所表示的是泵的平均输油量。泵的流量和订购参数的关系如下:

① 输油量与齿轮模数 m 的平方成正比。

② 在泵的体积一定时,齿数少模数就大,故输油量增加,但流量脉动大;齿数增加时模数就小,输油量减小,流量脉动也小。一般齿轮泵的齿数 $z = 6 \sim 14$,但在

机床液压传动中,为了减少泵的排油压力脉动和噪声,通常取 $z=13\sim19$。

③ 输油量和齿宽 b、转速 n 成正比。一般齿宽 $b=(6\sim10)m$;转速 n 应按照产品规定,转速过高会造成吸油不足,转速过低泵也不能正常工作。一般齿轮的最大圆周速度应不大于 $5\sim6$ m/s。

在转速 n 不变的条件下,泵的输出流量可以改变的称为变量泵;不可改变的称为定量泵。齿轮泵属定量泵。

(3) 低压齿轮泵的结构。

图 6-7 为 CB-B 型低压齿轮泵结构图。壳体采用由后端盖 1、泵体 3 和前端盖 4 组成的三片分离式结构(靠 2 个定位销定位,用 6 个螺钉压紧),便于加工,也便于控制齿轮与壳体的轴向间隙。两个齿轮装在泵体中,主动轮套在长轴 5 上,被动轮套在短轴上,滚针轴承分别装在两侧端盖 1 和 4 中。小孔 a 为泄油孔,使泄漏出的油液经从动齿轮的中心小孔 c 及通道 d 流回吸油腔。在泵体的两端面上各铣有卸荷槽 b,由侧面泄漏的油液经卸荷槽流回吸油腔,这样可以减小泵体与端盖接合面间泄漏油压的作用,以减小连接螺钉的紧固力。泵的吸、排油口开在后端盖 1 上,如 A—A 所示,通径大者为吸油口,小者为排油口。6 为"消除困油槽"。这种泵的结构简单,零件少,制造工艺性好,但齿轮端面处的轴向间隙在零件磨损后不能自动补偿,故泵的压力较低,一般为 2.5 MPa。

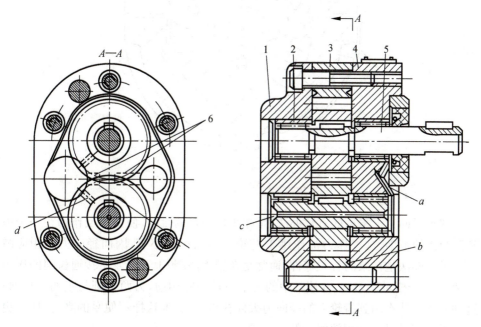

图 6-7　CB-B 型低压齿轮泵结构图
1—后端盖;2—滚针轴承;3—泵体;4—前端盖;5—主动轴;6—消除困油槽

外啮合齿轮泵在结构上考虑了下述主要问题。

① 齿轮泵的径向液压力不平衡问题。齿轮泵工作时，排油腔的油压高于吸油腔的油压。同时，齿顶圆与泵体内表面之间存在径向间隙，油液会通过间隙泄漏。因此，从排油腔起沿齿轮外缘至吸油腔的每一个齿间内的油压是不同的，从排油腔到吸油腔的压力依次递减。可见，泵内齿轮所受的径向力是不平衡的，如图6-8所示。这个不平衡力把齿轮压向一侧，并作用到轴承上，影响轴承的寿命。因此，在泵的结构上需要有消除或减少径向不平衡力的措施。

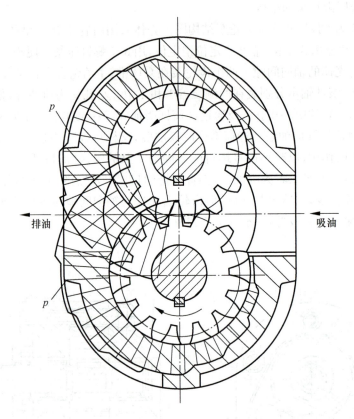

图6-8　齿轮泵的径向压力分布

解决径向力不平衡的有效办法，是缩小排油口的直径，使高压反作用在一个齿到两个齿的范围，这样压力油作用于齿轮上的面积缩小了，因而径向力也相应减小。另一办法是在泵的有关零件（通常是在轴承座圈）上开出4个接通齿间的压力平衡槽，4个槽对称布置，并使其中的两个与排油腔相通，另两个则与吸油腔相通。这种办法可使作用到齿轮上的径向力大体获得平衡，但这样却使泵的高、低压区更加靠近，泄漏增加，容积效率降低。

② 困油现象及消除措施。为了使齿轮泵能连续平衡地供油，形成高低压隔开，通常取齿轮的重叠系数 $\varepsilon > 1$，以保证工作的任一瞬间至少有一对轮齿的啮合。$\varepsilon > 1$ 时会出现两对轮齿同时啮合的情况，即原先一对啮合着的轮齿尚未脱开，后面

的一对轮齿已进入啮合。这样两对啮合的轮齿之间产生一个闭死容积,称为"困油区"。齿轮在转动过程中,困油区的容积大小发生变化,如图 6-9 所示。容积缩小(如从图 6-9(a)过渡到图 6-9(b))时,困油区的油液受到挤压,压力急剧升高,并从一切可能泄漏的缝隙里强行挤出一部分,会使轴承受到很大的附加载荷,降低其寿命,同时产生功率损失,使油温升高。容积增大(由图 6-9(b)过渡到图 6-9(c))时,由于不能补油,困油区形成局部真空,使溶于油液中的气体析出和油液汽化产生气泡,气泡进入液压系统,会引起振动和噪声。这种不良现象叫做"困油"。

困油现象的产生是由于闭死容积发生变化,油液无法排出和补入所引起的。为了消除困油现象,CB-B 型泵的前、后端盖上都铣有两个"消除困油槽"(图 6-9(d))。其作用为:困油容积达到最小之前,使困油容积与排油腔相通;而过了困油容积最小位置之后,则通过另一个槽使困油容积与吸油腔相通,实现补油。槽距 a 不能过小,以防吸、排油腔通过困油容积串通,影响泵的容积效率。

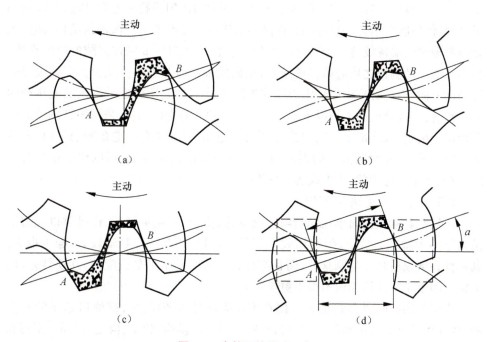

图 6-9 齿轮泵的困油现象

(4) 高压齿轮泵。

普通结构的齿轮泵,由于齿轮端面与端盖的轴向间隙和齿轮齿顶与泵体的径向间隙都是比较大的,油液通过端面间隙的泄漏量占泵总泄漏量的 75%～80%。如要提高泵的工作压力,则因间隙泄漏加剧,将使泵的容积效率显著降低。即使把间隙做得很小,也会由于间隙磨损后不能补偿,容积效率又会很快下降,压力仍不能提高。因此提高齿轮泵的工作压力,主要是靠改善齿轮端面处的密封情况,使齿轮端面在磨损后其轴向间隙能自动补偿。在中高压和高压齿轮泵中,为了提高其容积效率,一般都采用轴向间隙自动补偿。轴向间隙的自动补偿一般是采用"弹性侧板"或"浮动轴套"。在液压力作用下使"弹性侧板"或"浮动轴套"压紧齿轮端面,使轴向间隙减小,以减少泄漏,使泵的工作压力提高。

典型的高压齿轮泵有图 6-10 所示的 CB-L 型齿轮泵。它能实现轴向间隙的自动补偿和部分径向力平衡,最高工作压力为 20 MPa。在"8"字形浮动侧板 3 和 6 的背面,由密封条 13(共 4 根)和 12(共 2 根)将侧板分成Ⅰ、Ⅱ、Ⅲ、Ⅳ、Ⅴ五个区域。在区域Ⅰ内,作用着由孔 a 引入的高压油;在区域Ⅱ和Ⅲ内,作用着从弧形通道 c 引入的过渡区齿间油液的压力;在区域Ⅳ内,则作用着由孔 b 引入的吸油腔液压力;区域Ⅴ是防止高低压串通的密封区。由于推开力小于压紧力,所以在背面液压力作用下,将浮动侧板压向齿轮端面。用密封条分割各个区域的目的,是使作用在侧板背面液压力的分布和齿轮吸、排油腔以及过渡区油液作用在侧板内侧的液压力分布相对应,使浮动侧板的压紧力和推开力的作用线趋于重合,以防止浮动侧板歪斜,保持磨损均匀,减少泄漏,提高容积效率。还设置了二次密封结构,即在主动齿轮轴颈两端各放置一个密封环 8 和 11。由于密封环 5 轴颈间隙的节流作用,相当于继浮动侧板之后的第二道密封,从而使轴向泄漏进一步减少。在解决径向力平衡方面,通过对称于齿轮中心线的弧形通道 c,使它所沟通范围内的液压径向力一致,使一部分径向力得以平衡。该泵是三片式的壳体结构,采用滚针轴承外圈和浮动侧板定位,取消了长定位销,简化了工艺,配装也方便。它的吸、排油口布置成轴向形式,使吸油腔液体的离心力不致影响泵的自吸性能,可以使泵在高转速时,避免产生气穴现象,大大改善工作性能。

(5) 齿轮泵的优缺点及使用。

齿轮泵具有结构简单、制造容易、成本低、体积小、质量轻、工作可靠以及对油液污染不太敏感等优点,但容积效率较低,流量脉动和压力脉动较大,噪声也大。其零件在磨损后是不易修复的,而且零件在组装时基本上是造配的,互换性差,因此常会因个别零件损坏而不得不更换新泵。

齿轮泵的转向视结构而定。国产 CB 系列泵,它们的吸、排油口是不能互换的,因此旋转方向有明确的规定。另有些泵,其吸、排油侧的结构是对称的,正转和反转使用均可。低压齿轮泵国内已普遍生产,广泛应用于机床(磨床、珩磨机)的液压传动系统和各种补油、润滑及冷却装置以及液压系统中的控制油源等。中高压齿轮泵主要用于工程机械、农业机械、轧钢设备和航空技术中。

3) 叶片泵

叶片泵具有结构紧凑、体积小、流量均匀、运动平衡、噪声小、使用寿命较长、容积效率较高等优点。但也存在着结构复杂、吸油性能差、对油液污染比较敏感等缺点。叶片泵广泛应用于完成各种中等负荷的工作。由于它流量脉动小,在各种需调速的系统中,更有其优越性。

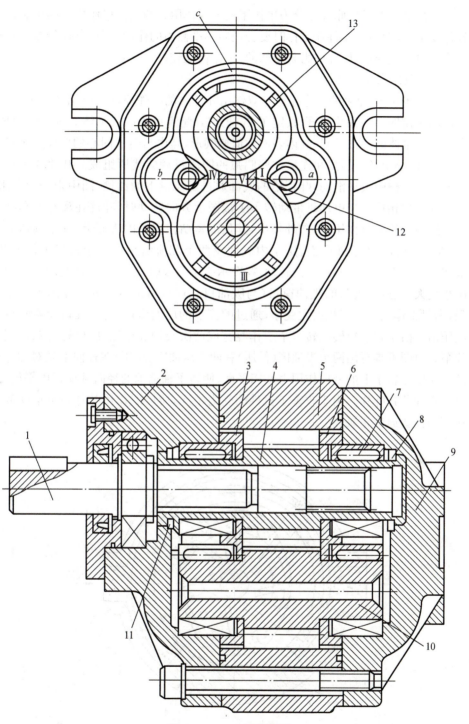

图 6-10　CB-L 型齿轮泵

1—转动轴；2—前盖；3,6—浮动侧板；4—主动齿轮；5—壳体；7—轴承；8—密封环；9—后盖；
10—从动齿轮；11—密封环；12—密封条；13—密封条

叶片泵根据工作原理可分为单作用式及双作用式两类。单作用式的可制作成各种变量型,但主要零件在工作时要受径向不平衡力的作用,工作条件较差。双作用式一般不能变量,但径向力是平衡的,工作情况较好,应用较广。

(1) 双作用叶片泵。

① 双作用叶片泵的工作原理。双作用叶片泵的工作原理可以用图 6-11 所示的简图来说明。该泵由转子 1、定子 2、叶片 3、配流盘 4 以及泵体 5 等零件组成。定子 2 与泵体固定在一起,其内表面类似椭圆形,是由与转子同心的两段大半径 R 圆弧、两段小半径 r 圆弧和连接这些圆弧的四段过渡曲线所组成。叶片 3 可在转子径向叶片槽中灵活滑动,叶片槽的底部通过配流盘上的油槽(图中未表示出来)与压油窗口相连。当电动机带动转子 1 按图示方向转动时,叶片在离心力和叶片底部压力油的双重作用下,向外伸出,其顶部紧贴在定子内表面上,处于圆弧上的 4 个叶片分别与转子外表面、定子内表面及两个配流盘组成 4 个密封工作油腔。这些密封工作油腔随着转子的转动,在图示 2、4 象限内,密封工作油腔的容积逐渐由小变大,通过配流盘的吸油窗口(与吸油口相连),将油液吸入。在图示 1、3 象限,密封工作油腔的容积由大变小,通过配流盘的压油窗口(与压油口相连),将油液压出。由于转子每转一转每个工作腔完成两次吸油和压油,所以称为双作用叶片泵。由图不难看出两个吸油区(低压)和两个压油区(高压)在径向上是对称分布的。作用在转子上的液压作用力互相平衡,使转子轴轴承的径向载荷得以平衡,故也称作卸荷式叶片。由于改善了机件的受力情况,所以双作用叶片泵可承受的工作压力比普通齿轮泵高。

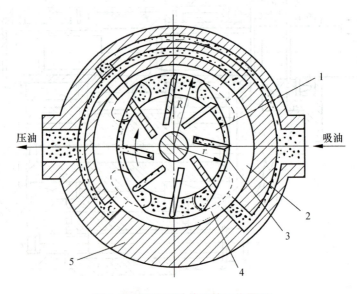

图 6-11 双作用叶片泵的工作原理
1—转子;2—定子;3—叶片;4—配流盘;5—泵体

② YB1 型叶片泵的结构。YB1 型叶片泵是在 YB 型叶片泵基础上改进设计而成的。

YB1 型叶片泵的结构如图 6-12 所示,它由前泵体 7 和后泵体 6、左右配流盘 1 和 5、定子 4、转子 12 等组成。为了方便于装配和使用,两个配流盘与定子、转子和叶片等可组装成一个部件。两个长螺钉 13 为组件的紧固螺钉,它的头部作为定位销插入后泵体 6 的定位孔内,以保证配流盘上吸、压油窗口的位置能与定子内表面的过渡曲线相对应。转子 12 上开有 12 条狭槽(小排量泵为 10 条),叶片 11 安装在槽内,并可在槽内自由滑动。转子通过内花键与传动轴相配合,传动轴由两个滚珠轴承 2 和 8 支承,使工作可靠。骨架式密封圈 9 安装在盖板 10 上,用来防止油液泄漏和空气渗入。

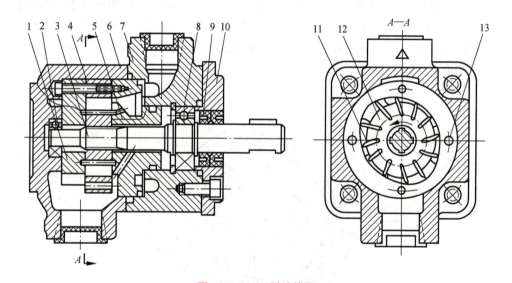

图 6-12　YB1 型叶片泵

1,5—配流盘;2,8—轴承;3—传动轴;4—定子;6—后泵体;7—前泵体;9—密封圈;
10—盖板;11—叶片;12—转子;13—定位销

(2) 单作用叶片泵。

单作用叶片泵的工作原理可用图 6-13 来说明。它与双作用叶片泵相似,也是由转子 1、定子 2、叶片 3 以及侧面两个配流盘等零件组成。不同之处是定子 2 的内表面是圆的,且转子 1 和定子 2 并不是同心安装,而是有一个偏心量 e。当转子转动时,转子径向槽中的叶片在离心力的作用下伸出,使叶片顶部紧靠在定子内表面上。在两侧配流盘上开有吸油和压油窗口,分别与吸、压油口连通。在吸油窗口和压油窗口之间的区域(其夹角应等于或稍大于两个叶片间的夹角)就是封油区,它把吸油腔和压油腔隔开。处在封油区的两个叶片 a、b 与转子外圆、定子内孔以及侧面两个配流盘形成左右两个密封工作腔。当转子按图示方向旋转时,右边密封工作腔的容积逐渐增大,通过配流盘上的吸油窗口将油液吸入,而左边密封工作腔的容积逐渐减小,通过压油窗口将油液压出。转子每转一转,每两叶片间的密封工作腔实现一次吸油和压油,故称单作用叶片泵。由图可看出转子受到压油腔的单向液压作用力,使转子轴承承受很大的径向载荷,所以也称为非卸荷式叶片泵。通常这类泵的叶片底部通过配流盘上的通油槽与叶片所在的工作腔相连。因此叶片在压油区时,叶片底部通高压,叶片在吸油区时,叶片底部通低压,从而使叶片顶端和底端因径向运动而对流量产生的影响互相抵消,故叶片的厚度对泵的流量无影响。但由于封油区定子内表面和转子外表面不是同心圆弧,因而会产生流量脉动,且倒灌现象也难以避免,故一般不宜用在高压系统中。单作用叶片泵的优点是它的流量可以通过改变转子和定子之间的偏心距 e 来调节,当加大 e 时,密封工作腔的容积变化大,因而输出流量增大。随着 e 的减小,输出流量相应减小,当 e 减小到零时,转子和定子同心,密封容积不产生容积变化,因而输出流量为零。此外,还可以通过改变偏心的方向来调换泵的进出油口,从而改变泵的输油方向。调节流量的方式可以是手动的,也可以自动进行。

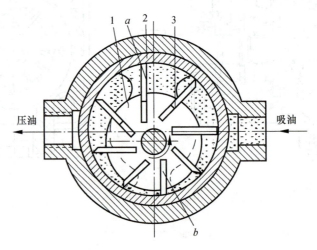

图 6-13 单作用叶片泵的工作原理
1—转子;2—定子;3—叶片

(3) 叶片泵的使用要点。

① 为了使叶片泵可靠地吸油,其转速必须按照产品规定。转速太低时,叶片不能紧压定子的内表面和吸油;转速过高则造成泵的"吸空"现象,泵的工作不正常。油的黏度为 $3°E40\sim10°E40$。黏度太大;吸油阻力增大,油液过稀,因间隙影响,其空度不够,都会对吸油造成不良影响。

② 叶片泵对油中的污物很敏感,工作可靠性较差,油液不清洁会使叶片卡死,因此必须注意油液良好过滤和环境清洁。

③ 因泵的叶片有安装倾角,故转子只允许单向旋转,不应反向使用,否则会使叶片折断等。

(4) 液压泵的选用。

液压泵是液压系统提供一定流量和压力的油液动力元件,它是每个液压系统不可缺少的核心元件,合理地选择液压泵对于降低液压系统的能耗、提高系统的效率、降低噪声、改善工作性能和保证系统的可靠工作都十分重要。

选择液压泵的原则是:根据主机工况、功率大小和系统对工作性能的要求,首先确定液压泵的类型,然后按系统所要求的压力、流量大小确定其规格型号。

表6-6列出了液压系统中常用液压泵的主要性能。

表6-6 常用液压泵的一般性能比较

类型 项目	齿轮泵	双作用 叶片泵	限定式变量 叶片泵	轴向柱塞泵	径向柱塞泵	螺杆泵
工作压力/MPa	<20	6.3~21	≤7	20~35	10~20	<10
转速/(r·min^{-1})	300~7 000	500~4 000	500~2 000	600~6 000	700~1 800	1 000~18 000
容积效率	0.7~0.95	0.8~0.95	0.8~0.9	0.9~0.98	0.85~0.95	0.75~0.95
总效率	0.6~0.85	0.75~0.85	0.7~0.85	0.85~0.95	0.75~0.92	0.7~0.85
功率质量比	中	中	小	大	小	中
流量脉动率	大	小	中	中	中	很小
自吸特性	好	较差	较差	较差	差	好
对有污染的敏感性	不敏感	敏感	敏感	敏感	敏感	不敏感
噪声	大	小	较大	大	大	很小
寿命	较短	较长	较短	长	长	很小
单位功率造价	最低	中等	较高	高	高	较高
应用范围	机床、工程机械、农机、矿机、起重机	机床、注射机、液压机、起重机械、工程机械	机床、注射机	工程机械、锻压机械、矿山机械、冶金机械、起重运输机械、船舶、飞机等	机床、液压机、船舶机械	精密机床,精密机械,食品、化工、石油、纺织机械

2. 液压缸

1) 液压缸的基本类型和特点

液压缸是液压系统中的一类执行元件,是用来实现工作机构直线往复运动或小于360°的摆动运动的能量转换装置。如图6-14所示。其结构形式有活塞缸、柱塞缸、摆动缸(也称摆动液压电动机)三大类。液压缸结构简单、工作可靠、在液压系统中得到广泛的应用。

图 6-14 液压缸

2）活塞式液压缸

（1）双杆液压缸。

这种液压缸其活塞两端都有活塞杆，如图 6-15 所示。它有两种不同的安装形式，图 6-15（a）所示为缸体固定时的安装形式；图 6-15（b）所示为活塞杆固定形式。前者工作台运动所占用的空间轴向位置近似于液压缸有效行程 l 的 3 倍，一般用于中小型设备，而后者近似于有效行程的 2 倍，常用于大中型设备中。

双杆液压缸两端的活塞杆直径通常是相等的，因此左右两腔有效面积也相等。当分别向左、右腔输入压力和流量相同的油液时，液压缸左、右两个方向的推力 F 和速度 v 相等。

（2）单杆液压缸。

如图 6-16 所示，活塞只有一端带活塞杆，它也有缸体固定和活塞杆固定两种形式。这种液压缸由于左、右两腔的有效面积 A_1 和 A_2 不相等，因此当进油腔和回油腔的压力分别为 p_1 和 p_2，输入左、右两腔的流量皆为 q 时，左、右两个方向的推力和速度是不相同的，活塞杆直径越小，活塞两个方向运动的速度差值也就越小。

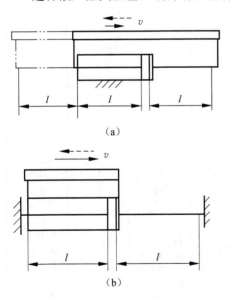

图 6-15 双杆活塞缸
（a）缸体固定时的安装形式；（b）活塞杆固定形式

如果向单杆液压缸的左、右两腔同时通压力油，如图 6-16（c）所示，就是所谓的差动连接，作差动连接的单杆液压缸称为差动液压缸。由于无杆腔的有效面积大

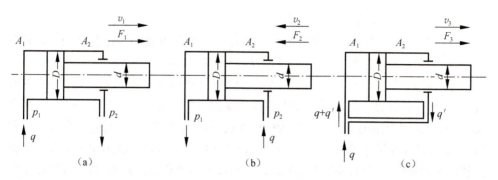

图 6-16 单杆活塞缸

于有杆腔的有效面积,故活塞将向右运动,同时使有杆腔中排出的流量为 q' 的油液也进入无杆腔,这就加大了流入无杆腔的流量,即为 $(q+q')$,从而加快了活塞移动的速度。

3) 液压缸的典型结构和组成

图 6-17 所示为单杆活塞缸的结构。活塞、活塞杆和导套上都装有密封圈,因而液压缸被分隔为两个互不相通的油腔。当活塞腔通入高压油而活塞杆腔回油时,可实现工作行程,当从相反方向进油和排油时,则实现回程。所以它是双作用液压缸。此外,在缸的两端还装有缓冲装置,当活塞高速运动时,能保证在行程终点上准确定位并防止冲击。当活塞退回左端时,活塞头部的缓冲柱塞插入头侧端盖 1 的孔内,活塞腔的油必须经过节流阀 13 才能排出,所以在活塞腔中形成了回油阻力,使活塞得到缓冲。调整节流阀 13 的开口,可以得到合适的回油阻力。单向阀 14 可使活塞在左端终点位置上开始伸出时,油流不受节流阀的影响。当活塞运动到右端终点位置时,活塞杆上的加粗部分插入杆侧端盖 8 的孔中,使油从节流阀中排出,缓冲原理与前相同。10 是活塞杆的导向套,它对活塞杆起导向和支承作用,为了便于磨损后进行更换,设计为可拆卸结构。

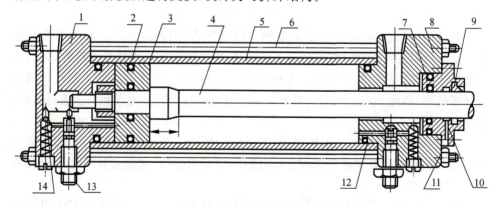

图 6-17 单杆活塞缸结构

1—头侧端盖;2—活塞密封圈;3—活塞头;4—活塞杆;5—缸体;6—拉杆;7—活塞杆密封圈;8—杆侧端盖;9—防尘圈;10—导向套;11—泄油口;12—固定密封圈;13—节流阀;14—单向阀

(1) 液压缸的组成。

从上面的例子中可以看到,液压缸的结构基本上可以分为缸体组件、活塞组件、密封装置、缓冲装置以及排气装置等组成。其分述如下。

① 缸体和端盖。图 6-17 所示液压缸的缸体和端盖是用 4 根长拉杆(图中未表示出来)连接起来的。目前常用的缸体与端盖结构连接方式如图 6-18 所示,其中图 6-18(a)为螺栓连接,图 6-18(b)为螺钉连接,其共同优点是结构简单、容易加工和装拆;缺点是外径尺寸较大,质量也较大。图 6-18(c)为半环连接,适用于压力较高和缸径较大的液压缸,具有质量轻、外形尺寸小、加工简单和装拆方便的优点;缺点是长环槽削弱了缸体强度,需要相应地加厚缸壁。图 6-18(d)为螺纹连接,适用于缸径较小的液压缸,对于大直径液压缸,由于螺纹尺寸较大,加工精度不易保证,装拆都较费劲;其优点是螺纹对缸筒强度削弱较小,缸壁总厚度可较小。图 6-18(e)为焊接连接,一般用于后盖与缸体连接,优点是结构简单、轴向尺寸小、工艺性好;但缸体焊接后可能变形,清洗较麻烦。图 6-18(f)为钢丝挡圈连接,当液压缸工作压力不高和缸径不大时,可用弹簧挡圈代替半环,使液压缸结构更加简单、紧凑,装卸也方便。

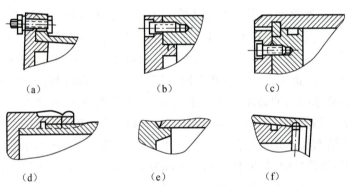

图 6-18 缸体和端盖连接结构
(a) 螺栓连接;(b) 螺钉连接;(c) 半环连接;(d) 螺纹连接;(e) 焊接连接;(f) 钢丝挡圈连接

缸体是液压缸的主体,它要承受很大的液压力,因此应具有足够的强度和刚度。缸体材料普遍采用冷拔或热轧无缝钢管,较厚壁毛坯仍用铸件或锻件,其内孔一般采用镗削、铰孔、滚压或珩磨等精密加工工艺制造,内孔表面加工公差和粗糙度要求较高(参见 ISO 4394/1),以使活塞及其密封件能顺利滑动和保证密封效果,减少磨损。

端盖装在缸体两端,与缸体形成封闭油腔,同样承受很大的液压力,因此它们及其连接部件都应有足够的强度。设计时既要考虑强度,又要选择工艺性较好的结构形式。

② 活塞组件。活塞与活塞杆之间,常见的连接方式如图 6-19 所示,其中图 6-19(a)和图 6-19(f)中活塞依靠锁紧螺母锁紧。其优点是连接可靠,活塞与活塞杆之间无轴向公差要求;缺点是需要加工螺纹。图 6-19(b)为焊接连接,这种连接结构

简单、轴向尺寸紧凑但不易拆换。图6-19(c)、图6-19(d)为半环连接、图6-19(e)为弹簧挡圈连接。这两种方式结构和装卸均简单,并可耐受较大的负载或振动,但活塞与活塞杆的加工有轴向公差要求。在小直径的液压缸中,也有将活塞和活塞杆做成整体式的。

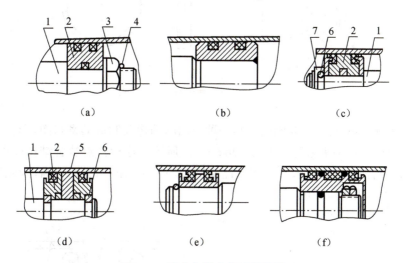

图6-19 活塞与活塞杆连接结构

(a) 采用螺母、开口销;(b) 采用焊接;(c) 采用半环套环;(d) 采用两个半环;(e) 采用卡簧;(f) 采用双螺母

1—活塞杆;2—活塞;3—锁紧螺母;4—开口销;5—半环;6—半环;7—套环

(2) 密封装置。

液压缸中的密封,是指活塞、活塞杆和端盖等处的密封,它是用来防止液压缸内部和外部泄漏的。密封设计的好坏,对液压缸的性能有着重要的影响,常见的密封形式如下。

① 间隙密封。这是一种最简单的密封,它依靠相对运动件配合面间的微小间隙来防止泄漏,如图6-20所示。这种密封只适用于直径较小、压力较低的液压缸,因为大直径的配合表面要达到间隙密封所要求的加工精度比较困难,磨损后也无法补偿。

为了提高间隙密封效果,活塞上常须做出几条深0.3~0.5 mm的环形槽以增大油液从高压腔向低压腔泄漏时的阻力。此外,这些槽还具有防止活塞中心线发生偏移的作用。

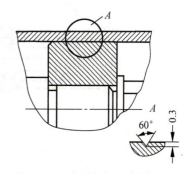

图6-20 起密封作用的环形槽

② 活塞环密封。在活塞的环形槽中放置切了口的金属环,如图6-21所示。金属环依靠其弹性变形所产生的张力紧贴在缸筒内壁上,从而实现密封。这种密封可以自动补偿磨损,能适应较大的压力变化和速度变化、耐高温、工作可靠使用寿命较长,易于维护保养,并能使活塞具有较长的支承面;缺点是制造工艺复杂,因

此它适用于高压、高速或密封性能要求较高的场合。

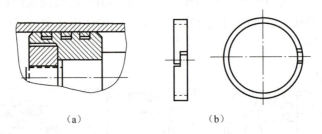

图 6-21　活塞环密封

③ 橡胶圈密封。橡胶圈密封是一种使用耐油橡胶制成的密封圈，套装或嵌入在缸筒、缸盖、活塞上来防止泄漏，如图 6-22 所示。这种密封装置结构简单、制造方便、磨损后能自动补偿，并且密封性能还会随着压力的加大而提高，因此密封可靠，目前得到极为广泛的应用。

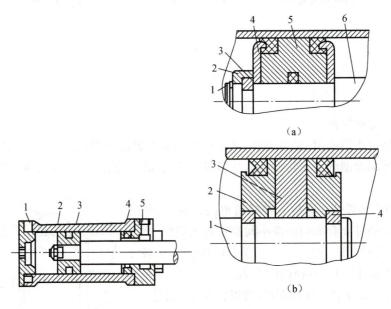

图 6-22　密封圈的使用图

2,5—运动密封；1,3,4—固定密封

橡胶密封圈的截面形状有 O 形、Y 形和 V 形等多种，使用 Y 形圈时，应使两唇面向油压，以使两唇面张开得以密封。V 形密封圈由三个不同截面的支承环、密封环和压环组成，其中密封环的数量由工作压力大小而定。当工作压力小于 10 MPa 时，使用三件一套已足够保证密封。压力更高时，可以增加中间密封环的数量。其在装配时也必须使唇边开口面对着压力油作用方向。V 形密封圈的接触面较长、密封性好,但摩擦力较大,调整困难、安装空间大,在相对速度不高的活塞杆与端盖的密封处应用较多。活塞杆外伸部分在进入液压缸处很容易带入脏物,因此有时须增添防尘圈,防尘圈如图 6-23(b)所示,应放在朝向活塞杆外伸的那一端。

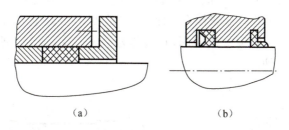

(a)　　　　　　　　(b)

图 6-23　V 形密封圈和防尘圈的使用

3. 控制阀

1) 阀的基本类型和要求

(1) 阀的基本类型。控制阀在液压系统中的作用是控制液流的压力、流量和方向,以满足执行元件在输出的力(力矩)、运动速度及运动方向上的不同要求。按机能可分为:方向控制阀、压力控制阀和流量控制阀;按连接方式可分为:管式、板式、法兰式、叠加式和插装式等。除上述分类法外,又可根据阀的使用压力将其分为低压、中低压、中高压和高压等。

(2) 基本要求。控制阀的性能对液压系统的工作性能有很大影响,因此液压控制阀应满足下列要求:

① 动作灵敏、准确、可靠、工作平稳、冲击和振动小。

② 油液流过时压力损失小。

③ 密封性能好。

④ 结构紧凑,工艺性好,安装、调整、使用、维修方便,通用性大。

2) 方向控制阀

方向控制阀简称方向阀,主要用来通断油路或切换油流的方向,以满足对执行元件的启停和运动方向的要求。按其用途可分为两大类:单向阀和换向阀。

(1) 单向阀。单向阀在系统中的作用是只允许液流朝一个方向流动,不能反向流动。相当于电子学中的二极管,正向导通,反向截止。常用的单向阀有普通单向阀和液控单向阀两种。

单向阀在性能上的要求:

① 正向开启压力小。国产阀的开启压力一般有两种:0.04 MPa 和 0.4 MPa。开启压力较高的一种常作背压阀用,它有意提高正向流动时的阀前压力。

② 反向泄漏小。尤其是用在保压系统时要求高。

③ 通时压力损失小。液控单向阀在反向流通时压力损失也要小。

普通单向阀

图 6-24 所示为普通单向阀的两种结构图和职能符号图。图 6-24(a) 为直角式单向阀,其阀芯为锥阀形式。它的工作原理是:当压力油从 p_1 流入,液压力作用在阀芯上克服弹簧力推开阀芯,油液从阀体出口 p_2 流出;当压力油反向流入,则阀芯在液压力和弹簧力的作用下紧压在阀座上,切断油路,因此单向阀又称止回阀或逆止阀。图 6-24(b) 为直通式单向阀,其阀芯为钢球形式,其工作原理相同,只是其密封性能不如前一种。

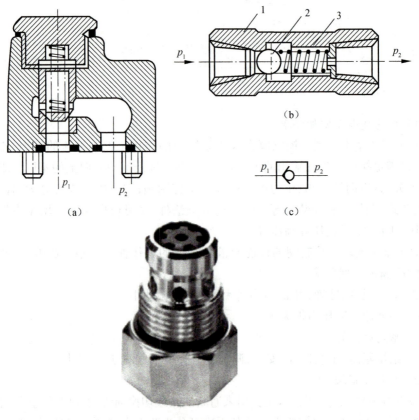

图 6-24 单向阀
1—阀体;2—阀芯;3—弹簧

液控单向阀

图 6-25 所示为液控单向阀的典型结构图和职能符号图。它与普通单向阀的区别是在一定的控制条件下可反向流通。其工作原理是:控制口 K 无压力油通入时,它的工作原理与普通单向阀相同,压力油只能从 p_1 流向 p_2,不能反向流通;当控制口 K 有控制压力油时,活塞受液压力作用推动顶杆顶开阀芯,使油口 p_1 与 p_2 接通,油液可双向自由流通。注意控制口 K 通入的控制压力一般至少取主油路的 30%~40%。

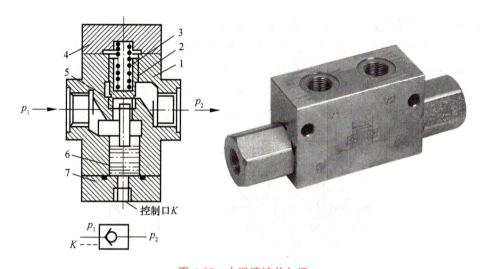

图 6-25　内泄液控单向阀
1—阀体；2—阀芯；3—弹簧；4—阀盖；5—卸荷阀芯；6—活塞；7—阀座

图 6-26 所示为采用液控单向阀的锁紧回路,此回路可使液压缸活塞在任意位置上停留并锁紧,故液控单向阀的这种组合又称双向液压锁。

(2) 换向阀

① 换向阀的作用、性能要求及分类。

换向阀在系统中的作用是利用阀芯和阀体的相对运动来接通、关闭油路或变换油液通向执行元件的流动方向,以使执行元件启动、停止或变换运动方向。

对换向阀的主要性能要求如下:

a. 油液流经换向阀时的压力损失小。

b. 各关闭阀口的泄漏量小。

c. 换向可靠,换向时平稳迅速。

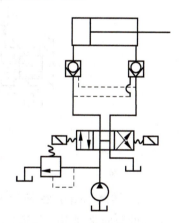

图 6-26　用液控单向阀的锁紧回路

换向阀的应用很广,种类也很多。按结构分有转阀式和滑阀式;按阀芯工作位置数分有二位、三位和多位等;按进出口通道数分有二通、三通、四通和五通等;按操纵和控制方式分有手动、机动、电动、液动和电液动等;按安装方式分有管式、板式和法兰式等。

② 换向阀的工作原理。

a. 滑阀。图 6-27 所示为滑阀式换向阀的换向原理图和相应的职能符号图。它变换油液的流动方向是利用阀芯相对阀体的轴向位移来实现的。图上 P 口通液压泵来的压力油,T 口通油箱,A、B 口通液压缸的两个工作腔。当阀芯受操纵外力作用向左位移到最左端,如图 6-27(a)所示位置时,P 口与 B 口相通,A 口与 T

口相通,压力油通过 P 口、B 口进入液压缸的右腔,缸左腔回油经 A 口、T 口回油箱,液压缸活塞向左运动。反之,阀芯处最右端,如图 6-27(b)所示位置时,压力油经 P 口、A 口进入液压缸左腔,右腔回油经 B 口、T 口回油箱,液压缸活塞向右运动。换向阀变换左、右位置,即使执行元件变换了运动方向。此阀因有两个工作位置,四个通口,所以称作二位四通滑阀式换向阀。

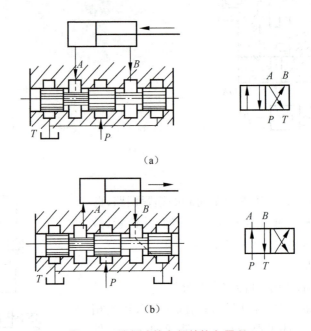

图 6-27　滑阀式换向阀的换向原理

b. 转阀。图 6-28 所示为转阀式换向阀的换向原理图和职能符号图。它变换油液的流向是利用阀芯相对阀体的旋转来实现的。阀上 P、T、A、B 四个通口依次接通液压泵出口、油箱和执行元件的两个工作腔,当阀芯处于图 6-28(a)所示位置时,P 口与 B 口通过阀芯径向孔接通,A 口与 T 口接通,即工作部件向某个方向运动;当阀芯处于图 6-28(b)所示位置时,P、A、B、T 四通口均关闭,各不相通,工作部件停止运动,处于自锁状态;当阀芯处于图 6-28(c)所示位置时,P 口与 A 口接通,B 口与 T 口接通,工作部件向反方向运动。此阀有三个工作位置,四个通口,且

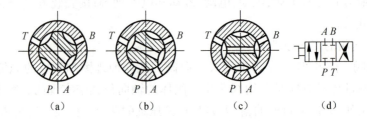

图 6-28　转阀式换向阀的换向原理

为手动操纵,故称作三位四通转阀式手动换向阀。转阀的密封性能较差,径向力又不平衡,一般用于低压、小流量的系统中。

c. 换向阀的"位"与"通"。

位:指阀芯相对于阀体停留的工作位置数,用职能符号表示即为实线方框。二位即二个方框,三位即三个方框,若有虚线方框则表示过渡位置。

通:指阀连接主油路的通口数。用职能符号表示即为"⊥""⊤""↑""↓"与方框上、下边的结点。有几个结点即为几通。"⊥"和"⊤"表示不通,"↑"和"↓"表示接通(只表示接通状态,不一定代表液流方向)。P、T、A、B 分别表示压力油口、回油口和两个工作油口。

图 6-29 所示分别为二位二通、二位三通、二位四通、三位四通和三位五通换向阀的职能符号。从职能符号上看,二位阀的常态位置为靠近弹簧的一格,三位阀的常态位置为中间一格。

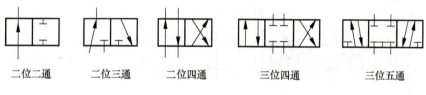

图 6-29 "位"与"通"

③ 液压卡紧:滑阀式换向阀中,由于阀芯与阀体孔的加工误差或装配时中心线不重合,进入滑阀配合间隙中的压力油将对阀芯产生不平衡的径向力,而使阀芯的偏心加大,最终使阀芯紧贴在孔壁上,使得操纵滑阀运动发生困难,甚至卡死,这种现象称作液压卡紧。

a. 液压卡紧发生的条件。

ⓐ 阀芯与阀体孔存在倾斜。

ⓑ 阀芯与阀体孔间的缝隙有倒锥度,即在有锥度缝隙中,沿液体流动方向缝隙是逐渐扩大的。

b. 液压卡紧的解决方法。

ⓐ 提高加工和装配精度,避免偏心。

ⓑ 在阀芯台肩上开平衡径向力的均压槽,如图 6-30 所示。槽的位置应尽可能靠近高压侧,一般开两条槽已见效,三条以上效果增加不大,通常均压槽的尺寸是:宽 0.3~0.5 mm,深 0.5~0.8 mm,槽距 1~5 mm。

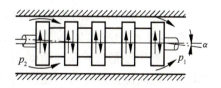

图 6-30 阀芯开均压槽

ⓒ 若油液中含有杂质则会使缝隙堵塞,卡紧现象更易发生,因此要注意过滤。

④ 三位换向滑阀的中位机能。如前所述,三位换向滑阀的左、右位是切换油液的流动方向,以改变执行元件运动方向的。其中位为常态位置。利用中位 P、A、

B、T 间通路的不同连接,可获得不同的中位机能以适应不同的工作要求。表 6-7 所示为三位换向阀的各种中位机能以及它们的作用、特点。

表6-7 三位换向阀的中位机能

机能形式	结构简图	中间位置的符号 三位四通	中间位置的符号 三位五通	作用、机能特性
O				换向精度高,但有冲击,缸被锁紧,泵不卸荷,并联缸可运动
H				换向平稳,但冲击量大,缸浮动,泵卸荷,其他缸不能并联使用
Y				换向较平稳,冲击量较大,缸浮动,泵不卸荷,并联缸可运动
P				换向最平稳,冲击量较小,缸浮动,泵不卸荷,并联缸可运动
M				换向精度高,但有冲击,缸被锁紧,泵卸荷,其他缸不能并联使用

在分析和选择三位滑阀的中位机能时,须考虑以下几点。

a. 系统的保压与卸荷:中位时 P 油口堵塞(如 O 形、Y 形、P 形),系统保压,液压系统能向多缸系统的其他元件供油。中位时 P/T 油口连通(如 H 形、M 形),系统卸荷,可节省能源,但不能与其他缸并联使用。

b. 换向平稳性和换回精度:中位时通液压缸两腔的 A/B 油口堵塞(如 O 形、M 形),换向位置精度高,但换向不平稳,有冲击。中位时 A、B、T 油口连通(如 H 形、Y 形),换向平稳,无冲击,但换向时前冲量大,换向位置精度不高。

c. 液压缸的停止与浮动:中位时 A、B 油口连通(如 H 形、Y 形),则卧式液压缸呈"浮动"状态,这时可利用其他机构(如齿轮-齿条机构)移动工作台,调整位置。若中位时 A、B 油口堵塞(如 O 形、M 形),液压缸可在任意位置停止并被锁住,而不能"浮动"。

以上三点在表 6-7 中均有介绍，可对照分析。

⑤ 换向阀的操纵方式。换向阀的换向原理均相同，只是按阀芯所受操纵外力的方式不同可分为手动换向阀、机动换向阀、电动换向阀、液动换向阀和电液动换向阀等。

a. 手动换向阀（图 6-31）。

图 6-32 为手动换向阀的结构图和职能符号图。根据其定位方式不同又可分为钢球定位式和自动复位式两种。操纵手柄即可使滑阀轴向移动实现换向。图 6-32(a)所示为钢球定位式手动换向阀，其阀芯定位靠右端的钢球，弹簧保证，可分别定在左、中、右三个位置。图 6-32(b)所示为自动复位式手动换向阀，其阀芯在松开手柄后靠右端弹簧回复到中间位置。

图 6-31　手动换向阀外形

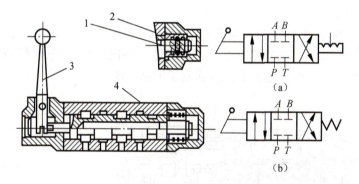

图 6-32　手动换向阀
(a)钢球定位式手动换向阀；(b)自动复位式手动换向阀
1—弹簧；2—阀芯；3—手柄；4—阀体

手动换向阀操纵简便，工作可靠。但因受人手操纵力量的限制，手动换向阀没有大通径、大流量的规格。

b. 机动换向阀。图 6-33 所示为二位二通机动换向阀的结构图和职能符号图。它是靠挡铁（图中未示出）接触滚轮 1 将阀芯压向右端、当挡铁脱离滚轮时阀芯在弹簧作用下又回到原位来实现换向的。

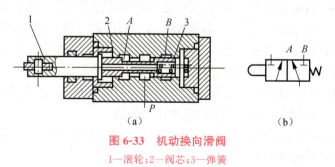

图 6-33　机动换向滑阀
1—滚轮；2—阀芯；3—弹簧

图6-34 电动换向阀外形

c. 电动换向阀(电磁换向阀)(图6-34)。

电磁换向阀是利用电磁铁的推力来实现阀芯换位的换向阀。因其自动化程度高,操作轻便,易实现远距离自动控制,因而应用非常广泛。

电磁换向阀按电磁铁所用电源的不同可分为交流(D型)和直流(E型)两种。交流电磁铁使用电源方便,换向时间短,启动力大,但换向冲击大,噪声大,换向频率较低,且启动电流大,在阀芯被卡住时会使电磁铁线圈烧毁。相比之下,直流电磁铁工作比较可靠,换向冲击小,噪声小,换向频率可较高,且在阀芯被卡住时电流不会增大以致烧毁电磁铁线圈,但它需要直流电源或整流装置,不很方便。此外,还有一种本整型电磁铁,它的电磁铁是直流型,但上面附有整流器,能将交流电自行整流后再控制电磁铁,因此拥有交、直流电磁铁两者的优点。

图6-35所示为23D-25B型二位三通板式交流电磁换向阀的结构图和职能符号图。当电磁铁通电时,即推动推杆1将阀芯2顶向右端;当电磁铁断电时,阀芯在弹簧3的作用下又回到左端,从而实现了油路的换向。

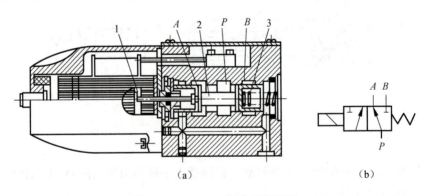

图6-35 23D-25B型电磁换向阀
1—推杆;2—阀芯;3—弹簧

图6-36所示为34E1-25B型三位四通板式直流电磁换向阀的结构图和职能符号图。当左、右电磁铁均断电时,其阀芯2在两端弹簧1和3的作用下处于中位(图示位置);当左电磁铁通电时,即推动推杆5将阀芯2顶向右端;当右电磁铁通电时,即推动推杆4将阀芯2顶向左端,从而实现了油路的换向。如无轴向孔e,则阀为三位五通阀,有两个回油口。

电磁换向阀多为滑阀型,近年来新发展了一种电磁球阀,它是用电磁铁的推力推动钢球来实现油路的通断和切换,在此不再赘述。

由于电磁铁的推力有限,电磁换向阀只适用于小流量系统,大流量场合可用液动换向阀和电液动换向阀。

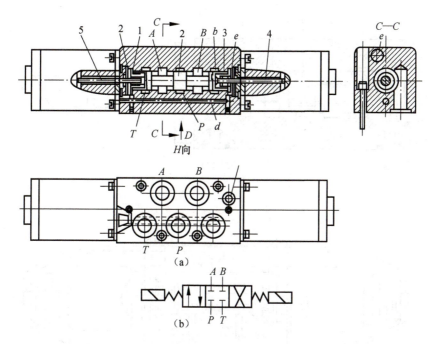

图 6-36 34E1-25B 型电磁换向阀
1,3—弹簧；2—阀芯；4,5—推杆

d. 液动换向阀（图 6-37）。

液动换向阀是利用液压力推动阀芯来实现换向的。图 6-38 所示为液动换向阀的结构图和职能符号图。当控制油口 K_1、K_2 均无控制压力油通入时，阀芯在两端弹簧作用下处于中位（图示位置）；当 K_1 通入控制压力油、K_2 通回油时，阀芯在液压力作用下克服右端弹簧力移向右端；反之，当 K_2 通控制压力油、K_1 通回油时，阀芯被推向左端，从而实现了油路的换向。

图 6-37 液动换向阀外形

液动换向阀由于控制油路的液压力能产生很大的推力，所以适用于大通径、大流量的场合。但控制油路需要设置一个开关或换向装置，使 K_1、K_2 交替接通控制压力油和回油，才能完成不断换向的动作要求。

e. 电液动换向阀（又称电液换向阀）。

电液动换向阀是由电磁换向阀和液动换向阀组合而成的。其中电磁换向阀起控制液动换向阀动作的先导阀作用，液动换向阀则为控制主油路换向的主阀。

图 6-39 所示为电液动换向阀的结构图和职能符号图。当电磁阀左端电磁铁通电时，电磁阀阀芯被推向右端（左位接通），控制压力油通过电磁阀流入液动阀阀

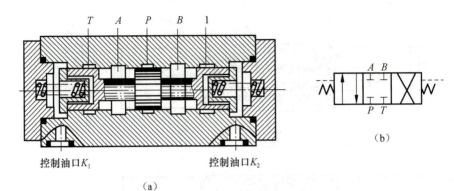

图 6-38 液动换向阀

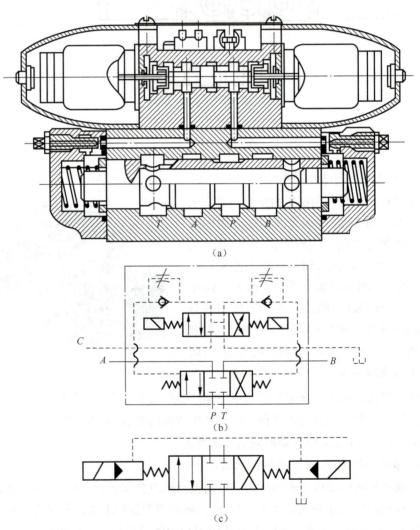

图 6-39 电液动换向阀的结构图和职能符号图
(a) 电液动换向阀结构；(b) 详细符号；(c) 简化符号

芯的左端,推动液动阀阀芯向右移动,其右端的油液经电磁阀回油箱,此时主油路 P 口与 A 口接通,B 口与 T 口接通。反之,电磁阀右端电磁铁通电时,控制压力油经电磁阀进入液动阀阀芯的右端,推动液动阀阀芯向左移动,其左端油液经电磁阀回油箱,使主油路 P 口与 B 口接通,A 口与 T 口接通。如电磁阀左、电磁铁均断电,则电磁阀阀芯片于中位,控制压力油被阻断,不能进入液动阀,且因电磁阀的中位机能为 Y 形特性,使液动阀两端的油液均经电磁阀中位泄回油箱,因此液动阀也在其两端弹簧的作用下处于中位,主油路 P、T、A、B 口均不相通。

电液动换向阀中的单向节流元件是为消除冲击和调节液动主阀的换向时间而设置的。由于电磁换向阀不直接控制主油路换向,则可采用较小推力的电磁换向阀来控制大通径、大流量的液动换向阀,从而实现较大液流量的换向,因而克服了电磁换向阀只能用于小流量,而液动换向阀需专门设置开关或换向装置的缺点。电液动换向阀中的电磁换向阀即为液动换向阀的"换向装置"。

在采用电液动换向阀的换向回路中,控制油液除了可用辅助液压泵供油外,在一般的系统中也可以从主油路中直接接出。但应注意的是,当主阀中位机能为 M 形或 H 形时,必须在其回油路上设置背压阀,使泵在换向阀处中位卸荷时,系统能保持 0.3~0.5 MPa 的压力,以保证控制油路在换向阀开始换向时获得足够大的启动压力,如图 6-40 所示。

3) 压力控制阀

压力控制阀简称压力阀,主要用来控制系统或回路的压力。压力阀的共同工作原理是利用作用于阀芯上的液压力与弹簧力相平衡来进行工作的。根据功用不同,压力阀可分为溢流阀、减压阀、顺序阀等。

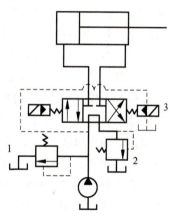

图 6-40 采用电液动换向阀的换向回路

1—溢流阀;2—背压阀;3—电液换向阀

(1) 溢流阀。

溢流阀是通过阀口的溢流,使被控制系统或回路的压力维持恒定,实现调压、稳压和限压的功能。对溢流阀的主要性能要求是:调压范围大,调压偏差小,工作平稳,动作灵敏,过流能力大、压力损失小、噪声小等。

① 溢流阀的工作原理。溢流阀根据结构和工作原理可分为:直动式溢流阀和先导式溢流阀。

a. 直动式溢流阀。图 6-41 所示为直动式溢流阀的工作原理图和职能符号图。P 为进油口,T 为出油口,压力油自 P 口经阀芯中间的阻尼孔(为消除阀芯振动而设,与后述先导式溢流阀阀芯阻尼孔的作用不同)作用在阀芯的底面上。设弹簧刚度为 k,弹簧预压缩量为 x_0,则弹簧预紧力为 kx_0;阀芯底部承压面积为 A,进油压力为 p。为分析简化起见,阀芯与阀体间的摩擦力、阀芯自重和液动力忽略不计。

图 6-41　直动式溢流阀的工作原理

当进油压力小时，$p \cdot A < kx_0$，阀芯在弹簧力的作用下处于最下端，将 P 口与 T 口隔开，阀口没有溢流量。当进油压力上升至 $p \cdot A = kx_0$ 时，阀芯即将上升，阀口将开未开，此时的压力称作开启压力 p_0，即 $p_0 = kx_0/A$。当进油口压力继续升高至 $p \cdot A > kx_0$ 时，阀芯上升，阀口打开，油液由 P 口经 T 口溢回油箱，进油压力即不再上升。若进口压力 p 下降，阀芯下移，开口减小，压力又上升，阀芯最终平衡在某一位置上保持一定的开口和溢流量，使进油压力保持恒定。也就是说，用调节螺钉调节弹簧的预压缩量 x_0，即可获得不同的调定压力，此压力值基本保持恒定。若溢流阀的进口压力 p 为液压泵的出口压力，那么溢流阀就起到了调定液压泵出口压力的作用。事实上，溢流阀在工作时，随着溢流量不同，开口大小是变化的，则弹簧力也有变化，这导致了进口压力 p 的变化。如用于高压、大流量的场合，进口压力的变化量就更大，这就说明调整压力有偏差，即调整压力受溢流量变化的影响较大。由于这类溢流阀是利用阀芯上端弹簧直接与下端液压力相平衡来工作的，所以称为直动式溢流阀。直动式溢流阀具有结构简单，灵敏度高，成本低的优点，但压力受溢流量变化的影响较大，调压偏差大，不适于在高压、大流量场合工作。因此直动式溢流阀为低压、小通径规格，常用于调压精度不高的场合或作安全阀使用。

b. 先导式溢流阀。先导式溢流阀由先导阀和主阀组成。图 6-42 所示为先导式溢流阀的工作原理图和职能符号图。P 为进油口，T 为回油口，压力油自 P 口经通道 a 进入主阀芯下腔Ⅰ，作用在主阀芯底面上，同时又经阻尼孔 7 进入主阀芯上腔Ⅱ，作用在主阀芯上端面和先导阀 3 上。先导阀相当于一个直动式溢流阀。设进口压力为 p，Ⅰ腔压力为 $p_Ⅰ$，Ⅱ腔压力为 $p_Ⅱ$，主阀芯承压面积为 A，主阀平衡弹簧的弹簧刚度为 k，预压缩量为 x_0，附加压缩量为 x。为分析简化起见，阀芯与阀体之间的摩擦力、阀芯自重和液动力忽略不计。

当进口压力小，不足以克服调压弹簧的预紧力时，先导阀关闭，没有液流通过阻尼孔 7，主阀芯上下两端压力相等（$p_Ⅰ = p_Ⅱ = p$），在主阀平衡弹簧作用下主阀芯

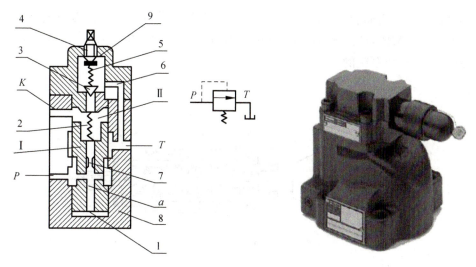

图 6-42　先导式溢流阀的工作原理
1—主阀芯；2—平衡弹簧；3—锥阀；4—调压螺钉；5—调压弹簧；6—通道；7—阻尼孔；8—阀体；9—阀盖

片于最下端，将 P 口与 T 口隔开，阀口没有溢流量。当进口压力上升至克服调压弹簧预紧力而打开先导阀时，压力油可通过阻尼孔 7 经先导阀流回油箱，此时由于液流通过阻尼孔产生的压力降（此阻尼孔的作用与直动式溢流阀芯阻尼孔的作用不同），使得主阀芯上下两腔的压力不等（$p_I > p_{II}$），当通过先导阀的流量达到一定大小，（$p_I - p_{II}$）这个压差作用在主阀芯上的力大于平衡弹簧的预紧力，即（$p_I - p_{II}$）·$A > kx_0$ 时，主阀芯上移，P 口与 T 口接通，开始溢流。平衡后，溢流口保持一定的开度和溢流量。又因通过先导阀的流量不大，绝大部分溢流量是通过主阀口溢回油箱的，且通过先导阀的流量变化不大，即先导阀开口的变化较小，这使先导阀的开启压力 p_0' 基本不变，因 $p_0' = p_{II}$，即 p_{II} 基本恒定，阀的开启压力与调压弹簧的预紧力和先导阀阀口面积有关。因此，调节调压弹簧的预紧力即可获得不同的进口压力。调压弹簧须直接与进口压力作用于先导阀上的力相平衡，则弹簧刚度大；而平衡弹簧只用于主阀芯的复位则弹簧刚度小。

先导式溢流阀在工作时，由于是先导阀调压，主阀溢流，溢流口变化时平衡弹簧预紧力变化小（k 值小），因此进油口压力受溢流量变化的影响不大，其压力流是特性优于直动式溢流阀。故先导式溢流阀广泛应用于高压、大流量和调压精度要求较高的场合。但由于先导式溢流阀是二级阀，其灵敏度和响应速度比直动式溢流阀低些。

先导式溢流阀有一外控口 K，与主阀上腔相通，如通过管路与其他阀相通，可实现远程调压等功能，具体参见溢流阀的应用。

② 溢流阀的典型结构。

a. 直动式溢流阀。图 6-43 所示为 DBD 型直动式溢流阀，其主要零件有阀体 1、弹簧 2、带缓冲滑阀的锥阀芯 3 和调节装置 4 等。DBD 型溢流阀不同于一般直动式溢流阀,它为插装式结构,有锥阀式和球阀式之分,锥阀式直动溢流阀的工作压力可达40 MPa,球阀式直动溢流阀的工作压力可达63 MPa,弥补了一般直动溢流阀只适于低压系统的不足。

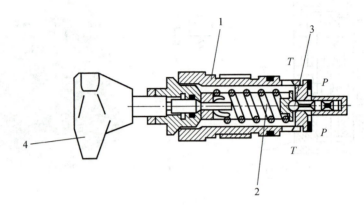

图 6-43　DBD 型直动式溢流阀
1—阀体;2—弹簧;3—锥阀芯;4—调节装置

图 6-44 所示为 Y 形远程调压阀的结构图,属直动式溢流阀。可用作远程调压或先导式溢流阀、先导式减压阀和先导式顺序阀的远程先导阀。远程调压阀的职能符号与溢流阀的职能符号相同。

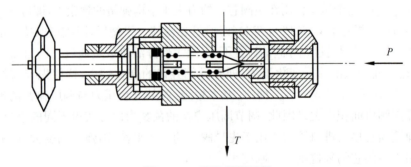

图 6-44　Y 形远程调压阀

b. 先导式溢流阀。图 6-45 所示为 YF 型先导式溢流阀的结构图,其主要零件有阀体5、先导阀芯3、主阀芯1、主阀平衡弹簧、调压弹簧和调压手轮等。因为阀要求主阀芯上部与阀盖、中部活塞与阀体、下部锥面与阀座孔三个部位同心,所以又称为三节同心式溢流阀。此阀的加工精度和装配精度要求都比较高,故成本较高。

③ 溢流阀的应用。溢流阀在系统中的主要用途如下。

a. 作溢流阀用。在液压系统中用定量泵和节流阀进行调速时,溢流阀可使系统的压力恒定,并且节流阀调节的多余压力油可从溢流阀溢回油箱,如图 6-46(a)所示。

b. 作安全阀用。在液压系统中用变量泵进行调速时,泵的压力随负载变化,则需防止过载,即设置安全阀,如图 6-46(b)所示。在系统正常工作时此阀处常闭

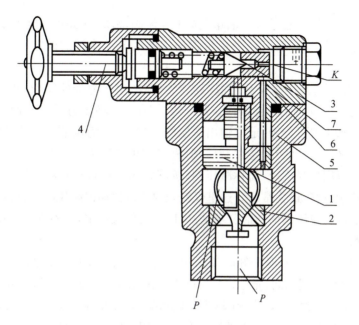

图 6-45　YF 型先导式溢流阀
1—主芯阀；2—定位环；3—先导阀芯；4—调压手轮；5—主阀体；7—先导阀体；7—先导阀芯

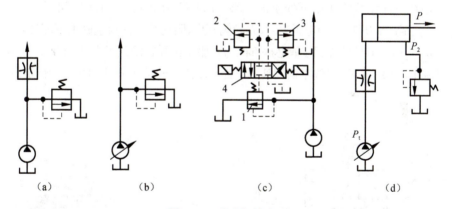

图 6-46　溢流阀的应用
(a) 作溢流阀用；(b) 作安全阀用；(c) 多级调压；(d) 作背压阀用
1—先导式溢流阀；2,3—溢流阀；4—三位换向阀

状态，过载时打开阀口溢流，使压力不再升高。

　　c. 作卸荷阀用。先导式溢流阀与电磁阀组成电磁溢流阀，控制系统卸荷。

　　d. 作远程调压用。将先导式溢流阀的外控口 K 接上远程调压阀 2，此时阀 2 做远程调压，条件是阀 2 的调定压力低于阀 1 的调定压力。

　　e. 多级调压。利用先导式溢流阀 1 的外控口 K 接两个远程调压阀 2、3（两远程调压阀的调定压力均低于阀 1 的调定压力），由电磁换向阀 4 来决定系统压力由哪个阀调定，如图 6-46(c) 所示。

f. 作背压阀用。在系统回油路上接上溢流阀,造成回油阻力,形成背压。改善执行元件的运动平稳性,背压大小可根据需要调节溢流阀的调定压力来获得,如图 6-46(d)所示。

(2) 减压阀。减压阀是利用液流流经缝隙产生压力降的原理,使得阀的出口压力低于进口压力的压力控制阀。用于要求某一支路压力低于主油路压力的场合。按其控制压力可分为:定值输出减压阀(出口压力为定值)、定比减压阀(进口和出口压力之比为定值)和定差减压阀(进口和出口压力之差为定值)。其中定值输出减压阀应用最为广泛,简称减压阀,按其结构又有直动式和先导式之分,先导式减压阀性能较好,最为常用。这里仅就先导式定值输出减压阀作分析介绍。

对定值输出减压阀的性能要求是:出口压力保持恒定,且不受进口压力和流量变化的影响。

① 减压阀的工作原理。图 6-47 所示为先导式减压阀的工作原理图和职能符号图。与先导式溢流阀相同,先导式减压阀也是由先导阀和主阀两部分组成的。设进油口为 P_1,出油口为 P_2,由先导阀调压,主阀减压。出口压力由 P_2 经阀芯小孔通到阀芯底部,又经阻尼孔 2 通向先导阀。当 p_2 作用于先导阀口的液压力小于调压弹簧的预紧力时,先导阀关闭,阻尼孔 2 无液流通过,主阀芯上下压力相等,即 $p_2 = p_3 = p_1$,阀芯在平衡弹簧的作用下处于最下端,开口 H 为最大,此时减压阀不起减压作用。当 p_2 高于减压阀的调定压力时,先导阀开启,阻尼孔 2 使得主阀上下端油液压力不等,$p_2 > p_3$,当此压差作用于阀芯底部的力克服平衡弹簧的预紧力时,主阀芯上移,开口 H 减小,使 P_2 下降,最终平衡到某一位置上保持一定开口,即出口压力为恒定值。

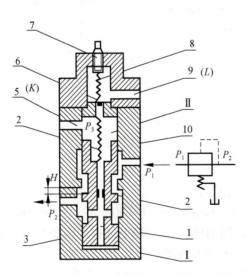

图 6-47 减压阀工作原理

1—通道;2—阻尼孔;3—主阀芯;4—平衡弹簧;5—外控口;6—先导阀;7—调压螺钉;8—调压弹簧;9—泄油口;10—阀体

此外,减压阀在系统受外干扰影响而使进口压力 p_1 变化,阀芯亦能自动调整减压口开度使得出口压力保持恒定。如 p_1 升高,开口 H 未来得及变化时,p_2 也升高,则(p_2-p_3)增大,主阀芯再上移,开口 H 减小,即 p_2 下降,阀芯再次平衡,保持出口压力 p_2 恒定。反之,当进口压力 p_1 下降时,开口暂不变,p_2 也下降,则(p_2-p_3)减小,主阀芯下移,开口 H 增大,即 p_2 升高,阀芯再度平衡,使 p_2 恒定。因此,减压阀不仅具有减压功能,还可起到稳压作用。

与溢流阀相比,先导式减压阀的工作原理与先导式溢流阀的工作原理有相似之处,均为先导阀调压,主阀口工作(溢流或减压)。不同的是,减压阀是控制出口压力恒定,而溢流阀是控制进口压力恒定。

② 减压阀的典型结构。图 6-48 所示为 JF 型先导式减压阀的结构图。其主要零件有阀体 6、先导阀芯 3、主阀芯调压弹簧 2 和主阀弹簧 10 等。图 6-49 是 DR 型先导式减压阀。

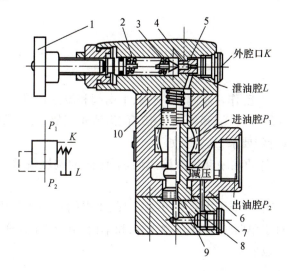

图 6-48　JF 型先导式减压阀

1—调压手轮;2—调压弹簧;3—先导阀芯;4—先导阀座;5—阀盖;6—阀体;7—主阀芯;
8—端盖;9—阻尼孔;10—主阀弹簧

与先导式溢流阀相同,先导式减压阀也有一外控口 K,可实现远程调压。由于减压阀出口接下游执行元件,故设置一单独泄油口,而溢流阀出口接油箱,则不需单独设置泄油口(内泄)。此外,从主阀芯的形状上看,减压阀主阀芯比溢流阀主阀芯多一减压口台肩。

③ 减压阀的应用。减压阀一般用于减压回路,有时也用于系统的稳压,常用于控制、夹紧、润滑回路。

(3) 顺序阀。顺序阀是以压力为信号自动控制油路通断的压力控制阀。常用于控制同一系统多个执行元件的顺序动作。按其控制方式有内控和外控之分;按其结构又有直动式和先导式之分。通过改变控制方式、泄油方式和出口的接法,顺

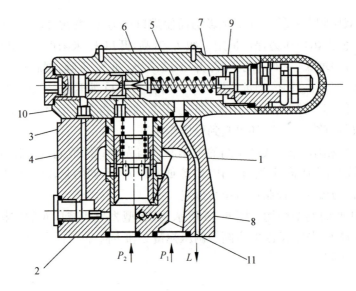

图 6-49 DR 型先导式减压阀

1—主阀插装单元；2，3—阻尼孔；4，10—控制油道；5—调压弹簧；6—导阀；
7—导阀弹簧体；8，9—回油口；11—单向阀

序阀还可构成多种功能，作背压阀、卸荷阀、平衡阀和溢流阀用。

顺序阀的工作原理、性能和外形与相应的溢流阀相似，其要求也相似。但因功用不同，故有一些特殊要求，其要求如下。

a. 为使执行元件的顺序动作准确无误，顺序阀的调压偏差要小，即尽量减小调压弹簧的刚度。

b. 顺序阀相当于一个压力控制开关，因此要求阀在接通时压力损失小，关闭时密封性能好。对于单向顺序阀（将顺序阀和单向阀的油路并联制造于一体），反向接通时压力损失也要小。

① 顺序阀的结构及工作原理。

a. 内控顺序阀。内控顺序阀简称顺序阀。图 6-50 所示为 XE 型直动式内控顺序阀的结构原理和职能符号图。其结构与直动式溢流阀相似。不同的是，顺序阀为减小弹簧刚度设置了控制活塞，且阀芯和阀体间的封油长度比溢流阀长。直动式顺序阀的工作原理与直动式溢流阀相同。进口压力油经通道 8 作用于控制活塞 6 的底部。当此液压力小于作用于阀芯上部的调压弹簧预紧力时，阀芯处于最下端，进出油口不通；当作用于控制活塞底部的液压力大于调压弹簧预紧力时，阀芯上移，进出油口接通，压力油进入下游执行元件进行工作。调节调压弹簧的预压缩量即可调节顺序阀的开启压力。因为是进口压力控制阀芯的启闭，所以称为内控式顺序阀。

先导式顺序阀的工作原理与先导式溢流阀的工作原理完全相同。图 6-51 所示 DZ 型先导式顺序阀的结构图。

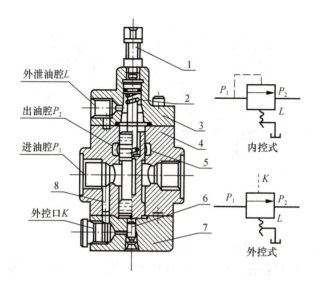

图 6-50 XE 型直动式内控顺序阀
1—调节螺钉；2—调压弹簧；3—阀盖；4—阀体；5—阀芯；6—控制活塞；7—端盖；8—通道

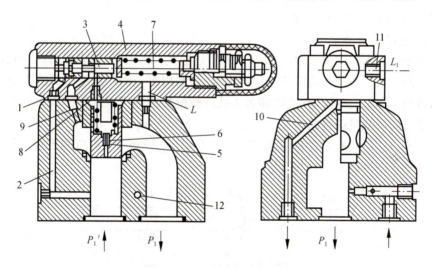

图 6-51 DZ 型先导式顺序阀
1,5,8—阻尼孔；2—控制流道；3—先导阀芯；4—先导阀体；6—主阀芯；7—调压弹簧；
9—控制回油流道；10,11—泄漏油口；12—单向阀

b. 外控顺序阀。外控顺序阀又称液控顺序阀，将图 6-50 所示内控顺序阀的端盖 7 旋 90°或 180°安装，使通道 8 堵塞，外控口 K 与进油腔隔离，并除去外控口螺堵，即可变成外控顺序阀。其工作原理与内控顺序阀相同，只是控制活塞动作的油源来自外控口 K 接通的控制油路，而与进口压力无关，因此称作外控顺序阀。

外控顺序阀的职能符号如图 6-50 所示。

② 顺序阀的应用。顺序阀在液压传动系统中的主要用途如下。

a. 控制系统中多个执行元件的顺序动作，如图 6-52(a) 所示。

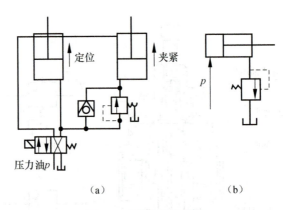

图 6-52 顺序阀的应用

b. 在竖缸或液压电动机系统中作平衡阀用。

c. 外控顺序阀可作卸荷阀用。双泵供油系统的液压缸要求高压、小流量泵供油时,大流量泵经外控顺序阀卸荷,小流量泵继续供油。

d. 内控顺序阀可作背压阀用。将出口接油箱,与溢流阀作背压阀时的用法和作用相同,如图 6-52(b)所示。

4）流量控制阀

流量控制阀简称流量阀,主要用来调节通过阀口的流量,以满足对执行元件运动速度的要求。流量阀均以节流单元为基础,利用改变阀口通流截面的大小或通流通道的长短来改变液阻（液阻即为小孔或隙缝对液体流动产生的阻力）,以达到调节通过阀口流量的目的。

节流口的形式有多种多样,如图 6-53 所示为几种常用节流口的形式。调节阀芯轴向移动即可调节通口的流量。

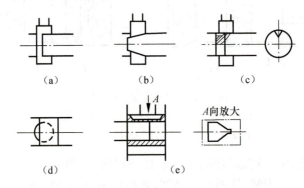

图 6-53 常用节流孔形式

（1）节流阀。节流阀是最简易的流量阀,此阀无压力和温度补偿装置,不能自动补偿负载及油黏度变化时所造成的速度不稳定。但因其结构简单,制造和维护方便,所以广泛应用于负载变化不大或对速度稳定性要求不高的液压系统中。对节流阀的性能要求如下。

① 阀口前后压差变化对流量的影响小。
② 油温变化对流量的影响小。
③ 抗阻塞特性较好,即可获得较低的最小稳定流量。
④ 通过节流阀的泄漏小。

如图 6-54 所示为 LF 型节流阀的结构原理图和职能符号图。其节流口形式为三角槽式。通过调节手轮 1 可调节阀芯轴向位移,以改变节流口通流截面的大小,获得不同的流量。如图 6-55 所示为 LDF 型单向节流阀的结构原理图和职能符号图。当油液从 P_1 口流向 P_2 口时,该阀起节流阀作用;当油液从 P_2 口流向 P_1 口时,该阀起单向阀作用。

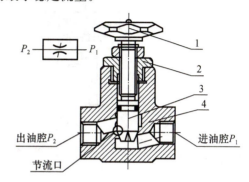

图 6-54 LF 型简式节流阀结构
1—调节手轮;2—螺盖;3—阀芯;4—阀体

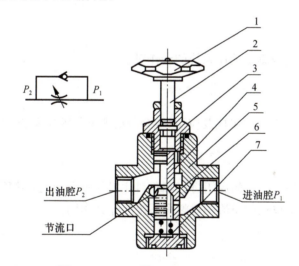

图 6-55 LDF 型简式单向节流阀结构
1—调节手轮;2—调节螺钉;3—螺盖;4—阀芯;5—阀体;6—复位弹簧;7—端盖

节流阀用于定量泵系统时,一般都与溢流阀配合使用,可组成三种调速回路:进油路节流调速回路、回油路节流调速回路和旁油路节流调速回路。

(2) 调速阀。调速阀与节流阀的不同之处是带有压力补偿装置,由定差减压阀(进出口压力差为定值)与节流阀串联组成。由于定差减压阀的自动调节作用,可使节流阀前后压差保持恒定,从而在开口一定时使阀的流量基本不变,因此,调速阀具有调速和稳速的功能。常用于执行元件负载变化较大、运动速度稳定性要求较高的液压系统。其缺点为结构较复杂,压力损失较大。

如图 6-56(a)所示为调速阀的工作原理图,图 6-56(b)、(c)为职能符号和简化职能符号图。

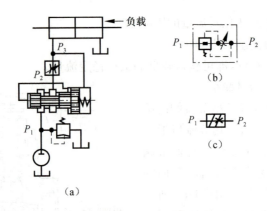

图 6-56 调速阀的工作原理

任务3 液压基本回路及典型液压传动系统

活动情景

观察塑料注射成型机液压系统的动作过程。

任务要求

掌握各种液压系统的组成及应用,学会分析典型的液压系统。

任务引领

(1) 注射成型机模具的启闭过程和塑料注射的各个阶段的速度是否一样?
(2) 液压泵出口处的溢流阀对整个系统起什么作用?

归纳总结

任何一个液压系统,都是由一些基本回路组成。基本回路是由一个或几个液压元件有机地组成,能完成某些特定的功能。了解这些基本回路的构成、作用及特点,对于正确分析和设计液压系统是十分重要的。

1. 调速回路

在采用液压传动的设备中,许多设备要求执行部件的运动速度是可调节的,如组合机床中的动力滑台有快进与工进动作,甚至有几个不同的工作进给速度;液压机的滑块有空程下降、压制和回程,也要求不同的速度。已经知道,液压缸运动的速度 $v=q/A$,式中 q 为进入液压缸的流量,A 为液压缸的有效作用面积。对于液压电动机,其转速 $n=q/V_M$,V_M 为液压电动机的排量。显然,要改变执行部件的速度,可改变进入执行部件的流量,也可改变液压缸的有效作用面积或改变液压电动机的排量。改变进入执行部件的流量,可以采用节流分流的方法,液压泵输出的流量不变,通过并联支路,使一部分油液直接返回油箱,减少进入执行元件的流量,该方法一般采用节流元件,故常称作节流调速。另一种方法就是改变油源输出的流量或液压电动机的排量,通常把改变液压泵的排量或改变液压电动机排量进行调速的方法叫容积调速。把采用变量泵供油,用节流元件控制液压泵排量的调速方法称作容积节流调速。

1) 节流调速回路

节流调速的基本原理是:调节回路中节流元件的液阻大小,配置分流支路,控制进入执行元件的流量,达到调速的目的。

有一些液压元件,其工作原理与流经阀口的压力损失有密切关系,如节流阀、溢流阀等,是节流调速的主要元件。当溢流阀工作压力调定,液体通过时的液阻基本恒定,用作分流元件时组成定压式调速回路;液体流经节流阀的流量与压力降有关,用作分流元件时组成变压式节流调速回路。

节流调速采用节流元件和溢流阀,这些液压元件在调速过程中要产生能量损失。节流调速的效率较低,工作时油液易发热,但结构简单,成本低,使用维护方便,是小功率液压系统常用的一种调速方法。

节流调速,按节流元件安装的位置不同,分为进油路节流调整回路,回油路节流调速回路和旁油路节流调速回路。节流调速回路一般采用定量泵供油。

(1) 节流阀进油路节流调速。进油路节流调速的基本特征为:节流元件安装在执行元件的进油路上,即串联在定量泵和执行元件之间,采用溢流阀作为分流元件。如图6-57(a)所示,图中节流元件是节流阀。由溢流阀的工作原理可知,溢流阀从开启压力到调定压力,变化较小,有定压的作用。在调速时,溢流阀一般处于溢流状态,调节节流阀开口大小,改变进入液压缸的流量达到调节液压缸活塞运动

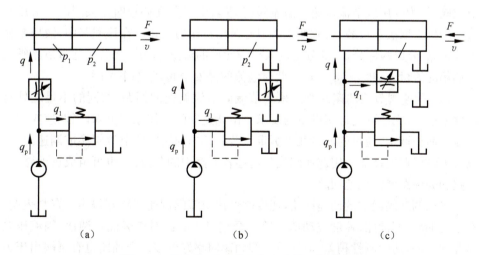

图 6-57　进油路、回油路和旁油路节流调速回路
(a) 进油路节流调速回路;(b) 回油路节流调速回路;(c) 旁油路节流调速回路

速度的目的。由于采用溢流阀作为分流元件,故为定压式调速回路,在调速过程中,泵的输出压力基本保持常量。

进油路节流调速回路,适宜小功率、负载较稳定、对速度稳定性要求不高的液压系统。

(2) 节流阀回油路节流调速。回油路节流调速回路,也是采用溢流阀作为分流元件,但节流阀安装在执行元件的回油路上。图 6-57(b)是双杆液压缸回油路节流阀节流调速回路。由于进入液压缸的流量受到回油路上排除流量的限制,因此通过节流阀调节液压缸的排油量也就调节了进油量,达到调节液压缸活塞运动速度的目的。

上述两种回路有以下不同之处。

① 进油路节流调速启动冲击小。当系统不工作时,执行元件由于泄漏产生空腔,重新启动时,回油路节流调速中进油路无阻力,而回油路有阻力,导致活塞突然向前运动,产生冲击;而进油路节流调速回路中,进油路的节流阀对进入液压缸的液体产生阻力,可减缓冲击。

② 回油路节流调速,可承受一定的负方向载荷。因回油路有背压,当负载减小,速度增加时,背压增大,故可使运动变化平缓,对双杆液压缸,可获得较低的稳定速度;对单杆液压缸,若进油路为无杆腔,因相同速度下进油腔所需流量大,可获得较低的最小稳定速度。如果要获得较低的稳定速度,结构允许时,最好把有杆腔作为回油腔采用回油路节流、调速。

现在常用进油路节流调速回路加背压的方法,功率损失较大,但调速性能好。

(3) 节流阀旁油路节流调速。旁油路节流调速,其特征是采用节流元件分流,主油路中无节流元件。图 6-57(c)是节流阀旁油路节流调速回路,图中分流元件是节流阀,故为变压式节流调速。溢流阀起安全阀作用,在调速时是关闭的。液压泵输出的压力取决于负载,负载变化将引起泵出口压力变化。在该回路中,液压泵输出流量 q_P 分成两部分,一部分是进入执行元件的流量 q,另一部分是通过节流阀流回油箱的流量 q_1,即 $q=q_P-q_1$。此时溢流阀是安全阀,常态下关闭。

(4) 调速阀节流调速回路。采用节流阀节流调速的回路,共同的不足之处是速度刚性差,无法满足许多设备的要求。由调速阀的工作原理可知,当调速阀中的节流口面积调定,通过的流量几乎恒定。若将调速回路中的节流阀换成调速阀,可以大大改善调速性能。用调速阀代替前述各回路中的节流阀,也可组成进油路、回油路和旁油路节流调速回路。

采用调速阀组成的调速回路,速度刚性比节流阀调速回路好得多。资料表明,对于进油路、回油路,速度波动值一般不会超过±4%,对于旁油路调速,因液压泵泄漏的影响,速度刚性稍差,但比节流阀调速回路好得多。旁油路也有泵输出压力随负载变化,效率较高的特点。调速阀的工作压差一般最少为 0.5 MPa,高压调速阀可达 1 MPa,比节流阀的功率损失大,以压力损失换取了较好的调速特性。调速阀节流调速回路在组合机床等小功率系统中得到广泛应用。

2) 容积调速回路

为了提高调速效率。在大功率液压系统中,普遍采用容积式调速。按调节元件不同,容积式调速回路可分为变量泵和定量执行元件调速回路、定量泵和变量电动机调速回路、变量泵和变量电动机调速回路。

容积调速回路,按油液循环方式不同,可分为开式回路和闭式回路。开式回路中液压泵从油箱吸油,经控制阀到执行元件,执行元件排出的油返回油箱。该回路结构较大,油液可在油箱中冷却,是常用的方式。闭式回路中液压泵将油液输入执行元件进油口,执行元件排出的油液直接供给液压泵的吸油口,多采用变量泵换向。该回路结构紧凑,但散热条件差,需设补油回路以补充回路中的泄漏。

图 6-58(a)是变量泵和液压缸组成的调速回路,采用变量泵供油,溢流阀 1 起安全作用,溢流阀 2 起背压作用。变量泵改变泵的排量 V_P,就改变了活塞的运动速度。由于溢流阀泄漏,低速承载能力较差。

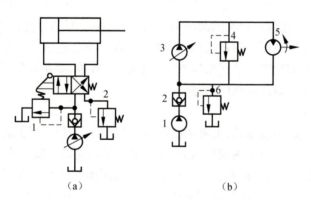

图 6-58　变量泵和液压缸(定量电动机)调速回路

该调速回路应用在拉床、液压机、推土机等大功率液压系统中,比节流调速效率高,但系统较复杂,使用、维护费用高。

2. 压力控制回路

在液压系统中,为了满足设备的某些要求,经常要限制或控制系统中某一部分的压力,把实现这些功能的回路称作压力控制回路。

1) 安全、调压回路

液压系统的优点之一是易于实现安全保护。常在泵的出口安装溢流阀限制系统最高压力,溢流阀的调定压力一般为系统工作压力的 1.1 倍,调整以后用螺母锁紧调节手轮。在组合机床中,常采用限压式变量泵供油,限压式变量泵本身可起安全作用,有时为了防止液压泵变量机构失灵引起事故,在泵出口安装一个溢流阀作安全阀用。

一些液压系统常要求工作压力与负载变化相适应,为了减小溢流阀溢流损失,就要求有调压回路。调压回路分有级调压和无级调压。图6-59采用溢流阀调压,图中阀1起安全作用,阀2用于调压。图6-60采用先导式溢流阀的远程调压回路。在先导式溢流阀1的外控口接远程调压阀2,阀2可安装在工作台上,在阀1限定的范围内调节。该回路结构简单,阀1也可起安全作用,常用于液压机的液压系统中。

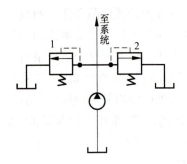

图6-59 设有安全阀的安全、调压回路

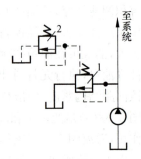

图6-60 远程调压回路

图6-61采用比例溢流阀的调压回路,该回路按电器信号控制方式不同,可完成多级调压或无级调压。图示为四级调压,对应一个电流值有一个调定压力。控制电器元件常随阀配置。该回路压力转换平稳,元件少,简单可靠,易于自动控制,有逐渐代替多级普通阀调压的趋势。

2) 减压回路

液压系统中的控制油路、夹紧油路等,往往要求压力低于系统压力。减压回路一般由减压阀实现。对一级减压回路,在需要减压的支路上接一减压阀即可。

图6-62为二级减压回路之一。在先导式减压阀的外控口接远程调压阀2和换向阀3。阀3关闭,压力由阀1调定;阀3开启,压力由阀2调定,阀2调定压力低于阀1调定压力。在减压回路中,为了防止系统压力降低时对减压回路的影响,常在减压阀后安装单向阀。

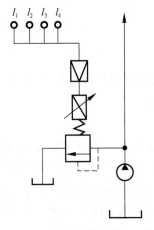

图6-61 比例溢流阀调压回路

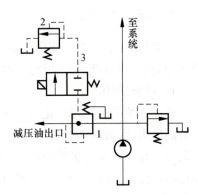

图6-62 二级减压回路

3）卸荷回路

当设备短时间不工作时，在液压系统中有卸荷回路，避免电动机的频繁启动。卸荷回路使泵在很低的压力或很小的流量下工作，泵的输出功率很小，可提高系统效率，减少系统发热。在低压小流量系统中，常采用 M 形、K 形或 H 形机能的滑阀卸荷。

图 6-63 采用电磁溢流阀卸荷回路，在先导式溢流阀的外控口接电磁换向阀 2，系统工作时，阀 2 处于常闭状态，阀 2 开启，系统卸荷。该回路结构紧凑，一阀多用，也是常用的卸荷方法之一。卸荷回路种类较多，分析回路中应注意抓住其特征。

4）增压回路

在液压系统中，有时需超高压传动，有时需系统的某个支路上有较高的压力，一般用增压回路实现。增压元件主要是增压器或增压缸，有单作用和双作用之分，增压原理是相同的，双作用式可连续输出增压油。图 6-64 是单作用增压缸增压回路。增压缸 2 的无杆腔面积为 A_1，增压腔柱塞面积为 A_3，A_2 为活塞环状面积。阀 1 在左位，A_1 腔进油，A_2 腔油排回油箱，A_3 腔输出增压油。忽略一切损失，增压比 $K=p_3/p_1=A_1/A_3$，其中 p_1 为增压前压力，p_3 为增压后压力。A_1 与 A_3 差值越大，增压比越大。图中缸 4 采用弹簧回路，单向阀 3 用于回程时补油的。

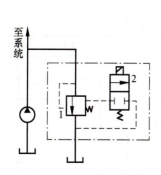

图 6-63 电磁溢流阀卸荷回路

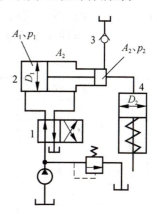

图 6-64 单作用增压缸增压回路

5）平衡回路

对某些液压缸垂直放置的立式设备，如立式液压机、立式机床，运动部件在自重作用下会快速下落，易发生事故，而且液压缸上腔产生真空。采用平衡回路，可使运动平稳。平衡回路就是利用液压元件的阻力损失给液压缸下腔施加一压力，以平衡运动部件质量。常采用单向顺序阀、外控单向顺序阀和液控单向阀。

图 6-65 采用单向顺序阀的平衡回路，阀 2 的调定压力一般稍大于自重产生的压力。活塞

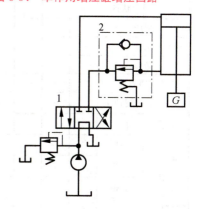

图 6-65 采用单向顺序阀的平衡回路

下行时,有杆腔油液经阀2排回油箱,阀2调节合适时,柱塞下行平稳,但功率消耗大。常用在液压机、插床等设备中。

3. 塑料注射成型机液压系统

塑料注射成型机简称注塑机。它将颗粒状的塑料加热熔化到流动状态,用注射装置快速高压注入模腔,保压一定时间,冷却后成型为塑料制品。

注塑机的工作循环流程如图6-66所示。

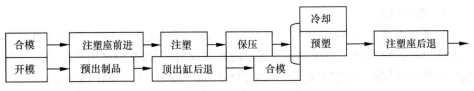

图6-66 注塑机的工作循环流程

以上动作分别由合模缸、注射座移动缸、预塑液压电动机、注射缸、顶出缸完成。

SZ-250A 塑料注射成型机液压系统如图6-67所示。

注塑机液压系统要求有足够的合模力、可调节的合模开模速度、可调节的注射压力和注射速度、保压及可调的保压压力,系统还应设有安全联锁装置。SZ-250塑料注射成型机电磁铁动作顺序表见表6-8。

表6-8 SZ-250塑料注射成型机电磁铁动作顺序表

动作循环		1Y	2Y	3Y	4Y	5Y	6Y	7Y	8Y	9Y	10Y	11Y	12Y	13Y	14Y
合模	慢速		+	+											
	快速	+	+	+											
	低压慢速		+	+											
	高压		+												
注射座前移			+					+							
注射	慢速		+		+			+							
	快速	+	+					+	+		+		+		
保压			+								+				+
预塑			+	+				+				+			
防流				+				+		+					
注射座后退															
开模	慢速1		+		+										
	快速	+	+		+										
	慢速2	+	+		+	+									
顶出	前进		+				+								
	后退		+		+										
螺杆后退		+							+						

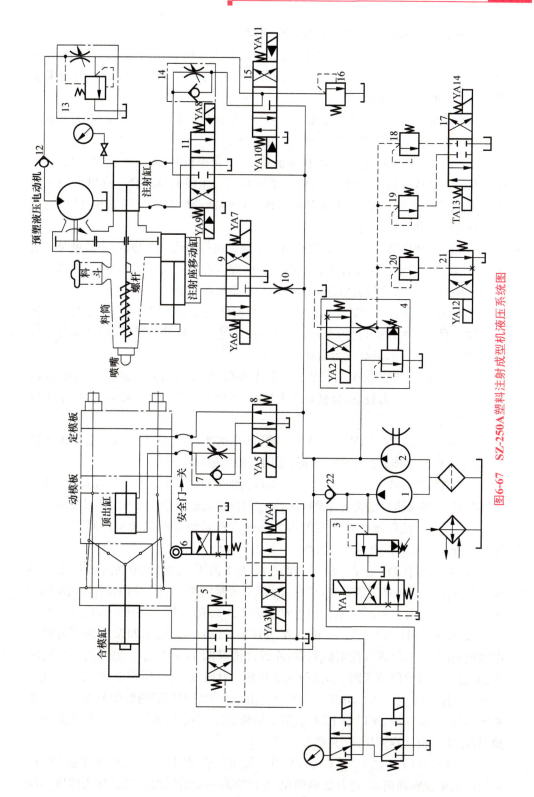

图6-67 SZ-250A塑料注射成型机液压系统图

1) SZ-250A 型注塑机液压系统工作原理

SZ-250A 型注塑机属中小型注塑机,每次最大注射容量为 250 cm³。图 6-67 为其液压系统图。各执行元件的动作循环主要靠行程开关切换电磁换向阀来实现,电磁铁动作顺序见表 6-8。

(1) 关安全门。为保证操作安全,注塑机都装有安全门。关安全门,行程阀 6 恢复常位,合模缸才能动作,开始整个动作循环。

(2) 合模。动模板慢速启动、快速前移,接近定模板时,液压系统转回低压、慢速控制。在确认模具内没有异物存在,系统转为高压使模具闭合。这里采用了液压-机械式合模机构,合模缸通过对称五连杆机构推动模板进行开模和合模,连杆机构具有增力和自锁作用。

① 慢速合模($2Y^+$、$3Y^+$)。大流量泵 1 通过电磁溢流阀 3 卸载,小流量泵 2 的压力由溢流阀 4 调定,泵 2 压力油经电液换向阀 5 右位进入合模缸左腔,推动活塞带动连杆慢速合模,合模缸右腔油液经阀 5 和冷却器回油箱。

② 快速合模($1Y^+$、$2Y^+$、$3Y^+$)。慢速合模转快速合模时,由行程开关发令使 1Y 得电,泵 1 不再卸载,其压力油经单向阀 22 与泵 2 的供油汇合,同时向合模缸供油,实现快速合模,最高压力由阀 4 限定。

③ 低压合模($2Y^+$、$3Y^+$、$13Y^+$)。泵 1 卸载,泵 2 的压力由远程调压阀 18 控制。因阀 18 所调压力较低,合模缸推力较小,即使两个模板间有硬质异物,也不致损坏模具表面。

④ 高压合模($2Y^+$、$3Y^+$)。泵 1 卸载,泵 2 供油,系统压力由高压溢流阀 4 控制,高压合模并使连杆产生弹性变形,牢固地锁紧模具。

(3) 注射座前移($2Y^+$、$7Y^+$)。泵 2 的压力油经电磁换向阀 9 右位进入注射座移动缸右腔,注射座前移使喷嘴与模具接触,注射座移动缸左腔油液经阀 9 回油箱。

(4) 注射。注射螺杆以一定的压力和速度将料筒前端的熔料经喷嘴注入模腔。其分慢速注射和快速注射两种。

① 慢速注射($2Y^+$、$7Y^+$、$10Y^+$、$12Y^+$)。泵 2 的压力油经电液换向阀 15 左位和单向节流阀 14 进入注射缸右腔,左腔油液经电液换向阀 11 中位回油箱,注射缸活塞带动注射螺杆慢速注射,注射速度由单向节流阀 14 调节,远程调压阀 20 起定压作用。

② 快速注射($1Y^+$、$2Y^+$、$7Y^+$、$8Y^+$、$10Y^+$、$12Y^+$)。泵 1 和泵 2 的压力油经电液换向阀 11 右位进入注射缸右腔,左腔油液经阀 11 回油箱。由于两个泵同时供油,且不经过单向节流阀 14,注射速度加快。此时,远程调压阀 20 起安全作用。

(5) 保压($2Y^+$、$7Y^+$、$10Y^+$、$14Y^+$)。由于注射缸对模腔内的熔料实行保压并补塑,只需少量油液,所以泵 1 卸载,泵 2 单独供油,多余的油液经溢流阀 4 溢回油箱,保压压力由远程调压阀 19 调节。

(6) 预塑($1Y^+$、$2Y^+$、$7Y^+$、$11Y^+$)。保压完毕,从料斗加入的物料随着螺杆的转动被带至料筒前端,进行加热塑化,并建立起一定的压力。当螺杆头部熔料压力到达能克服注射缸活塞退回的阻力时,螺杆开始后退。后退到预定位置,即螺杆头部熔料达到所需注射量时,螺杆停止转动和后退,准备下一次注射。与此同时,在模腔内的制品冷却成形。

螺杆转动由预塑液压电动机通过齿轮机构驱动。泵 1 和泵 2 的压力油经电液动换向阀 15 右位、旁通型调速阀 13 和单向阀 12 进入电动机,电动机的转速由旁通型调速阀 13 控制,溢流阀 4 为安全阀。螺杆头部熔料压力迫使注射缸后退时,注射缸右腔油液经单向节流阀 14、电液阀 15 右位和背压阀 16 回油箱,其背压力由阀 16 控制。同时注射缸左腔产生局部真空,油箱的油液在大气压作用下经阀 11 中位进入其内。

(7) 防流涎($2Y^+$、$7Y^+$、$9Y^+$)。采用直通开敞式喷嘴时,预塑加料结束,要使螺杆后退一小段距离,减小料筒前端压力,防止喷嘴端部物料流出。泵 1 卸载,泵 2 压力油一方面经阀 9 右位进入注射座移动缸右腔,使喷嘴与模具保持接触;另一方面经阀 11 左位进入注射缸左腔,使螺杆强制后退。注射座移动缸左腔和注射缸右腔油液分别经阀 9 和阀 11 回油箱。

(8) 注射座后退($2Y^+$、$6Y^+$)。保压结束,注射座后退。泵 1 卸载,泵 2 压力油经阀 9 左位使注射座后退。

(9) 开模。开模速度一般为慢-快-慢。

① 慢速开模($2Y^+$ 或 $1Y^+$、$4Y^+$)。泵 1(或泵 2)卸载,泵 2(或泵 1)压力油经电液动换向阀 5 左位进入合模缸右腔,左腔油液经阀 5 回油箱。

② 快速开模($1Y^+$、$2Y^+$、$4Y^+$)。泵 1 和泵 2 合流向合模缸右腔供油,开模速度加快。

(10) 顶出。

① 顶出缸前进($2Y^+$、$5Y^+$)。泵 1 卸载,泵 2 压力油经电磁换向阀 8 左位、单向节流阀 7 进入顶出缸左腔,推动顶出杆顶出制品,其运动速度由单向节流阀 7 调节,溢流阀 4 为定压阀。

② 顶出缸后退($2Y^+$)。泵 2 的压力油经阀 8 常位使顶出缸后退。

(11) 螺杆前进和后退。为了拆卸螺杆,有时需要螺杆后退。这时,电磁铁 YA2、YA9 得电,泵 1 卸载,泵 2 压力油经左位进入注射缸左腔,注射缸活塞携带螺杆后退。当电磁铁 YA2、YA8 得电时,螺杆前进。

2) SZ-250A 型注塑机液压系统特点

(1) 因注射缸液压力直接作用在螺杆上,因此注射压力 p_z 与注射缸的油压 p 的比值为 D^2/d^2(D 为注射活塞直径,d 为螺杆直径)。为满足加工不同塑料对注射压力的要求,一般注塑机都配备三种不同直径的螺杆,在系统压力 $p=14$ MPa 时,获得注射压力 $p_z=40\sim150$ MPa。

(2) 为保证足够的合模力,防止高压注射时模具离缝产生塑料溢边,该注塑机采用了液压-机械增力合模机构,也可采用增压缸合模装置。

(3) 根据塑料注射成形工艺,模具的启闭过程和塑料注射的各阶段速度不一样,而且快慢速度之比可达 50~100,为此该注塑机采用了双泵供油系统,快速时双泵合流,慢速时泵 2(流量为 48 L/min)供油,泵 1(流量为 194 L/min)卸载,系统功率利用比较合理。有时在多泵分级调速系统中还兼用差动增速或充液增速的方法。

(4) 系统所需多级压力,由多个并联的远程调压阀控制。如果采用电液比例压力阀来实现多级压力调节,再加上电液比例流量阀调速,不仅减少了元件,降低了压力及速度变换过程中的冲击和噪声,还为实现计算机控制创造了条件。

(5) 注塑机的多执行元件的循环动作主要依靠行程开关按事先编程的顺序完成。这种方式灵活方便。

项目小结

液压传动是一门以液体作为传动介质来实现各种机械传动和控制的一门学科。它具有结构紧凑、传动平稳、输出功率大、易于实现无级调速及自动控制等特点。液压技术是机械设备中发展最快的技术之一。特别是近年来与微电子、计算机技术相结合,使液压技术进入了一个新的发展阶段。通过对本课程液压流体力学基础、液压元件和液压系统三部分内容的学习,使学生了解和掌握:液压技术的发展历史、现状以及今后的发展方向,了解液压传动的优缺点,掌握流体力学的基本知识,掌握常用液压元件的结构、工作原理和在液压系统中的作用,掌握典型液压基本回路的组成、特点和作用,能够分析简单液压系统的工作原理和特点,能够设计简单液压系统。结合液压传动在模具设计与制造中的应用,能形成利用所学知识解决实际问题的能力。具有对液压与气压传动系统进行安装、调试、维护和保养的能力。

自 测 题

一、填空题

1. 液压传动装置由_____、_____、_____、_____、_____五部分组成,其中_____和_____为能量转换装置。

2. 液体流动时的压力损失可以分为两大类,即_____压力损失和_____压力损失。

3. 液体在管道中流动由于存在液阻,就必须多消耗一部分能量克服前进道路上的阻力,这种能量消耗称为_____损失;液流在等断面直管中流动时,由于具有黏性,各质点间的运动速度不同,液体分子间及液体与管壁之间产生摩擦力,为了克服这些阻力,产生的损失称之为_____损失。液体在流动中,由于遇到局部障碍而产生的阻力损失称为_____损失。

4. 常用的黏度分为三种:_____、_____和相对黏度。

5. 液压执行元件的运动速度取决于_____,液压系统的压力大小取决于_____,这是液压系统的工作特性。

6. 液压泵的排量是指_____。

7. 单作用叶片泵转子每转一转,完成吸、排油各_____次。

8. 齿轮泵工作时,轮齿在过渡中要经历"容积在封死状态下变化"的过程称为_____。为了消弭这类征象,凡是采用_____的措施。

9. 对于液压泵来说,实际流量总是_____理论流量;实际输入扭矩总是_____其理论上所需要的扭矩。

10. 当活塞面积一定时,活塞运动速度与进入油缸中液压油的_____多少有关,活塞推力大小与液压油的_____高低有关。

11. 液压泵的容积效率是该泵_____流量与_____流量的比值。

12. 液压缸是将_____能转变为_____能,用来实现_____运动的执行元件。

13. 单作用叶片泵转子每转一周,完成吸、排油各_____次,同一转速的情况下,改变它的_____可以改变其排量。

14. 液压系统的调速方法分为_____、_____和_____。

15. 压力阀的共同特点是利用_____和_____相平衡的原理来进行工作的。

16. 三位换向阀处于中间位置时,其油口 P、A、B、T 间的通路有各种不同的连接形式,以适应各种不同的工作要求,将这种位置时的内部通路形式称为三位换向阀的_____。

17. 溢流阀调定的是_____压力,而减压阀调定的是_____压力;溢流阀一般采用_____泄,而减压阀一般采用_____泄。

18. 液压传动中的控制阀,可分为_____控制阀_____控制阀和_____控制阀。

19. 在进油路节流调速回路中,当节流阀的通流面积调定后,速度随负载的增大而_____。

20. 调速阀可使速度稳定,是因为其节流阀前后的压力差_____。

二、选择题

1. 压力对黏度的影响是(　　)。
   A. 没有影响　　　　　　B. 影响不大
   C. 压力升高,黏度降低　D. 压力升高,黏度显著升高

2. 目前,90%以上的液压系统采用(　　)。
   A. 合成型液压液　　　　B. 石油型液压油
   C. 乳化型液压液　　　　D. 膦酸酯液

3. 如果液体流动是连续的,那么在液体通过任一截面时,以下说法正确的是(　　)。
   A. 没有空隙　　　　　　B. 没有泄漏

C. 流量是相等的　　　　　D. 上述说法都是正确的

4. 有卸荷功能的中位机能是(　　)。

A. H、K、M 形　　　　　B. O、P、Y 形

C. M、O、D 形　　　　　D. P、A、X 形

5. 顺序阀的主要作用是(　　)。

A. 定压、溢流、过载保护

B. 背压、远程调压

C. 降低油液压力供给低压部件

D. 利用压力变化以控制油路的接通或切断

6. 旁油路节流调速回路在(　　)时有较高的速度刚度。

A. 重载高速　　　　　　B. 重载低速

C. 轻载低速　　　　　　D. 轻载高速

7. 调速阀可以实现(　　)。

A. 执行部件速度的调节

B. 执行部件的运行速度不因负载而变化

C. 调速阀中的节流阀两端压差保持恒定

D. 以上都正确

8. 可以承受负值负载的节流调速回路是(　　)。

A. 进油路节流调速回路　　B. 旁油路节流调速回路

C. 回油路节流调速回路　　D. 三种回路都可以

9. 液压泵能实现吸油和压油,是因为泵的(　　)变化。

A. 动能　　　　　　　　B. 压力能

C. 密封容积　　　　　　D. 流动方向

10. 双作用叶片泵从转子(　　)平衡考虑,叶片数应选(　　);单作用叶片泵的叶片数常选(　　),以使流量均匀。

A. 轴向力　　　　　　　B. 径向力

C. 偶数　　　　　　　　D. 奇数

11. 对于液压泵来说,在正常工作条件下,按实验标准规定连续运转的最高压力称之为泵的(　　)。

A. 额定压力　　　　B. 最高允许压力　　　C. 工作压力

12. 对齿轮泵内部泄露,影响最大的因素是(　　)间隙。

A. 端面(轴向)间隙　　　B. 径向间隙　　　C. 齿轮啮合处(啮合点)

13. 对同一定量泵,如果输出压力小于额定压力且不为零,转速保持不变,试比较下述三种流量的数值关系。(　　)

1. 实际流量　　2. 理论流量　　3. 额定流量

A. 2＞1＞3　　　　　B. 1＞2＞3　　　　　C. 3＞1＞2

14. 我国生产的机械油和液压油采用 40 ℃时的( )平均值,作为其标号。
   A. 动力黏度,Pas　　　　　B. 恩氏黏度°E
   C. 运动黏度 mm²s　　　　 D. 赛氏黏度

15. 在密闭容器中,施加于静止液体内任一点的压力能等值地传递到液体中的所有地方,这称为( )。
   A. 能量守恒原理　　　　　B. 动量守恒定律
   C. 质量守恒原理　　　　　D. 帕斯卡原理

16. 在采用节流阀的回油路节流调速回路中,当不考虑系统的泄漏损失和溢流阀的调压偏差,但负载增大时,试分析:
   1) 活塞的运动速度( ) 2) 液压泵输出功率( )
   3) 液压泵输入功率( )
   A. 增大　　　　　　　　　B. 减小
   C. 基本不变　　　　　　　D. 可能最大也可能减小

17. 为了使工作机构在任意位置可靠地停留,且在停留时其工作机构在受力的情况下不发生位移,通常采用( )。
   A. 卸荷回路　　　　　　　B. 调压回路
   C. 平衡回路　　　　　　　D. 背压回路

18. 溢流阀一般安装在( )的出口处,起稳压、安全等作用。
   A. 液压缸　　　　　　　　B. 液压泵
   C. 换向阀　　　　　　　　D. 油箱

19. 在用一个液压泵驱动一个执行元件的液压系统中,采用三位四通换向阀使泵卸荷,应选用( )型中位机能。
   A. "M"形　　　　　　　　　B. "Y"形
   C. "P"形　　　　　　　　　D. "O"形

20. ( )叶片泵运转时,存在不平衡的径向力;( )叶片泵运转时,不平衡径向力相抵消,受力情况较好。
   A. 单作用　　　　　　　　B. 双作用

三、判断题

1. 液压泵自吸能力的实质是由于泵的吸油腔形成局部真空,油箱中的油在大气压作用下流入油腔。　　　　　　　　　　　　　　　　　　　　( )
2. 为了提高泵的自吸能力,应使泵的吸油口的真空度尽可能大。( )
3. 双作用叶片泵可以做成变量泵。　　　　　　　　　　　　　( )
4. 齿轮泵的吸油口制造比压油口大,是为了减小径向不平衡力。( )
5. 如果不考虑液压缸的泄漏,液压缸的运动速度只决定于进入液压缸的流量。　　　　　　　　　　　　　　　　　　　　　　　　　　　　( )
6. 单活塞杆液压缸缸筒固定时液压缸运动所占长度与活塞杆固定时的不

相等。（　　）

7. 液压缸输出推力的大小决定进入液压缸油液压力的大小。（　　）

8. 单向阀的功能是只允许油液向一个方向流动。（　　）

9. 单向阀采用座阀式结构是为保证良好的反向密封性能。（　　）

10. 单向阀用作背向阀时，应将其弹簧更换成软弹簧。（　　）

11. 液控单向阀控制油口不通压力油时，其作用与单向阀相同。（　　）

12. 三位五通阀有三个工作位置，五个通路。（　　）

13. 调速阀串联的二次进给工作回路，会造成工作部件的前冲，因此很少采用。（　　）

14. 利用液压缸差动连接实现的快速运动的回路，一般用于空载。（　　）

15. 利用远程调压阀的远程调压回路中，只有在溢流阀的调定压力高于远程调压阀的调定压力时，远程调压阀才能起调压作用。（　　）

16. 系统要求有良好的低速稳定性，可采用容积节流调速回路。（　　）

17. 在旁路节流回路中，若发现溢流阀在系统工作时不溢流，说明溢流阀有故障。（　　）

18. 在流量相同的情况下，液压缸直径越大，活塞运动速度越快。（　　）

19. 由于油液在管道中流动时有压力损失和泄漏，所以液压泵输出功率要小于输送到液压缸的功率。（　　）

20. 将单杆活塞式液压缸的左右两腔接通，同时引入压力油，可使活塞获得快速运动。（　　）

21. 压力和速度是液压传动中最重要的参数。（　　）

四、综合题

1. 在下面各图中，请指出各液压泵是什么液压泵。当各图输入轴按顺时针方向旋转时，指出 A、B 口哪个为吸油口？哪个为压油口？

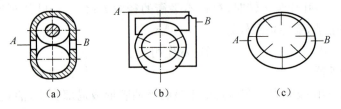

2. 分析以下各回路，指出各图中压力计的读数。

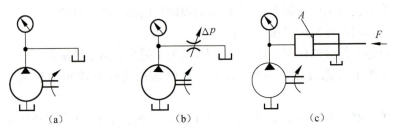

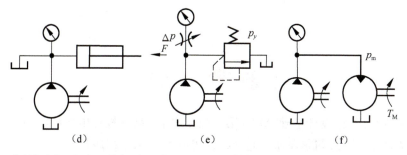

3. 分别写出下列三种气动三位四通换向阀的中位机能类型。

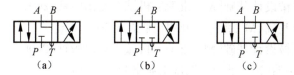

4. 写出1、2、3、4元件的名称,其中1和2按流量、压力区分。

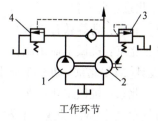

工作环节

5. 下图为带补偿装置的串联液压缸同步回路,用顺序阀实现压力控制的顺序回路,二位二通电磁阀3和4通电情况为(电磁铁通电时,在空格中记"+"号;反之,断电记"一"号):

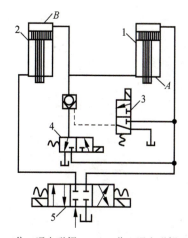

二位二通电磁阀4　　二位二通电磁阀3

缸1中的活塞先运动到底而缸2中的活塞未运动到底时;缸2中的活塞先运动到底而缸1中的活塞未运动到底时。

参 考 文 献

[1] 陈立德. 机械设计基础[M].(第二版). 北京：高等教育出版社，2003.
[2] 姜清德,李强. 机械基础[M]. 武汉：华中科技大学出版社，2008.
[3] 柴鹏飞. 机械设计基础[M]. 北京：机械工业出版社，2005.
[4] 黄森彬. 机械设计基础[M]. 北京：机械工业出版社，2001.
[5] 诸刚. 机械基础[M]. 北京：开明出版社，2006.
[6] 丁洪生. 机械设计基础[M]. 北京：机械工业出版社，2000.
[7] 机械设计手册[M]. 北京：机械工业出版社，2007.
[8] 田鸣. 机械技术基础[M]. 北京：机械工业出版社，2007.
[9] 刘跃南. 机械基础[M]. 北京：高等教育出版社，2000.
[10] 潘旦君. 机械基础[M]. 北京：高等教育出版社，1986.
[11] 胡家秀. 机械基础[M]. 北京：机械工业出版社，2001.
[12] 陆玉. 机械设计课程设计[M]. 北京：机械工业出版社，2006.
[13] 丁树模. 液压传动[M]. 北京：机械工业出版社，2009.
[14] 赵波,王宏元. 液压与气动技术[M]. 北京：机械工业出版社，2010.
[15] 王定国,周全光. 机械原理与机械零件[M]. 北京：高等教育出版社，1988.
[16] 濮良贵. 机械设计[M]. 北京：高等教育出版社，1989.